Σ BEST シグマベスト

大学入試

絶対におさえたい
化学計算問題の
必修解法
120

JN056376

卜部
URABE Yoshinobu

文英堂

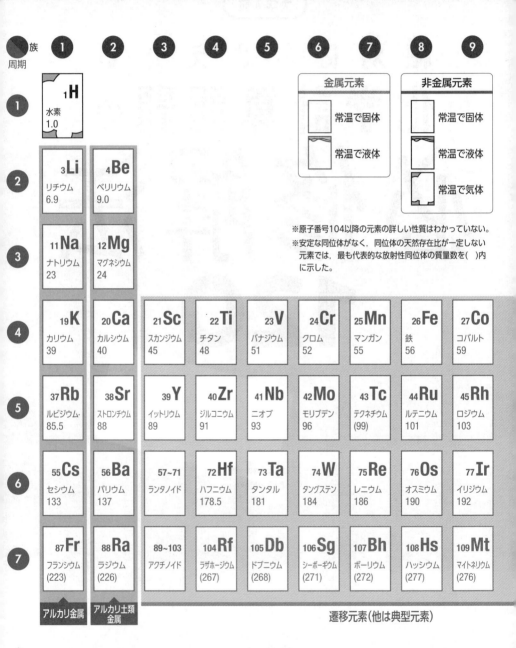

族	1	2	3	4	5	6	7	8	9
周期									
1	1**H** 水素 1.0								
2	3**Li** リチウム 6.9	4**Be** ベリリウム 9.0							
3	11**Na** ナトリウム 23	12**Mg** マグネシウム 24							
4	19**K** カリウム 39	20**Ca** カルシウム 40	21**Sc** スカンジウム 45	22**Ti** チタン 48	23**V** バナジウム 51	24**Cr** クロム 52	25**Mn** マンガン 55	26**Fe** 鉄 56	27**Co** コバルト 59
5	37**Rb** ルビジウム 85.5	38**Sr** ストロンチウム 88	39**Y** イットリウム 89	40**Zr** ジルコニウム 91	41**Nb** ニオブ 93	42**Mo** モリブデン 96	43**Tc** テクネチウム (99)	44**Ru** ルテニウム 101	45**Rh** ロジウム 103
6	55**Cs** セシウム 133	56**Ba** バリウム 137	57~71 ランタノイド	72**Hf** ハフニウム 178.5	73**Ta** タンタル 181	74**W** タングステン 184	75**Re** レニウム 186	76**Os** オスミウム 190	77**Ir** イリジウム 192
7	87**Fr** フランシウム (223)	88**Ra** ラジウム (226)	89~103 アクチノイド	104**Rf** ラザホージウム (267)	105**Db** ドブニウム (268)	106**Sg** シーボーギウム (271)	107**Bh** ボーリウム (272)	108**Hs** ハッシウム (277)	109**Mt** マイトネリウム (276)

金属元素
□ 常温で固体
□ 常温で液体

非金属元素
□ 常温で固体
□ 常温で液体
□ 常温で気体

※原子番号104以降の元素の詳しい性質はわかっていない。
※安定な同位体がなく，同位体の天然存在比が一定しない
元素では，最も代表的な放射性同位体の質量数を(　)内
に示した。

アルカリ金属

アルカリ土類
金属

遷移元素(他は典型元素)

2

周 期 表

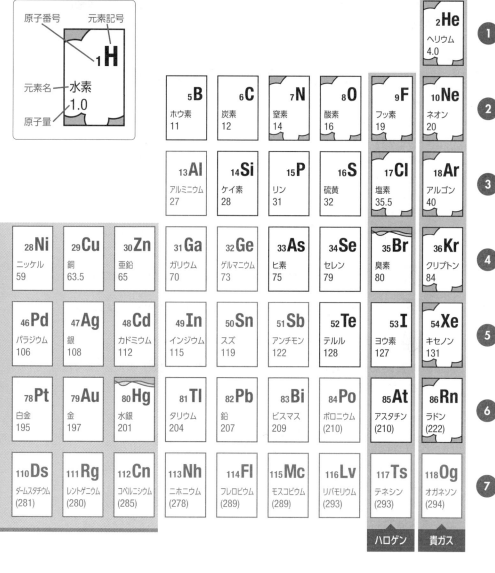

	10	11	12	13	14	15	16	17	18	
									₂He ヘリウム 4.0	1
				₅B ホウ素 11	₆C 炭素 12	₇N 窒素 14	₈O 酸素 16	₉F フッ素 19	₁₀Ne ネオン 20	2
				₁₃Al アルミニウム 27	₁₄Si ケイ素 28	₁₅P リン 31	₁₆S 硫黄 32	₁₇Cl 塩素 35.5	₁₈Ar アルゴン 40	3
	₂₈Ni ニッケル 59	₂₉Cu 銅 63.5	₃₀Zn 亜鉛 65	₃₁Ga ガリウム 70	₃₂Ge ゲルマニウム 73	₃₃As ヒ素 75	₃₄Se セレン 79	₃₅Br 臭素 80	₃₆Kr クリプトン 84	4
	₄₆Pd パラジウム 106	₄₇Ag 銀 108	₄₈Cd カドミウム 112	₄₉In インジウム 115	₅₀Sn スズ 119	₅₁Sb アンチモン 122	₅₂Te テルル 128	₅₃I ヨウ素 127	₅₄Xe キセノン 131	5
	₇₈Pt 白金 195	₇₉Au 金 197	₈₀Hg 水銀 201	₈₁Tl タリウム 204	₈₂Pb 鉛 207	₈₃Bi ビスマス 209	₈₄Po ポロニウム (210)	₈₅At アスタチン (210)	₈₆Rn ラドン (222)	6
	₁₁₀Ds ダームスタチウム (281)	₁₁₁Rg レントゲニウム (280)	₁₁₂Cn コペルニシウム (285)	₁₁₃Nh ニホニウム (278)	₁₁₄Fl フレロビウム (289)	₁₁₅Mc モスコビウム (289)	₁₁₆Lv リバモリウム (293)	₁₁₇Ts テネシン (293)	₁₁₈Og オガネソン (294)	7

凡例:
原子番号 元素記号 ₁H
元素名 水素 1.0
原子量

ハロゲン　貴ガス

本書の特長

問題を解くことに徹した解説で, すぐに役立つ

本書は, **大学入試で頻出の化学の計算問題を 120 のタイプに分け, その解き方をわかりやすく明快に説明した解法集**です。化学の教科書に載っている公式や原理を, 実際の計算問題でどのように使えばよいかを, **実戦的な視点で解説**してあるので, 入試対策にすぐに役立ちます。

適切な解法をすばやく判断できる

大学入試の化学の問題は, 長文化の傾向にあり, 問題を読み解くのにもかなりの時間を要します。「この問題はどの公式をどう使うのか…」と十分に時間をかけて考えている暇はありません。そこで本書では, **各例題のはじめに解法パターンを簡潔に示しました**。問題を解くうえでの重要ポイントをおさえつつ, 演習を繰り返すことで, **入試本番での「問題を攻略する力」**を身につけることができます。

また, 解法パターンは, A・B・C の 3 段階の難易度にランク分けしました。

難易度 A （基礎）…必ず理解しておいてほしい, 問題を解くための土台となる解法。

難易度 B （標準）…共通テストや標準〜上位校レベルの大学を志望する人は必須。

難易度 C （発展）…難関校を志望する人はおさえておきたい解法。

学習レベルや目標に合わせて, 3 つの難易度から問題を選択して取り組むなど, 効率的に学習することができます。

最新の入試傾向に対応

近年, 教科書でも発展的な内容が多く扱われるようになり, 共通テストや大学入試でもそのような内容が出題されることが増えています。応用問題を解くための土台となる基本的な問題から発展的な問題まで, 最新の大学入試を突破するために「絶対におさえたい」計算問題の解法を集めています。

本書の構成と使い方

まとめページ

各単元のはじめに，計算問題を解くのに必要な重要事項の解説をつけています。ここでは，一般的な解法や公式の使い方などをできるだけくわしく述べてあるので，計算問題に入る前に確認しておきましょう。

TYPE 別の解法パターン

TYPE

絶対におさえてほしい 120 の解法パターンをわかりやすく簡潔にまとめ，易しい方から順に A，B，C とランク分けしました。

着眼

解き方のキーポイントとなる内容で，これをマスターすると，問題解決の糸口をつかむことができます。

例題

TYPE であげた内容を理解し，応用するのに最も適した問題です。解き方は最もオーソドックスな解法を示しています。

類題

例題と同じ解き方で解ける問題を選びました。例題の解法の理解度を確認するために，必ず解いておきましょう。

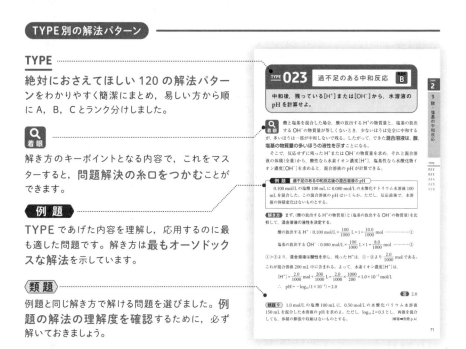

練習問題

学習の区切りとなる部分に練習問題をつけました。難易度 B の解法パターンと同程度のレベルの標準～発展的な問題です。解けない場合はその問題の属する TYPE の解法パターンや例題をもう一度見て，その解法を応用してみましょう。

別冊解答

類題と練習問題の解答は別冊にくわしく示しました。最初から解答に頼るのは絶対に避けてください。また，答えが合っていても安心せず，正しい解き方ができたかどうかを必ず確認するようにしましょう。

もくじ

CHAPTER 5 | 化学反応とエネルギー

CHAPTER 6 | 反応速度と化学平衡

9

化学の計算問題を解くにあたって

化学量の単位がそろっていない場合

　化学の計算問題では，単位がそろっていない場合が多い。この場合は，同じ単位にそろえてから計算しなければならない。

例 モル濃度〔mol/L〕 → 体積は L〔リットル〕にしなければならない。

答えに有効数字の桁数が明示してある場合

　求める有効数字の桁数より，1 桁多く計算して末位を四捨五入する。

例 計算結果が 2.3544444 のとき

　　有効数字 2 桁 → 3 桁目の 5 を四捨五入して 2.4

　　有効数字 3 桁 → 4 桁目の 4 を四捨五入して 2.35

有効数字の桁数がそろっている場合

　計算後，1 桁下位の数字を四捨五入して有効数字の桁数をそろえる。

例 2.01 ÷ 1.24

　　計算すると，1.62096… だが，有効数字が 3 桁でそろっているので，4 桁目の 0 を四捨五入して 1.62 となる。

有効数字の桁数がそろっていない場合

　有効数字の桁数がそろっていない場合が多くあるが，そのときは少ないほうの桁数にそろえること。また一般に，原子量は有効数字として考慮しない。

例 2.42 × 1.2251

　　計算すると 2.964742 だが，これをそのまま答えとしたり，有効数字 2 桁として答えを 3.0 とするのではなく，少ないほうの桁数である有効数字 3 桁（2.96）で表す。

測定値や答えの数値が，有効数字の桁数からかけはなれている場合

　有効数字が 3 桁のとき，321000 mL や 0.003 g としてはいけない。なぜならこのように書いた場合の有効数字は，それぞれ 6 桁，1 桁であり，正しくは，3.21×10^5 mL や 3.00×10^{-3} g とするべきである。特にアボガドロ定数で，6.02×10^{23}/mol，6.0×10^{23}/mol とあるときの有効数字は 3 桁，2 桁であり，計算は $a \times 10^n$ の形で行うのに注意すること。

解法パターン

まとめ

学習のはじめに解法パターンをおさ
えたいとき，一通りの学習が終わり，
要点を確認したいときなどに役立て
てください。

SECTION 1 原子の構造

TYPE 001 元素の原子量 →p.32 **A**

ある元素に，同位体 A が a〔%〕，同位体 B が b〔%〕で存在するとき，

$$\text{元素の} \atop \text{原子量} = \left(\text{同位体 A} \atop \text{の相対質量} \times \frac{a\text{〔%〕}}{100}\right) + \left(\text{同位体 B} \atop \text{の相対質量} \times \frac{b\text{〔%〕}}{100}\right)$$

TYPE 002 放射性同位体の半減期 →p.33 **C**

遺物中の ^{14}C と大気中の ^{14}C の割合から，^{14}C の半減期(5700 年)が何回繰り返されたのかを考えよ。

TYPE 003 アイソトポマーの種類と存在率 →p.34 **C**

塩素分子には，$^{35}Cl^{35}Cl$，$^{35}Cl^{37}Cl$，$^{37}Cl^{37}Cl$ の 3 種類が存在。同位体の組合せが異なる分子を，アイソトポマーという。

SECTION 2 物質量（モル）の概念

TYPE 004 原子数・分子数・イオン数と物質量 →p.38 **A**

物質 1 mol 中には，6.0×10^{23} 個の原子，分子，イオンが含まれる。

TYPE 005 粒子の数・質量・気体の体積の関係 →p.39 **A**

粒子の数・質量・気体の体積の各量を変換したいときは，まず物質量〔mol〕を求めてから行うとよい。

TYPE 006 元素組成と組成式の決定 →p.40 **B**

まず，成分元素の質量を原子量で割って，原子数の比を求め，それから組成式を導け。

TYPE 007 アボガドロ定数の算出 →p.41 **B**

滴下したステアリン酸の分子数と，単分子膜中のステアリン酸の分子数が等しいことに着目せよ。

SECTION 3 気体の分子量

TYPE 008 気体の密度と分子量 →p.43 **A**

気体の分子量 M = 気体の密度 d × 22.4

TYPE 009 濃度の定義 →p.47 A

$$質量パーセント濃度〔\%〕 = \frac{溶質の質量〔g〕}{溶液の質量〔g〕} \times 100 \cdots\cdots ①$$

$$モル濃度〔mol/L〕 = \frac{溶質の物質量〔mol〕}{溶液の体積〔L〕} \cdots\cdots\cdots\cdots ②$$

$$質量モル濃度〔mol/kg〕 = \frac{溶質の物質量〔mol〕}{溶媒の質量〔kg〕} \cdots\cdots ③$$

- -

TYPE 010 質量パーセント濃度とモル濃度の変換 →p.48 B

まず，溶液 $1\,L(=1000\,cm^3)$ 中の溶質の質量を求める。

$$モル濃度〔mol/L〕 = \frac{1000 \times 密度 \times \dfrac{a〔\%〕}{100}}{モル質量}$$

- -

TYPE 011 モル濃度と質量モル濃度の変換 →p.49 B

（溶媒の質量）＝（溶液の質量）－（溶質の質量） の関係から溶媒の質量を求め，溶媒 $1\,kg$ あたりに換算せよ。

- -

TYPE 012 混合溶液の濃度 →p.50 B

2 種類の異なる濃度の溶液を混合しても，溶質の物質量の和は混合の前後で変化しない。

- -

TYPE 013 水和水をもつ物質の水溶液の濃度 →p.51 B

まずは，無水物と水和水の質量を，それぞれの式量を使って求めること。

CHAPTER 2 | 物質の変化

SECTION 1 化学反応式による量的計算

TYPE 014 化学反応式を用いた量的計算 →p.55 [A]

まずは目的の物質の物質量を求めること。

$$物質量〔mol〕= \frac{物質の質量〔g〕}{モル質量〔g/mol〕}$$

物質の質量〔g〕＝物質量〔mol〕×モル質量〔g/mol〕

標準状態の気体の体積〔L〕＝物質量〔mol〕×22.4 L/mol

TYPE 015 過不足のある反応の量的計算 →p.57 [B]

反応物に過不足がある場合，つねに不足するほうの反応物の物質量で生成物の物質量が決まる。

TYPE 016 過不足のある反応のグラフ →p.58 [B]

グラフの屈曲点においては，反応物が過不足なく反応したことに着目する。

TYPE 017 オゾンの生成に伴う体積変化 →p.59 [B]

（最終の体積）＝（もとの体積）－（反応した体積）＋（生成した体積）

TYPE 018 混合気体の組成 →p.60 [B]

混合気体の燃焼で減少した体積や，吸収剤に通した際の体積変化から，最初の混合気体の組成がわかる。

SECTION 2 酸・塩基とpH

TYPE 019 強酸・強塩基の水溶液のpH →p.65 [A]

$[H^+]=1×10^{-x}$〔mol/L〕のとき pH＝x となる。

$[H^+]=a×10^{-x}$〔mol/L〕のとき pH＝$-\log_{10}[H^+]$ を使え。

TYPE 020 2価のうすい強酸・強塩基水溶液のpH →p.66 [B]

$[H^+]$＝（酸のモル濃度）×（価数）×（電離度）

$[OH^-]$＝（塩基のモル濃度）×（価数）×（電離度）

TYPE 021 弱酸・弱塩基水溶液のpH →p.67 [A]

弱酸のとき…$[H^+]$＝（酸のモル濃度）×（電離度）

弱塩基のとき…$[OH^-]$＝（塩基のモル濃度）×（電離度）

15

SECTION 1 結晶の構造

<u>TYPE</u> **031** 結晶中の原子間距離 →p.90 **A**

原子間距離(原子半径またはイオン半径)を求めるとき,結晶格子中で原子が密着した部分に着目する。

<u>TYPE</u> **032** 結晶格子の充塡率 →p.91 **B**

充塡率〔%〕$= \dfrac{単位格子中の原子の占める体積}{単位格子の体積} \times 100$

<u>TYPE</u> **033** 結晶の密度の求め方 →p.92 **B**

結晶の密度〔g/cm^3〕$= \dfrac{単位格子中の粒子の質量〔g〕}{単位格子の体積〔cm^3〕}$

<u>TYPE</u> **034** 結晶の密度と原子量の関係 →p.93 **B**

結晶を構成する原子のモル質量(原子量)〔g/mol〕

$= \dfrac{l^3〔cm^3〕 \times d〔g/cm^3〕}{n} \times N_A〔/mol〕$

$\left(\begin{array}{l} l〔cm〕 \Rightarrow 単位格子の一辺の長さ(格子定数) \\ d〔g/cm^3〕 \Rightarrow 結晶の密度,N_A〔/mol〕 \Rightarrow アボガドロ定数 \\ n〔個〕 \Rightarrow 単位格子中に存在する原子の数 \end{array} \right)$

<u>TYPE</u> **035** ダイヤモンドの結晶 →p.94 **B**

ダイヤモンドの単位格子を小さな 8 つの立方体に分け,そのうち体心立方格子に似た部分に着目する。

<u>TYPE</u> **036** 面心立方格子の隙間 →p.95 **C**

面心立方格子の中にも正八面体孔と正四面体孔とよばれる隙間があり,
原子:正八面体孔:正四面体孔=1:1:2 で存在する。

<u>TYPE</u> **037** 六方最密構造の結晶 →p.96 **C**

六方最密構造の結晶の単位格子は正六角柱ではなく,底面が菱形の四角柱である。
しかし,正六角柱で考えても,計算結果は変わらない。

<u>TYPE</u> **038** 黒鉛の結晶構造 →p.97 **C**

黒鉛の結晶の単位格子は,正六角柱ではなく,内角 120° と 60° の菱形を底面とする
四角柱である。

17

<u>TYPE</u> **047** ファンデルワールスの状態方程式 →p.114 **C**

理想気体 1 mol の状態方程式 $PV=RT$ ......(1)

ファンデルワールスの状態方程式 $\left(P'+\dfrac{a}{V'^2}\right)(V'-b)=RT$ ......(2)

(P'：実測圧力，V'：実測体積，a, b はファンデルワールス定数)

SECTION 3 固体の溶解度

<u>TYPE</u> **048** 固体の溶解度 →p.118 **A**

溶質と溶媒，または溶質と溶液の比をとれ。

- -

<u>TYPE</u> **049** 再結晶による溶質の析出量 →p.119 **A**

結晶析出後に残る溶液は，必ず飽和溶液である。(S は溶解度)

$$\frac{溶質〔g〕}{溶媒〔g〕}=\frac{S}{100} \qquad \frac{溶質〔g〕}{溶液〔g〕}=\frac{S}{100+S}$$

- -

<u>TYPE</u> **050** 水和水をもった結晶の溶解量 →p.120 **B**

まず式量を用いて水和物と無水物の質量を求め，水和水の質量を溶媒(水)の質量に加えて計算せよ。

- -

<u>TYPE</u> **051** 水和水をもった結晶の析出量 →p.121 **B**

溶媒の質量から水和水の質量を，溶質の質量から結晶中の無水物の質量を引いて，溶解度に比例させよ。

SECTION 4 気体の溶解度

<u>TYPE</u> **052** 気体の溶解度 (ヘンリーの法則) →p.124 **A**

温度一定のとき，一定量の溶媒に溶ける気体の物質量，または質量は，加えた気体の圧力に比例する。

- -

<u>TYPE</u> **053** 混合気体の溶解度 →p.125 **B**

混合気体の溶解度は，各成分気体の分圧に比例するから，まず，成分気体の分圧を計算せよ。

- -

<u>TYPE</u> **054** 密閉容器での気体の溶解度 →p.126 **C**

物質収支の条件式から，溶解平衡時の圧力を求めよ。

$$\begin{pmatrix}封入した\\気体の物質量\end{pmatrix}=\begin{pmatrix}気相に残った\\気体の物質量\end{pmatrix}+\begin{pmatrix}液相に溶けた\\気体の物質量\end{pmatrix}$$

SECTION 1 エンタルピーと熱化学反応式

SECTION 2 電池と電気分解

TYPE 069　ダニエル電池　　→p.163 A
極板の質量は，負極では酸化反応が起こって減少，正極では還元反応が起こって増加する。

TYPE 070　鉛蓄電池　　→p.164 B
流れた電子の物質量をつかむこと。希硫酸の濃度変化は，鉛蓄電池の放電反応を1つの反応式にまとめて考えよ。

TYPE 071　燃料電池　　→p.166 B
水素－酸素型の燃料電池では，H_2 1 mol が完全に反応すると，2 mol の電子が移動する。

TYPE 072　ニッケル・水素電池　　→p.168 C

（負極）　$MH + OH^- \underset{充電}{\overset{放電}{\rightleftarrows}} M + H_2O + e^-$

（正極）　$NiO(OH) + e^- + H_2O \underset{充電}{\overset{放電}{\rightleftarrows}} Ni(OH)_2 + OH^-$

（全体）　$MH + NiO(OH) \underset{充電}{\overset{放電}{\rightleftarrows}} M + Ni(OH)_2$

TYPE 073　リチウムイオン電池　　→p.169 C

（負極）　$Li_xC_6 \underset{充電}{\overset{放電}{\rightleftarrows}} C_6 + xLi^+ + xe^-$

（正極）　$Li_{(1-x)}CoO_2 + xLi^+ + xe^- \underset{充電}{\overset{放電}{\rightleftarrows}} LiCoO_2$

結局，Li^+ x〔mol〕が移動すると，電子 e^- も x〔mol〕移動する。

TYPE 074　電気分解の電気量と物質の生成量　　→p.170 A
まず，電解槽に流れた電気量から，電子の物質量を求める。次に，各電極での反応式を書き，係数比に着目する。

TYPE 075　直列接続の電気分解　　→p.171 B
各電解槽に流れる電気量は，すべて同じである。

TYPE 076　並列接続の電気分解　　→p.172 B
全電気量は，各電解槽に流れた電気量の和に等しい。

$$Q = Q_1 + Q_2 + \cdots \quad \left(\begin{array}{l} Q：全電気量 \\ Q_n：各電解槽に流れた電気量 \end{array} \right)$$

21

6 | 反応速度と化学平衡

SECTION 1 反応速度

TYPE 081 反応速度の表し方 →p.182 **B**

$A \longrightarrow 2B$ で表される反応において, 時間 Δt の間に, 反応物 A の濃度が $\Delta[A]$ だけ減少し, 同時に, 生成物 B の濃度が $\Delta[B]$ だけ増加したとき, その間の A の分解速度 v_A と, B の生成速度 v_B は, 次の式で表される。

$$v_A = -\frac{\Delta[A]}{\Delta t}, \quad v_B = \frac{\Delta[B]}{\Delta t} \quad (\Delta \text{は変化量を表す記号})$$

TYPE 082 反応速度と濃度・温度の関係 →p.184 **B**

① 反応速度 v と反応物 A と B の濃度 $[A]$, $[B]$ の関係

$$v = k[A]^x[B]^y \quad (x+y;反応の次数)$$

② 温度が 10 K 上昇すると反応速度が 2 倍になる反応において, $10t$ (K) の温度上昇 ⇨ 反応速度は 2^t 倍

TYPE 083 活性化エネルギーと反応エンタルピー →p.186 **A**

(反応エンタルピー ΔH) ＝ (生成物のもつエネルギー) － (反応物のもつエネルギー)
反応エンタルピーの大きさは, 触媒を用いても変わらない。

TYPE 084 アレニウスの式 →p.188 **C**

反応速度定数 k, 絶対温度 T, 活性化エネルギー E の間には, 次の関係が成り立つ。この式をアレニウスの式という。

$$k = Ae^{-\frac{E}{RT}} \quad (R;気体定数, \ A;比例定数, \ e;自然対数の底 \ 2.718\cdots)$$

SECTION 2 化学平衡

TYPE 085 平衡定数の計算 →p.191 **A**

$$平衡定数 \ K = \frac{[C]^c[D]^d}{[A]^a[B]^b} \quad \left(a, \ b, \ c, \ d;反応式の係数\right)$$

TYPE 086 気体の解離度と平均分子量の関係 →p.193 **A**

$A \rightleftharpoons 2B$ において, 気体 A, B の分子量を M_A, M_B, 混合気体の平均分子量を $\overline{M}$ とすると,

$$\overline{M} = M_A \times \frac{1-\alpha}{1+\alpha} + M_B \times \frac{2\alpha}{1+\alpha} \quad \left(\frac{1-\alpha}{1+\alpha}, \ \frac{2\alpha}{1+\alpha};A, \ B \ のモル分率\right)$$

<u>TYPE</u> **087** 　圧平衡定数 K_p と濃度平衡定数 K_c の関係　　　　→p.194 **B**

$p_X V = nRT \Rightarrow p_X = \dfrac{n}{V} RT \Rightarrow p_X = [X]RT$ と変形して，p_X と $[X]$ の関係を求める。

（p_X；気体 X の分圧，$[X]$；気体 X のモル濃度）

SECTION 3 　電解質水溶液の平衡

<u>TYPE</u> **088** 　弱酸の pH 計算　　　　　　　　　　　　　　→p.198 **B**

弱酸水溶液のモル濃度を c〔mol/L〕，電離度を α とする。

[1] 弱酸の濃度が比較的濃い場合。$1-\alpha \fallingdotseq 1$ と近似できる。

　　$\alpha = \sqrt{\dfrac{K_a}{c}}$ の近似式が適用できる。

[2] 弱酸の濃度が比較的うすい場合。$1-\alpha \fallingdotseq 1$ と近似できない。

　　二次方程式 $c\alpha^2 + K_a\alpha - K_a = 0$ を解き，α を求める。

- -

<u>TYPE</u> **089** 　弱塩基の pH 計算　　　　　　　　　　　　　→p.200 **B**

$[OH^-] = c\alpha = c\sqrt{\dfrac{K_b}{c}} = \sqrt{cK_b}$ を使え。

（c；塩基のモル濃度，α；電離度，K_b；塩基の電離定数）

- -

<u>TYPE</u> **090** 　極めてうすい酸の水溶液の pH　　　　　　　→p.201 **C**

全水素イオン濃度 $[H^+]_{total} = [H^+]_a + [H^+]_{H_2O}$ を求め，

水のイオン積 $K_w = [H^+]_{total}[OH^-]_{total}$ の関係を利用する。

（$[H^+]_a$；酸の電離による水素イオン濃度，$[H^+]_{H_2O}$；水の電離による水素イオン濃度）

- -

<u>TYPE</u> **091** 　緩衝液の pH　　　　　　　　　　　　　　　→p.202 **B**

弱酸の電離平衡 $HA \rightleftarrows H^+ + A^-$ を利用して，

$K_a = \dfrac{[H^+][A^-]}{[HA]} \Rightarrow [H^+] = K_a \cdot \dfrac{[HA]}{[A^-]}$ の関係を使え。

（$[HA] \fallingdotseq$ もとの酸の濃度，$[A^-] \fallingdotseq$ 溶かした塩の濃度）

- -

<u>TYPE</u> **092** 　塩の加水分解と pH　　　　　　　　　　　　→p.204 **C**

加水分解の程度を表す，加水分解定数 K_h を求めよ。

　　$K_h = \dfrac{[CH_3COOH][OH^-]}{[CH_3COO^-]} = \dfrac{K_w}{K_a}$

　　　（K_w；水のイオン積，K_a；酢酸の電離定数）

- -

<u>TYPE 093</u>　2種の弱酸の混合水溶液　　　→p.206　**C**

各電離定数の式の$[H^+]$には，2種の酸から生じた全水素イオン濃度$[H^+]_t$の値を代入すること。

<u>TYPE 094</u>　難溶性塩の溶解度積　　　→p.207　**B**

難溶性塩 AB の溶解度積 K_{sp} は，$AB \rightleftarrows A^+ + B^-$ のとき，
$K_{sp} = [A^+][B^-]$ である。温度一定なら K_{sp} は一定値となる。

<u>TYPE 095</u>　沈殿生成の判定　　　→p.208　**A**

難溶性塩 AB(固)の溶解度積を K_{sp} とするとき，
　$[A^+][B^-] > K_{sp}$……沈殿を生じる。
　$[A^+][B^-] \leqq K_{sp}$……沈殿を生じない。

<u>TYPE 096</u>　沈殿滴定(モール法)　　　→p.209　**C**

指示薬にクロム酸イオン $CrO_4{}^{2-}$ を用いた硝酸銀 $AgNO_3$ 水溶液による塩化物イオン Cl^- の定量法をモール法という。

<u>TYPE 097</u>　硫化物の分別沈殿　　　→p.210　**B**

硫化水素の電離平衡は，$H_2S \rightleftarrows 2H^+ + S^{2-}$……①
酸性……①式の平衡は左へ移動し，$[S^{2-}]$ は小さくなる。
　　　　　溶解度積 K_{sp} の小さな CuS，Ag_2S のみ沈殿する。
中・塩基性……①式の平衡は右へ移動し，$[S^{2-}]$ は大きくなる。
　　　　　溶解度積 K_{sp} のやや大きな FeS，ZnS も沈殿する。

<u>TYPE 098</u>　溶解度積の応用　　　→p.211　**C**

難溶性の塩 A_xB_y の飽和水溶液では，次の溶解平衡が成立する。
　$A_xB_y(固) \rightleftarrows xA^{y+} + yB^{x-}$　……①
塩 A_xB_y の溶解度積 $K_{sp} = [A^{y+}]^x[B^{x-}]^y$　……②
①式のイオンの係数が②式のイオン濃度の累乗となることに留意。

<u>TYPE 099</u>　分配平衡　　　→p.212　**B**

ある溶質の水，有機溶媒に対する濃度を C_1〔g/mL〕，C_2〔g/mL〕とすると，温度一定では，$\dfrac{C_2}{C_1} = K(一定)$ となる。

<u>TYPE 100</u>　キレート滴定　　　→p.213　**C**

多価の金属イオンと EDTA は 1：1（物質量比）で安定なキレート錯体を形成する。

CHAPTER 7 | 無機物質と有機化合物

SECTION 1 無機物質の反応

TYPE 101 無機物質の純度 →p.217 B

生成物の量から反応物の質量を求めて，

$$純度〔\%〕＝\frac{反応物の質量〔g〕}{混合物の質量〔g〕}×100$$

TYPE 102 工業的製法による質量計算 →p.218 A

反応の途中で現れる化合物で，計算のうえで不必要なものは消去して，できるだけ簡単な式にまとめる。

TYPE 103 反応物と最終生成物の量的関係 →p.219 A

反応物中のある元素が，目的生成物にすべて含まれる場合，計算上，反応式は不要である。

SECTION 2 有機化合物の構造決定と反応

TYPE 104 燃焼生成物の質量からの組成式の決定 →p.223 A

生成した CO_2 や H_2O の質量から，もとの試料中の C や H の質量を求め，原子数の比を次の式で求める。

$$C：H：O＝\frac{Cの質量}{12}：\frac{Hの質量}{1.0}：\frac{Oの質量}{16}$$

TYPE 105 組成式から決定する分子式 →p.224 A

$$（分子式）＝（組成式）_n \quad n＝\frac{分子量}{組成式の式量} \quad を利用せよ。$$

TYPE 106 燃焼反応式からの分子式の決定 →p.225 B

炭化水素の分子式を C_mH_n とおき，燃焼反応式をつくれ。

$$C_mH_n ＋ (m＋\frac{n}{4})O_2 \longrightarrow mCO_2 ＋ \frac{n}{2} H_2O$$

CHAPTER

8 ｜ 高分子化合物

SECTION **1** 合成高分子化合物

SECTION 2 天然高分子化合物

TYPE 114　油脂に関する計算　→p.237 [B]

① 油脂 1 mol のけん化には NaOH はつねに 3 mol 必要。

② 油脂中の $\diagup C{=}C\diagdown$ 1 mol につき I_2 1 mol が付加。

- -

TYPE 115　アミノ酸の電離平衡(等電点)　→p.239 [B]

電離定数 $K = K_1 K_2 = \dfrac{[G^\pm][H^+]}{[G^+]} \cdot \dfrac{[G^-][H^+]}{[G^\pm]} = \dfrac{[H^+]^2[G^-]}{[G^+]}$ に,$[G^+] = [G^-]$ の関係を代入し,$[H^+]$ を求めよ。

- -

TYPE 116　糖類の反応と計算　→p.241 [A]

単糖類 1 mol がフェーリング液と反応すると,酸化銅(I)Cu_2O 1 mol が生成することに着目せよ。

- -

TYPE 117　比旋光度の求め方　→p.242 [B]

$$比旋光度[\alpha] = \frac{実測旋光度\alpha(°)}{測定管の長さ(dm) \times 試料溶液の濃度(g/mL)}$$

- -

TYPE 118　デンプンの枝分かれ数の決定　→p.243 [B]

デンプンの$-OH$ をメチル化して$-OCH_3$ に変換した後,酸で加水分解すると,グリコシド結合の部分だけが$-OH$ になる。

- -

TYPE 119　酵素反応の反応速度　→p.244 [C]

① 基質濃度$[S]$ が小さいとき,酵素反応の速さ v は$[S]$ にほぼ比例する。
② 基質濃度$[S]$ が大きいとき,酵素反応の速さ v は一定値(最大速度)を示す。

- -

TYPE 120　タンパク質中の窒素の定量(ケルダール法)　→p.246 [B]

(タンパク質中の N の物質量)=(発生した NH_3 の物質量)を利用する。NH_3 の物質量は,逆滴定で求める。

絶対におさえたい
必修解法
120

1 物質の構成・物質量

SECTION 1 原子の構造

1 原子の構造

　原子は，その中心に正の電荷をもつ**原子核**があり，その周囲を負の電荷をもつ**電子**が取り巻いている。さらに，原子核は正の電荷をもつ**陽子**と，電荷をもたない**中性子**から構成されている。

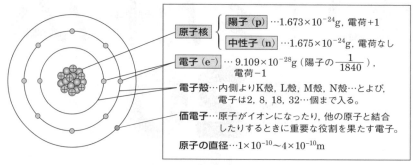

原子核 {
　陽子（**p**）…$1.673×10^{-24}$g，電荷 $+1$
　中性子（**n**）…$1.675×10^{-24}$g，電荷なし

電子（**e⁻**）…$9.109×10^{-28}$g（陽子の $\frac{1}{1840}$），電荷 -1

電子殻…内側よりK殻，L殻，M殻，N殻…とよび，電子は2, 8, 18, 32…個まで入る。

価電子…原子がイオンになったり，他の原子と結合したりするときに重要な役割を果たす電子。

原子の直径…$1×10^{-10}$～$4×10^{-10}$m

▲ Na原子の構造　ボーアモデル

2 原子番号と質量数

1 **原子番号**　原子核中の陽子の数で，原子の種類を区別する。通常は，**陽子の数＝電子の数**である。

2 **質量数**　原子核中の陽子の数と中性子の数の和。質量数から原子番号を引くと，中性子の数になる。

質 量 数 → 4
原子番号 → 2 **He**

中性子の数；$4-2=2$個

▲原子番号と質量数

3 **同位体**　原子番号が等しい（元素名は同じ）が，中性子の数が異なる原子を互いに**同位体**とよぶ。同位体は質量が異なるだけで，化学的性質はほとんど同じである。

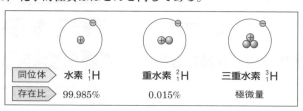

同位体	水素 $^{1}_{1}H$	重水素 $^{2}_{1}H$	三重水素 $^{3}_{1}H$
存在比	99.985%	0.015%	極微量

◀水素の同位体

＋補足 $^{3}_{1}H$は，放射線を放出しながら別の原子に変化するので，**放射性同位体**という。放射性同位体がもとの半分の量になる時間を**半減期**といい，固有の値をもつ。

CHAP.
1

1
原子の構造

TYPE
001
002
003

3 原子量・分子量と式量

1 原子の相対質量 原子1個の質量は極めて小さいので、^{12}C の質量を **12** と定め、これとの比較により、他の原子の質量を相対値で表した数値（単位はなし）。

▲水素原子の相対質量

2 原子量 天然に存在する多くの元素には、ふつう数種類の同位体が存在し、それらがほぼ一定の割合で混合している。

そこで、同位体が存在する元素の場合、**各同位体の相対質量にその存在率を掛けて求めた平均値**を、その元素の原子量という。

例 天然のホウ素原子は、^{10}B（相対質量 10.0）が 20.0%、^{11}B（相対質量 11.0）が 80.0%の割合で存在するので、ホウ素の原子量は、

$$10.0 \times \frac{20.0}{100} + 11.0 \times \frac{80.0}{100} = 10.8$$

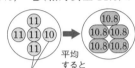

➕補足 F, Na, Al などの同位体が存在しない元素では、原子の相対質量がそのまま元素の原子量となる。

▲ホウ素の原子量

▶通常の計算で使う原子量の概数値

元　素		原子量	元　素		原子量	元　素		原子量
水　素	H	1.0	マグネシウム	Mg	24	カリウム	K	39
炭　素	C	12	アルミニウム	Al	27	カルシウム	Ca	40
窒　素	N	14	リ　ン	P	31	鉄	Fe	56
酸　素	O	16	硫　黄	S	32	銅	Cu	63.5
ナトリウム	Na	23	塩　素	Cl	35.5	銀	Ag	108

3 分子量 分子式を構成する元素の原子量の総和。

例 CO_2 の分子量；C の原子量＋O の原子量×2

$$= 12 + 16 \times 2$$
$$= 44$$

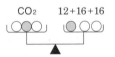

▲二酸化炭素の分子量

4 式量 イオンの化学式や組成式を構成する元素の原子量の総和。

例 NaCl の式量；Na の原子量＋Cl の原子量 = 23 + 35.5 = 58.5

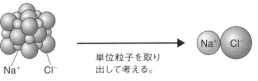

単位粒子を取り出して考える。

Na の原子量
＋Cl の原子量
＝23＋35.5
＝58.5

▲塩化ナトリウムの式量

TYPE 001 元素の原子量

 難易度 **A**

ある元素に，同位体 A が a〔%〕，同位体 B が b〔%〕で存在するとき，

$$\begin{array}{c}\text{元素の}\\\text{原子量}\end{array}=\left(\begin{array}{c}\text{同位体 A}\\\text{の相対質量}\end{array}\times\dfrac{a\,\text{〔%〕}}{100}\right)+\left(\begin{array}{c}\text{同位体 B}\\\text{の相対質量}\end{array}\times\dfrac{b\,\text{〔%〕}}{100}\right)$$

Q 着眼　多くの元素には質量の異なる**同位体**が存在し，自然界ではこれらが混合して単体や化合物をつくっている。そこで，各元素の原子1個あたりの平均の相対質量(元素の原子量)は，**各同位体の相対質量に存在率を掛けて計算した平均値**として求められる。

　なお，各同位体の相対質量は，その質量数とほぼ等しいので，問題に同位体の相対質量が与えられていないときは，質量数を用いて計算すればよい。

例題　同位体の存在率と元素の原子量

　天然のマグネシウム原子には，^{24}Mg，^{25}Mg，^{26}Mg の同位体が存在し，^{26}Mg の存在率は ^{25}Mg の存在率の 1.1 倍であり，マグネシウムの原子量は 24.32 である。これより，^{24}Mg，^{25}Mg，^{26}Mg の存在率はそれぞれ何%か。ただし，各同位体の相対質量は質量数と等しいとする。

解き方　^{25}Mg の存在率を x〔%〕とすると，^{26}Mg の存在率は $1.1x$〔%〕。よって，^{24}Mg の存在率は $(100-x-1.1x)=(100-2.1x)$〔%〕となる。マグネシウムの原子量は，各同位体の相対質量に存在率を掛けた平均値に等しいから，

$$24\times\frac{100-2.1x}{100}+25\times\frac{x}{100}+26\times\frac{1.1x}{100}=24.32$$

$$2400-50.4x+25x+28.6x=2432 \qquad \therefore \quad x=10\%$$

答　^{24}Mg：79%，^{25}Mg：10%，^{26}Mg：11%

＋補足　現在の元素の周期表は，元素を原子番号の順に性質の類似した元素が同じ縦の列に並ぶように配列したものであり，原子番号と原子量の順はふつう一致する。しかし，$_{18}\text{Ar}$ の原子量は 39.95 で，$_{19}\text{K}$ の原子量は 39.10 であり，原子番号と原子量の順が逆転している。これは，$_{18}\text{Ar}$ では質量数の大きな ^{40}Ar の存在率が最も多いのに対して，$_{19}\text{K}$ では質量数の小さな ^{39}K の存在率が最も多いためである。

同位体	^{36}Ar	^{38}Ar	^{40}Ar	^{39}K	^{40}K	^{41}K
存在率〔%〕	0.34	0.06	99.60(最多)	93.26(最多)	0.01	6.73

CHAP.
1

1
原子の構造

TYPE
001
002
003

TYPE **002** 放射性同位体の半減期

難易度 **C**

遺物中の ^{14}C と大気中の ^{14}C の割合から，^{14}C の半減期（5700年）が何回繰り返されたのかを考えよ。

着眼 炭素の放射性同位体 ^{14}C は，大気上層で太陽からの放射線（宇宙線）によって絶えず生成し，**大気中の ^{14}C の存在比は一定である**。また，生物は ^{14}C を取り込むので，体内の ^{14}C の存在比は一定である。しかし，生物が死ぬと，外界からの ^{14}C の供給が止まり，^{14}C は放射線を放出しながら ^{14}N に変わるため，その割合は減少する。したがって，**遺物中の ^{14}C の割合と大気中の ^{14}C の割合を比較すると，その生物の死後経過年数がわかる。**

─〈 **例題** ^{14}C による遺物の年代推定 〉─

放射性同位体 ^{14}C の半減期を5700年として各問いに答えよ。$\log_{10} 2 = 0.30$
(1) ある遺物から発掘された木片 A 中の ^{14}C の量を調べると，大気中の ^{14}C の量の $\frac{1}{8}$ に減少していた。この木片は何年前に伐採されたと考えられるか。
(2) 別の遺跡から発掘された木片 B 中の ^{14}C の量を調べると，大気中の ^{14}C の量の $\frac{1}{10}$ に減少していた。この木片は何年前に伐採されたと考えられるか。

解き方 (1) $\dfrac{木片 A 中の ^{14}C の量}{大気中の ^{14}C の量} = \dfrac{1}{8} = \left(\dfrac{1}{2}\right)^3$ と表せる。

^{14}C は5700年かかって $\dfrac{1}{2}$，さらに5700年かかって $\dfrac{1}{4}$，……と減少していく。

木片 A の ^{14}C が大気中の ^{14}C の $\dfrac{1}{8}$ になるには，半減期を3回繰り返せばよい。

∴ $5700 \times 3 = 17100$ 年前に伐採されたと考えられる。

(2) $\dfrac{木片 B 中の ^{14}C の量}{大気中の ^{14}C の量} = \dfrac{1}{10} = \left(\dfrac{1}{2}\right)^n$ とおき，

上式の両辺に常用対数（10 を底とする対数，$\log_{10}$）をとると，

$\log_{10} \dfrac{1}{10} = \log_{10} \left(\dfrac{1}{2}\right)^n$ $\qquad \log_{10} 10^{-1} = \log_{10} 2^{-n}$

$-1 = -n \log_{10} 2$ $\quad$ ∴ $n = \dfrac{1}{\log_{10} 2} = \dfrac{1}{0.30}$

木片 B の ^{14}C が大気中の ^{14}C の $\dfrac{1}{10}$ になるには，半減期を $\dfrac{1}{0.30}$ 回繰り返せばよい。

∴ $5700 \times \dfrac{1}{0.30} = 19000$ 年前に伐採されたと考えられる。

答 (1) **17100 年** (2) **19000 年**

＋補足 常用対数については，p.65 参照。

> 塩素分子には $^{35}Cl^{35}Cl$, $^{35}Cl^{37}Cl$, $^{37}Cl^{37}Cl$ の **3** 種類が存在。
> 同位体の組合せが異なる分子を互いに**アイソトポマー**という。

着眼 塩素分子の**アイソトポマー**(同位体分子種)の存在率は次のようになる。

(i) $^{35}Cl^{35}Cl$ の存在率：$\dfrac{3}{4} \times \dfrac{3}{4} = \dfrac{9}{16}$

(ii) $^{35}Cl^{37}Cl$ の存在率；$\dfrac{3}{4} \times \dfrac{1}{4} = \dfrac{3}{16}$ ⎫ (ii)と(iii)の並べ方は 2 通りあるが，塩素分子

(iii) $^{37}Cl^{35}Cl$ の存在率；$\dfrac{1}{4} \times \dfrac{3}{4} = \dfrac{3}{16}$ ⎬ として見たとき，裏返すと重なるので同一の 分子である。よって，$^{35}Cl^{37}Cl$ の存在率は

(iv) $^{37}Cl^{37}Cl$ の存在率；$\dfrac{1}{4} \times \dfrac{1}{4} = \dfrac{1}{16}$ ⎭ $\dfrac{3}{16} \times 2 = \dfrac{6}{16}$ となる。

例 題 **アイソトポマーの種類と存在率**

ホウ素原子には，^{10}B(存在率 20.0 %)，^{11}B(存在率 80.0 %)，塩素原子には，^{35}Cl(存在率 75.0 %)，^{37}Cl(存在率 25.0 %)の同位体が存在する。各同位体の相対質量は質量数に等しいものとして，次の問いに答えよ。

(1) 三塩化ホウ素 BCl_3 分子には，同位体の組成の異なる何種類のアイソトポマーが存在するか。

(2) BCl_3 分子全体に占める $^{11}B^{35}Cl_2{}^{37}Cl$ 分子の割合は何％か。

三塩化ホウ素
分子の構造

解き方 (1) 塩素原子 3 個について，^{35}Cl と ^{37}Cl の同位体の組合せを考えると，

(i) $^{35}Cl^{35}Cl^{35}Cl$, (ii) $^{35}Cl^{35}Cl^{37}Cl$, (iii) $^{35}Cl^{37}Cl^{37}Cl$, (iv) $^{37}Cl^{37}Cl^{37}Cl$ の 4 通りある。(i)~(iv)について，^{10}B と ^{11}B の同位体の組合せが 2 通りずつ考えられる。

よって，同位体の組成の異なる BCl_3 分子は，$4 \times 2 = 8$ 種類存在する。

(2) 題意の $^{11}B^{35}Cl_2{}^{37}Cl$ 分子を組み立てるには，$^{11}B\left(存在率 \dfrac{4}{5}\right)$ 1 個と $^{35}Cl\left(存在率 \dfrac{3}{4}\right)$ 2 個と $^{37}Cl\left(存在率 \dfrac{1}{4}\right)$ 1 個を同時に取り出す必要がある。

^{11}B 原子の並べ方は 1 通りしかないが，^{35}Cl, ^{35}Cl, ^{37}Cl 原子の並べ方は右図のように 3 通り考えられる。

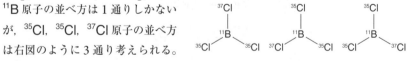

これらは，BCl_3 分子として見たとき，すべて同一の分子である。

よって，$^{11}B^{35}Cl_2{}^{37}Cl$ 分子の存在率は，$\dfrac{4}{5} \times \left(\dfrac{3}{4}\right)^2 \times \dfrac{1}{4} \times 3 = \dfrac{27}{80} = 33.75 \fallingdotseq 33.8 \%$

答 (1) 8 種類 (2) 33.8 %

CHAP.
1

2
物質量（モル）の概念

TYPE
004
005
006
007

SECTION 2 物質量（モル）の概念

1 アボガドロ数と物質量

1 アボガドロ数 ^{12}C 原子 1 個の質量は約 2.0×10^{-23} g である。このように，原子 1 個の質量は極めて小さく，このままの数値では扱いにくい。そこで 6.0×10^{23} 個の原子をひとまとめに考えると，^{12}C 原子の質量はほぼ 12 g となり扱いやすくなる。6.0×10^{23} という数をアボガドロ数という。

＋補足 正確には $6.02214076 \times 10^{23}$ である。本書では計算を簡単にするため 6.0×10^{23} を用いる。

2 物質量 6.0×10^{23}（アボガドロ数）個の粒子の集団を **1 モル**（記号：**mol**）という。このように，mol を単位として表した物質の量を**物質量**という。

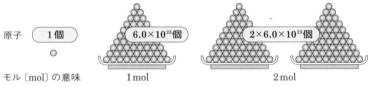

原子 1個

モル〔mol〕の意味

1 mol / 2 mol

▲アボガドロ数と物質量の関係

＋補足 鉛筆は 12 本をまとめて 1 ダースとして数える。同様に，物質を構成する粒子（原子，分子，イオンなど）は，6.0×10^{23} 個をまとめて 1 mol として数える。

3 物質 1 mol の質量 原子量は $^{12}C = 12$ を基準に求めた各元素の原子 1 個の相対質量の平均値だから，どの原子も同じ個数（アボガドロ数；N）だけ集めると，その質量の比は原子量の比に等しい。

$$^{12}C : {}^{16}O \ = \ 12 : 16 \ = \ 12 \times N : 16 \times N \ = \ 12 \, g : 16 \, g$$
（原子量の比）

すなわち，どの原子でもアボガドロ数（6.0×10^{23} 個）だけ集めると，物質量が 1 mol となり，その質量は原子量〔g〕に等しくなる。

この関係は，原子だけでなく分子やイオンからなる物質についても成り立ち，**物質 1 mol の質量は，原子量・分子量・式量にグラム単位をつけた質量に等しい。**

物質を構成する粒子 1 mol あたりの質量を**モル質量**といい，単位は〔g/mol〕で表す。

> モル質量は，原子量・分子量・式量に **g/mol** をつけたものである。

！注意 物質量を表すときは，必ず構成粒子の種類が何かをはっきりしておく必要がある。

	炭素原子 C	水分子 H₂O	アルミニウム Al	塩化ナトリウム NaCl
原子量・分子量・式量	12（原子量）	$1.0 \times 2 + 16$ $=18$（分子量）	27（式量）	$23 + 35.5$ $=58.5$（式量）
1mol の粒子の数とその質量	C が 6.0×10^{23} 個 ↓ 12g	H O H が 6.0×10^{23} 個 ↓ 18g	Al が 6.0×10^{23} 個 ↓ 27g	Na⁺ Cl⁻ が 6.0×10^{23} 個 ↓ 58.5g
モル質量	12 g/mol	18 g/mol	27 g/mol	58.5 g/mol

▲原子量・分子量・式量とモル質量の関係

2 気体 1 mol の体積（モル体積）

1 気体 1 mol の体積 「同温・同圧では，同体積の気体の中には，同数の分子が含まれる。」この関係を**アボガドロの法則**という。

> 0℃，1.013×10^5 Pa（この状態を**標準状態**という。）において，気体 1 mol の占める体積は，気体の種類によらず，**22.4 L** である。

➕補足 1 Pa は，1 m² あたりに 1 N（ニュートン）の力がはたらくときの圧力。1.013×10^5 Pa = 1 気圧〔atm〕である。

2 モル体積 気体 1 mol あたりの体積を**モル体積**という。標準状態では，気体のモル体積は，気体の種類に関係なく **22.4 L/mol** である。これに対して，**気体 1 mol** あたりの質量（モル質量）は，各気体ごとに異なることに留意する。

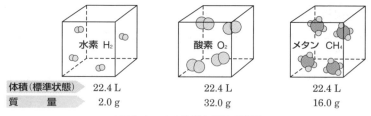

	水素 H₂	酸素 O₂	メタン CH₄
体積（標準状態）	22.4 L	22.4 L	22.4 L
質量	2.0 g	32.0 g	16.0 g

▲気体 1 mol の体積と質量の関係

CHAP.
1

2
物質量（モル）の概念

TYPE
004
005
006
007

3 ▶ 物質量と粒子の数・質量・気体の体積の関係 ◀

1 物質量の求め方

① 粒子の数と物質量の関係

原子や分子 1 mol あたりの粒子の数（アボガドロ定数（記号：N_A））を用いると，物質量〔mol〕は次のように求められる。

$$物質量〔mol〕＝\frac{粒子の数}{6.0×10^{23}/mol}$$

② 質量と物質量の関係

物質 1 mol あたりの質量（モル質量〔g/mol〕）を用いると，物質量〔mol〕は次のように求められる。

$$物質量〔mol〕＝\frac{物質の質量〔g〕}{モル質量〔g/mol〕}$$

③ 気体の体積と物質量の関係

標準状態での気体 1 mol あたりの体積（モル体積〔L/mol〕）を用いると，物質量〔mol〕は次のように求められる。

$$物質量〔mol〕＝\frac{標準状態での気体の体積〔L〕}{22.4 \ L/mol}$$

2 物質量と粒子の数・質量・気体の体積の関係　粒子の数，質量，気体の体積の各量を変換するには，まず，物質量〔mol〕を求めてから，目的の量に変換するとよい。

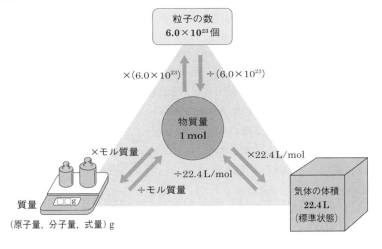

物質 $1\,mol$ 中には，6.0×10^{23} 個の原子，分子，イオンが含まれる。

着眼 化学式は，物質中の原子の種類を表すとともに，**その物質 $1\,mol$ が何 mol の原子やイオンを含むか**も表している。たとえば，メタンでは下のように表される。このように，**着目する粒子の種類が変われば，物質量の値も変化する**ので注意すること。

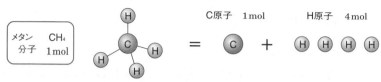

例 題 | 硫酸の物質量・原子数・イオン数

硫酸 H_2SO_4 が $19.6\,g$ ある。原子量；$H = 1.0$，$O = 16$，$S = 32$

(1) この硫酸の物質量は何 mol か。

(2) この硫酸中の酸素原子は何個か。（アボガドロ定数 $= 6.0 \times 10^{23}/mol$）

(3) この硫酸を水に溶かした水溶液中の水素イオンと硫酸イオンの個数の和はいくらか。ただし，硫酸は水溶液中で完全に電離するものとする。

解き方 (1) 硫酸 H_2SO_4 の分子量は 98 より，そのモル質量は $98\,g/mol$ となる。

$$物質量〔mol〕 = \frac{物質の質量〔g〕}{モル質量〔g/mol〕} = \frac{19.6\,g}{98\,g/mol} = 0.20\,mol$$

(2) 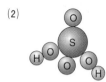 硫酸 1 分子（左図）には酸素原子が 4 個含まれるから，硫酸分子 $0.20\,mol$ には，酸素原子は $0.80\,mol$ 含まれる。1 mol あたりの粒子の数（アボガドロ定数）は **$6.0 \times 10^{23}/mol$** より，

酸素原子の数；$0.80\,mol \times 6.0 \times 10^{23}/mol = 4.8 \times 10^{23}$ 個

(3) 硫酸を水に溶かすと，次式のように完全に電離するものとすると，

$$H_2SO_4 \longrightarrow 2H^+ + SO_4^{2-}$$

硫酸分子 1 mol が完全電離すると，H^+ 2 mol と SO_4^{2-} 1 mol の合計 3 mol のイオンを生じるから，硫酸 $0.20\,mol$ から生じるイオンの総数は，

$$0.20\,mol \times 3 \times 6.0 \times 10^{23}/mol = 3.6 \times 10^{23}\,個$$

答 (1) $0.20\,mol$ (2) 4.8×10^{23} 個 (3) 3.6×10^{23} 個

CHAP.

1

2 物質量（モル）の概念

TYPE
004
005
006
007

TYPE 005 粒子の数・質量・気体の体積の関係

粒子の数・質量・気体の体積の各量を変換したいときは，まず物質量〔mol〕を求めてから行うとよい。

Q 着眼 粒子の数・質量・気体の体積と物質量の間には，右図のような決まった関係がある。

したがって，粒子の数・質量・気体の体積は，物質量〔mol〕を経由することにより，互いに変換することができる。

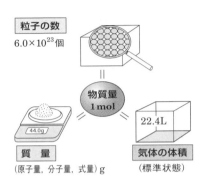

粒子の数
6.0×10^{23}個

物質量 1 mol

22.4L

質量
（原子量，分子量，式量）g

気体の体積
（標準状態）

例題 粒子数→体積，体積→質量の変換

以下の問いに答えよ。原子量；H = 1.0，C = 12，O = 16，アボガドロ定数；$N_A = 6.0 \times 10^{23}$/mol

(1) 1.2×10^{23} 個の CO_2 分子の占める気体の体積は，標準状態で何 L か。

(2) 標準状態のメタン CH_4 5.6 L の質量は，何 g か。

解き方 諸量を変換するには，まず，物質量〔mol〕を求めてから行うとよい。

$$物質量〔mol〕= \frac{粒子の数}{6.0 \times 10^{23}/mol} = \frac{質量〔g〕}{モル質量〔g/mol〕} = \frac{体積（標準状態）〔L〕}{22.4 \, L/mol}$$

(1) アボガドロ定数は 6.0×10^{23}/mol なので，

CO_2 1.2×10^{23} 個の物質量は，$\dfrac{1.2 \times 10^{23}}{6.0 \times 10^{23}/mol} = 0.20$ mol

標準状態での気体のモル体積は **22.4 L/mol** なので，CO_2 の体積（標準状態）は，

0.20 mol × 22.4 L/mol = 4.48 ≒ 4.5 L

(2) 標準状態での気体のモル体積は **22.4 L/mol** なので，

CH_4 5.6 L の物質量は，$\dfrac{5.6 \, L}{22.4 \, L/mol} = 0.25$ mol

CH_4 の分子量は 16 より，CH_4 のモル質量は 16 g/mol である。

したがって，CH_4 の質量は，0.25 mol × 16 g/mol = 4.0 g

答 (1) 4.5 L (2) 4.0 g

元素組成と組成式の決定

難易度 B

まず，成分元素の質量を原子量で割って，原子数の比を求め，それから組成式を導け。

着眼 金属元素の陽イオンと非金属元素の陰イオンが結合した物質では，分子に相当する単位粒子が存在しない。したがって，このような物質を化学式で表すには，**原子数の比を最も簡単な整数比で表した組成式**を用いる。

A，B 2元素からなる化合物の原子の質量比または質量百分率が与えられたとき，この化合物を構成する A と B 原子数の比は次式で求められる。

$$\frac{\text{A の質量（質量 \%）}}{\text{A の原子量}} : \frac{\text{B の質量（質量 \%）}}{\text{B の原子量}} = x : y$$

原子数の比 $x : y$ を最も簡単な整数比で表すと，組成式 A_xB_y が求められる。

注意 酸化物の組成式を M_xO_y とすると，M 原子：O 原子 $= x : y$ の比で結合していることを示す。これに，アボガドロ定数 N_A を掛けると，

M 原子：O 原子 $= (x \times N_A)$ 個：$(y \times N_A)$ 個 $= x$〔mol〕：y〔mol〕　となる。

つまり，組成式を構成する原子数の比は，物質量の比とも等しいことになる。

例題 　酸化物の組成式

ある金属 M の酸化物 1.20 g を還元すると，0.84 g の金属が得られた。この金属の原子量が 56 ならば，酸化物の組成式は次のどれか。原子量；$O = 16$

ア　MO　　イ　M_2O　　ウ　MO_2　　エ　M_2O_3　　オ　M_3O_4

解き方 　M 原子と O 原子のモル質量は，それぞれ 56 g/mol，16 g/mol である。この酸化物の組成式を M_xO_y（x，y は整数）とおくと，M と O の原子数の比は，物質量の比とも等しいから，

$$x : y = \frac{0.84\,\text{g}}{56\,\text{g/mol}} : \frac{(1.20 - 0.84)\,\text{g}}{16\,\text{g/mol}} = 0.015 : 0.0225 = 2 : 3$$

よって，この酸化物の組成式は，M_2O_3　　　　　　　　　**答** エ

類題 1 　同じ金属元素 M の2種類の酸化物 A と B を調べると，元素 M の質量百分率は A では 70.0%，B では 77.8% であった。次の問いに答えよ。原子量；$O = 16$

（解答➡別冊 p.3）

(1)　酸化物 A の組成式が M_2O_3 であるとすれば，M の原子量はいくらか。

(2)　(1)で求めた原子量を用いて，酸化物 B の組成式を求めよ。

TYPE 007 アボガドロ定数の算出

難易度 **B**

滴下したステアリン酸の分子数と，単分子膜中のステアリン酸の分子数が等しいことに着目せよ。

 着眼

① 単分子膜をつくる物質の質量を w〔g〕，モル質量を M〔g/mol〕とすると，その物質量は $\dfrac{w}{M}$〔mol〕である。また，その中に含まれる分子の数は，

$\dfrac{w}{M}$ ×アボガドロ定数(N_A)である。

② 単分子膜の面積を S〔cm²〕，水面上で1分子が占める断面積を s〔cm²〕とすると，分子の数は $\dfrac{S}{s}$〔個〕である。

①＝②とおくと，実験によってアボガドロ定数 N_A が求められる。

TYPE
004
005
006
007

例題 アボガドロ定数の算出

ステアリン酸 $C_{17}H_{35}COOH$（分子量 284）0.0284 g をヘキサン 100 mL に溶かし，その 0.10 mL を静かに水面に滴下したところ，ヘキサンは蒸発し，144 cm² のステアリン酸の単分子膜ができた。水面上で，ステアリン酸分子1個の占める面積を 2.25×10^{-15} cm² として，アボガドロ定数を求めよ。

＋補足 ステアリン酸分子が親水基($-COOH$)を水側に，疎水基($C_{17}H_{35}-$)を空気側に向けてすき間なく一層に配列したもの(右図)を**単分子膜**とよぶ。

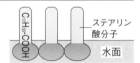

解き方 滴下したヘキサン溶液 0.10 mL 中に含まれるステアリン酸の物質量は，ステアリン酸 $C_{17}H_{35}COOH$ のモル質量が 284 g/mol なので，

$$\frac{0.0284\,\text{g}}{284\,\text{g/mol}} \times \frac{0.10}{100} = 1.00 \times 10^{-7}\,\text{mol}$$

単分子膜の面積を1分子が占める面積で割ると，単分子膜内の分子の数がわかる。以上より，ステアリン酸 1 mol あたりの分子の数(アボガドロ定数)を N_A〔/mol〕とすると，

$$1.00 \times 10^{-7}\,\text{mol} \times N_A\,[\text{/mol}] = \frac{144}{2.25 \times 10^{-15}}$$

これを解いて，$N_A = 6.40 \times 10^{23}$/mol

答 6.40×10^{23}/mol

SECTION 3 気体の分子量

1 気体の密度

気体1Lあたりの質量を**気体の密度**といい，単位として〔g/L〕を使う。0℃，1.01×10^5 Pa（パスカル）（標準状態）で，**気体 1 mol の体積は 22.4 L** であるから，ある気体の分子量がわかれば，その密度は次式で求められる。

$$気体の密度〔g/L〕 = \frac{気体の質量〔g〕}{気体の体積〔L〕} = \frac{分子量}{22.4}$$

逆に，気体の密度がわかれば，その分子量を求めることができる。

2 気体の分子量の求め方

1 気体の密度より 気体の密度は1Lあたりの質量だから，標準状態において，ある気体の密度から 22.4 L の質量を求め，グラム単位〔g〕をとれば，その気体の分子量が求められる。

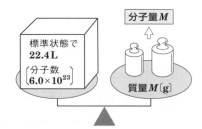

気体の分子量 M
= 気体の密度〔g/L〕× 22.4 L

▲気体の体積・質量・分子量の関係

2 2種類の気体の質量の比より 「同温・同圧では，同体積の気体の中には，気体の種類を問わず，同数の分子を含む。」（アボガドロの法則）

これより，同体積での2種類の気体の質量の比は，分子1個あたりの質量の比，つまり，分子量の比と等しくなる。

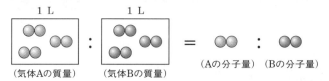

▲同体積の2種類の気体の質量と分子量の関係

したがって，Aの分子量および，気体A，Bの質量の比がわかれば，上図の式を使って，Bの分子量を求めることができる。

例 ある気体の質量が，同温・同圧・同体積の酸素の質量の1.38倍であった。この気体の分子量はいくらか。原子量；O = 16

酸素 O_2 の分子量が32だから，$32 \times 1.38 = 44.16 ≒ 44.2$

TYPE <u>008</u>　気体の密度と分子量　^{難易度} A

気体の分子量 M ＝ 気体の密度 d × 22.4

 標準状態において，**気体 1 mol**（6.0×10^{23} 個の分子を含む）**の体積は 22.4 L であり，その質量は（分子量）g に等しい。**

気体の密度 d〔g/L〕は 1 L あたりの質量だから，それを 22.4 倍して 1 mol あたりの質量とし，それからグラム単位をとれば，気体の分子量 M を求めることができる。

─ **例 題** 気体の密度と分子量 ─

次の(1)，(2)の問いに有効数字 2 桁で答えよ。原子量；O ＝ 16
(1) ある気体の標準状態における密度は 1.96 g/L であった。この気体の分子量はいくらか。
(2) 別のある気体の酸素に対する密度の比が 2.22 倍であるとすると，この気体の分子量はいくらか。

解き方 (1) 標準状態において，この**気体 1 mol**（＝ 22.4 L）**あたりの質量**を求め，それからグラム単位をとると，分子量が求められる。**TYPE** の式より，

$$1.96 \text{ g/L} \times 22.4 \text{ L} = 43.9 \fallingdotseq 44 \text{ g} \qquad \therefore \quad 分子量 = 44$$

(2) **同温・同圧の気体は，同体積中に同数の分子を含む**（アボガドロの法則）から，同体積での 2 種の気体の質量の比，つまり密度の比は分子量の比と等しくなる。

 : ＝ ＝ **2.22：1**

ある気体　　　　　　酸素 O_2　　　　　分子量　分子量
　　　　　　　　　　　　　　　　　　　　(M)　　(32)

ある気体の分子量を M とおくと，酸素の分子量が $O_2 = 32$ より，

$$M : 32 = 2.22 : 1 \qquad \therefore \quad M = 71.0 \fallingdotseq 71$$

答 (1) 44　(2) 71

類題 2 体積 186 mL の容器に，標準状態である気体を満たしたときと，この容器を真空にしたときでは，質量に 0.25 g の差があった。この気体の分子量を求めよ。

（解答➡別冊 p.3）

■練習問題

解答➡別冊 p.19

1 ^6Li, ^7Li の存在比はそれぞれ 7 % および 93 %, ^{35}Cl, ^{37}Cl の存在比はそれぞれ 75 % および 25 % である。また, ^6Li, ^7Li, ^{35}Cl および ^{37}Cl の相対質量はそれぞれ 6, 7, 35 および 37 とする。

TYPE

(1) リチウムと塩素の原子量を, それぞれ小数第 1 位まで求めよ。

(2) 式量 42 および 43 の LiCl の全体に占める割合はそれぞれ何 % か。

(3) 天然の LiCl の式量を小数第 1 位まで求めよ。

➔ 003

2 ドライアイス 1.1 g を右図のような装置に入れ, すべて昇華させた。次の問いに答えよ。原子量；C = 12, O = 16, アボガドロ定数；$N_A = 6.0 \times 10^{23}/mol$

ドライアイス　空気

(1) ドライアイス 1.1 g の物質量はいくらか。

(2) 昇華した二酸化炭素の分子の数は何個か。また, 昇華した二酸化炭素に含まれる原子の総数は何個か。

(3) メスシリンダーに捕集された空気は標準状態で何 L になるか。

(4) 二酸化炭素分子 1 個の質量は何 g か。

➔ 004, 005

3 次の文の (　) 内に数値を, ⬚ 内に化学式を記入せよ。
原子量；O = 16

ある金属 M の酸化物 MO_3 中に, 酸素が 48 % 含まれているならば, この金属の原子量は①(　) である。さらに, この金属酸化物中の酸素の含有率が 31.6 % のとき, この酸化物の組成式は, ②⬚ である。

➔ 004

4 天然の水素原子には 3 種類の同位体 (^1H, ^2H, ^3H) が存在し, 酸素原子にも 3 種類の同位体 (^{16}O, ^{17}O, ^{18}O) が存在する。次の問いに答えよ。

(1) 構成原子の同位体の組合せが異なる水 H_2O 分子は何種類考えられるか。

(2) 質量数の総和が異なる水 H_2O 分子は何種類考えられるか。

➔ 003

♪ヒント **4** まず, H 原子の同位体 (^1H, ^2H, ^3H) から 2 個選ぶ組合せが何通りあるかを考え, それに O 原子の同位体 (^{16}O, ^{17}O, ^{18}O) 1 個との組合せを考えればよい。

SECTION 4 溶液の濃度

1 溶液の濃度の表し方

　一般に，溶液中に含まれる溶質の割合を濃度といい，その表し方には，**質量パーセント濃度，モル濃度，質量モル濃度**などがある。これらは，基準となる溶媒や溶液の量のとり方(質量または体積)に違いがある。

2 質量パーセント濃度

溶液中に溶けている溶質の質量を百分率で表した濃度。

$$質量パーセント濃度〔\%〕= \frac{溶質の質量〔g〕}{溶液の質量〔g〕} \times 100$$

+補足 **ppm 濃度** ppm は，parts per million を略した記号で，100 万分の 1 の割合を意味する。この濃度は，微量成分の濃度を表すのに使われる。

$$ppm 濃度〔ppm〕= \frac{溶質の質量}{溶液の質量} \times 10^6$$

3 モル濃度

溶液 1 L 中に溶けている溶質の物質量〔mol〕で表した濃度で，単位として mol/L が使われる。

$$モル濃度〔mol/L〕= \frac{溶質の物質量〔mol〕}{溶液の体積〔L〕}$$

上式を変形すると，次の関係が成り立つ。

$$溶質の物質量〔mol〕= モル濃度〔mol/L〕 \times 溶液の体積〔L〕$$

+補足 モル濃度のわかった溶液を一定体積はかり取れば，その中に含まれる溶質の物質量は簡単に求められるので，モル濃度は化学の計算によく用いられる。

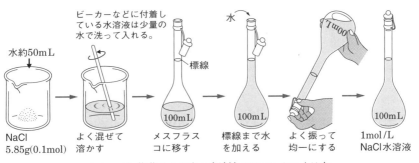

ビーカーなどに付着している水溶液は少量の水で洗って入れる。

水約50mL

NaCl
5.85g(0.1mol)

よく混ぜて溶かす

標線

メスフラスコに移す

水

標線まで水を加える

よく振って均一にする

1mol/L
NaCl水溶液

▲ 1 mol/L 塩化ナトリウム水溶液 100 mL のつくり方

4 質量モル濃度

　溶媒（溶液ではない！）**1 kg** 中に溶けている**溶質の物質量**〔mol〕で表した濃度で，単位として **mol/kg** を使う。

$$質量モル濃度〔mol/kg〕= \frac{溶質の物質量〔mol〕}{溶媒の質量〔kg〕}$$

!注意　溶液の体積を基準としたモル濃度は，温度とともにその濃度が少しずつ変化するが，溶媒の質量を基準とした質量モル濃度は，温度が変化してもその濃度は一定である。高校化学では質量モル濃度は，温度変化を伴う沸点上昇や凝固点降下のときに用いられる（→ p.130）。

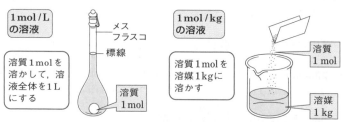

▲モル濃度と質量モル濃度の意味

5 溶液の濃度間の換算

　それぞれの濃度は，溶液の質量や体積などが基準となっているので，**密度**やモル質量などを使って，**濃度間の換算**を行うことができる。

1 質量パーセント濃度からモル濃度への換算　溶液の密度が与えられているから，**溶液の体積×密度＝溶液の質量**　の関係を利用する。

① **溶液1L** をとり，密度を使って，**溶液の質量**を求める。

② ①の値と質量パーセント濃度を使って，**溶質の質量**を求める。

③ ②の値を，**溶質のモル質量**で割って，**溶質の物質量**を求める。

④ ③で得られた値に単位 mol/L をつければ，モル濃度が求まる。

$$モル濃度〔mol/L〕 = \frac{1000\ cm^3/L×密度〔g/cm^3〕×\dfrac{質量\%}{100}}{溶質のモル質量〔g/mol〕}$$

例　密度 1.4 g/cm³，50％硫酸（モル質量 H_2SO_4 ＝ 98 g/mol）水溶液のモル濃度は，

$$1000×1.4×\frac{50}{100}×\frac{1}{98} = 7.14 ≒ 7.1\ mol/L$$

2 モル濃度から質量パーセント濃度への換算　モル濃度の値と溶質のモル質量から溶質の質量を求め，さらに，溶液の密度から溶液1Lの質量を求め，その割合から質量パーセント濃度が求められる。

TYPE 009 濃度の定義

難易度 A

$$質量パーセント濃度〔\%〕= \frac{溶質の質量〔g〕}{溶液の質量〔g〕} \times 100 \cdots\cdots ①$$

$$モル濃度〔mol/L〕= \frac{溶質の物質量〔mol〕}{溶液の体積〔L〕} \cdots\cdots\cdots ②$$

$$質量モル濃度〔mol/kg〕= \frac{溶質の物質量〔mol〕}{溶媒の質量〔kg〕} \cdots\cdots ③$$

TYPE
009
010
011
012
013

🔍 **着眼** 濃度を求めるときには，**単位をそろえること**が大切である。
質量パーセント濃度では溶質と溶液を同じ g 単位に，**モル濃度**で
は溶液の体積を L 単位に，**質量モル濃度**では溶媒の質量を kg 単位にすること。
また，**質量モル濃度**を求めるときは，**溶液ではなく溶媒の質量**を用いる
ことに注意する。

> **例題** 質量パーセント濃度とモル濃度を求める

11.7 g の塩化ナトリウムを水に溶かして 500 cm³ とした水溶液がある。ただ
し，この塩化ナトリウム水溶液の密度を 1.02 g/cm³，塩化ナトリウムの式量を
58.5 とする。有効数字 2 桁で答えよ。
(1) この塩化ナトリウム水溶液の質量パーセント濃度を求めよ。
(2) この塩化ナトリウム水溶液のモル濃度を求めよ。

解き方 (1) 質量パーセント濃度を求めるには，溶質と溶液の質量が必要である。

(溶液の質量) = (溶液の体積) × (密度) = 500 cm³ × 1.02 g/cm³ = 510 g

質量パーセント濃度は，①式より，$\dfrac{11.7}{510} \times 100 = 2.29 ≒ 2.3\%$

(2) 水溶液の体積は，500 cm³ = 0.50 L である。

NaCl の式量が 58.5 より，NaCl のモル質量は 58.5 g/mol である。

$$物質量〔mol〕= \frac{質量〔g〕}{モル質量〔g/mol〕} \qquad モル濃度〔mol/L〕= \frac{溶質の物質量〔mol〕}{溶液の体積〔L〕}$$

これより，NaCl 水溶液のモル濃度は，

$$\frac{\dfrac{11.7\ g}{58.5\ g/mol}}{0.50\ L} = \frac{0.20\ mol}{0.50\ L} = 0.40\ mol/L$$

答 (1) 2.3 % (2) 0.40 mol/L

質量パーセント濃度とモル濃度の変換

> まず，溶液 1 L（＝1000 cm³）中の溶質の質量を求める。
>
> $$モル濃度〔mol/L〕= \frac{1000 \times 密度 \times \dfrac{a〔\%〕}{100}}{モル質量}$$

🔍 着眼 モル濃度を求めるのは，最終的には**溶液 1 L 中に含まれる溶質の物質量を求める**ことに等しい。この TYPE の問題では，必ず溶液の密度が与えられているので，**溶液 1 L（＝1000 cm³）をはかり取った**として，その中に含まれる溶質の質量を，$1000 \text{ cm}^3 \times 密度〔\text{g/cm}^3〕\times \dfrac{a〔\%〕}{100}$ で求める。これを**モル質量〔g/mol〕で割る**と，溶質の物質量が求められる。

◀ 例 題 ▶ 質量パーセント濃度 → モル濃度の変換

希塩酸（密度 1.1 g/cm³）は，20 ％ の塩化水素 HCl を含んでいる。次の問いに答えよ。原子量；H = 1.0, Cl = 35.5
(1) この希塩酸 1 L 中には，何 g の塩化水素が溶けているか。
(2) この希塩酸のモル濃度はいくらか。

◀ 解き方 ▶ 質量パーセント濃度は，溶液の質量がいくらでも構わないが，モル濃度は溶液の体積が 1 L と決められている。したがって，これらの濃度の相互変換では，いつも**溶液 1 L（＝1000 cm³）あたりで考える。**

(1) 溶液の密度が 1.1 g/cm³ なので，溶液 1 L（＝1000 cm³）の質量は，
$$1000 \text{ cm}^3 \times 1.1 \text{ g/cm}^3 = 1100 \text{ g}$$
溶液の質量パーセント濃度が 20 ％ だから，溶質（塩化水素）の質量は，
$$1100 \text{ g} \times \frac{20}{100} = 220 \text{ g}$$
(2) 塩化水素の分子量は HCl = 36.5 より，そのモル質量は 36.5 g/mol だから，
HCl の物質量は，$\dfrac{220 \text{ g}}{36.5 \text{ g/mol}} = 6.02 \text{ mol}$

よって，希塩酸のモル濃度は 6.0 mol/L。　　　**答** (1) 220 g　(2) 6.0 mol/L

類題 3 15 ℃ での塩化ナトリウムの飽和水溶液は，水 100 g 中に 36.0 g の塩化ナトリウムを含んでいる。この水溶液の密度を 1.20 g/cm³ として，この水溶液の① 質量パーセント濃度，② モル濃度をそれぞれ求めよ。原子量；Na = 23, Cl = 35.5

（解答➡別冊 p.3）

TYPE 011 モル濃度と質量モル濃度の変換

難易度 **B**

（溶媒の質量）＝（溶液の質量）－（溶質の質量）　の関係から
溶媒の質量を求め，溶媒 1 kg あたりに換算せよ。

着眼 溶液 1 L の体積を基準としたモル濃度から，溶媒 1 kg の質量を
基準とした質量モル濃度への変換は，密度を用いて次の順に行う。

① （溶液の体積）×（密度）から，溶液の質量を計算する。

② （物質量）×（モル質量）から，溶質の質量を求める。

③ （溶液の質量）－（溶質の質量）より，溶媒の質量を求める。

④ 最後に，物質量の数値を溶媒 1 kg あたりに換算すればよい。

── 例 題 ── モル濃度 → 質量モル濃度の変換 ──

　質量パーセント濃度が 30.0 ％の希硫酸の密度は 1.20 g/cm^3 である。次の問
いに答えよ。分子量；$H_2SO_4 = 98$

(1) この希硫酸のモル濃度は何 mol/L か。

(2) この希硫酸の質量モル濃度は何 mol/kg か。

解き方 (1)　溶液 1 L 中に含まれる溶質（H_2SO_4）の質量は，

$$1000 \text{ cm}^3 \times 1.20 \text{ g/cm}^3 \times \frac{30.0}{100} = 360 \text{ g}$$

分子量は $H_2SO_4 = 98$ より，そのモル質量は 98 g/mol だから，

$$\frac{360 \text{ g}}{98 \text{ g/mol}} = 3.673 \fallingdotseq 3.67 \text{ mol} \qquad \therefore \quad \text{モル濃度は 3.67 mol/L}$$

(2)　(1)より，溶液 1200 g 中に溶質 360 g が溶けているから，**溶媒の質量**は，

$$1200 - 360 = 840 \text{ g}$$

この中に溶質の H_2SO_4 が 3.673 mol が溶けているから，溶媒 1 kg あたりに換算
すると，**質量モル濃度**が求められる。

$$\frac{3.673 \text{ mol}}{0.840 \text{ kg}} = 4.372 \fallingdotseq 4.37 \text{ mol/kg}$$

答 (1) 3.67 mol/L　(2) 4.37 mol/kg

＋補足 本問のように，比較的濃厚な水溶液では，モル濃度と質量モル濃度の値はかなり
異なるが，希薄な水溶液では，溶液の質量 $\fallingdotseq$ 溶媒の質量となるため，モル濃度と質量モ
ル濃度の値はほとんど等しくなる。

類題 4 モル濃度が 6.00 mol/L の水酸化ナトリウム NaOH 水溶液（密度；
1.20 g/cm^3）の質量モル濃度を求めよ。式量；NaOH = 40　　　（解答➡別冊 p.3）

混合溶液の濃度

2種類の異なる濃度の溶液を混合しても，溶質の物質量の和は混合の前後で変化しない。

着眼 混合溶液のモル濃度を求めるときは，溶質の物質量の和と混合溶液の体積から，**溶液1L中に溶質が何molが溶けているかを考える**とよい。たとえば，同じ溶質であるa〔mol/L〕の溶液x〔mL〕とb〔mol/L〕の溶液y〔mL〕を混合したとき，混合による溶液の体積変化がないとすれば，モル濃度は次式で表される。

$$\left[\left(a \times \frac{x}{1000} + b \times \frac{y}{1000}\right)\text{〔mol〕} \div \frac{x+y}{1000}\text{〔L〕}\right]\text{〔mol/L〕}$$

> **例題** 異なる濃度の酸を混合した溶液の濃度を求める

(1) 0.50 mol/L の希塩酸 120 mL と 0.80 mol/L の希塩酸 80 mL を混合した。この混合溶液のモル濃度を求めよ。ただし，混合による体積変化はないものとする。

(2) 2.0 mol/L の希硫酸 50 mL と，6.0 mol/L の希硫酸 80 mL を混合し，さらに水を加えて 250 mL とした。この希硫酸の濃度は何 mol/L か。

解き方 (1) 各溶液に含まれている溶質(HCl)の物質量の和は，

$$0.50 \times \frac{120}{1000} + 0.80 \times \frac{80}{1000} = \frac{124}{1000}\ \text{mol}$$

次に，混合溶液の全体積は，120 + 80 = 200 mL だから，モル濃度は，混合溶液 **1 L あたりに溶けている溶質の物質量に換算**すればよい。

$$\frac{124}{1000}\ \text{mol} \div \frac{200}{1000}\ \text{L} = \frac{124}{1000} \times \frac{1000}{200} = 0.62\ \text{mol/L}$$

(2) (1)と同様に，混合後の溶質(H_2SO_4)の物質量の和は，

$$2.0 \times \frac{50}{1000} + 6.0 \times \frac{80}{1000} = \frac{580}{1000}\ \text{mol}$$

混合溶液の全体積は，最終的に 250 mL にしたのだから，モル濃度は，上記の値を溶液 1 L あたりに換算すればよい。

$$\frac{580}{1000}\ \text{mol} \div \frac{250}{1000}\ \text{L} = \frac{580}{1000} \times \frac{1000}{250} = 2.32 \fallingdotseq 2.3\ \text{mol/L}$$

答 (1) 0.62 mol/L (2) 2.3 mol/L

TYPE **013** 水和水をもつ物質の水溶液の濃度 難易度 **B**

まずは，無水物と水和水の質量を，それぞれの式量を使って求めること。

TYPE
009
010
011
012
013

Q 着眼 硫酸銅(Ⅱ)五水和物 $CuSO_4 \cdot 5H_2O$ のような水和水をもつ物質が水に溶けると，**水和水は溶媒の水に加わるので，溶媒の量が増える。** その一方で，溶液中でも溶質であり続けるのは，水和水を除いた無水物の $CuSO_4$ だけである。まず，**無水物と水和水の式量を計算して，**それぞれの質量を別々に求めることが先決である。

―――**例 題** シュウ酸二水和物の水溶液の濃度 ――

シュウ酸二水和物 $(COOH)_2 \cdot 2H_2O$ 31.5 g を水に溶かして 500 mL にした。この水溶液の密度を 1.02 g/mL として，① 質量パーセント濃度，② モル濃度，③ 質量モル濃度をそれぞれ求めよ。原子量；H = 1.0, C = 12, O = 16

解き方 ① まず，シュウ酸の結晶中の**無水物と水和水の質量を，**それぞれの式量を使って求める。 $(COOH)_2 = 90$, $(COOH)_2 \cdot 2H_2O = 126$ より，

$$無水物；31.5 \times \frac{(COOH)_2}{(COOH)_2 \cdot 2H_2O} = 31.5 \times \frac{90}{126} = 22.5 \text{ g}$$

$$水和水；31.5 \times \frac{2H_2O}{(COOH)_2 \cdot 2H_2O} = 31.5 \times \frac{36}{126} = 9.0 \text{ g}$$

溶液の質量は，500 mL × 1.02 g/mL = 510 g

溶質の質量は，水和水を除いた無水物の質量だから，質量パーセント濃度は，

$$\frac{22.5}{510} \times 100 = 4.41 \fallingdotseq 4.4\%$$

② $(COOH)_2 \cdot 2H_2O \longrightarrow (COOH)_2 + 2H_2O$ より，**結晶の物質量と無水物の物質量とは等しいので，**式量は $(COOH)_2 \cdot 2H_2O = 126$ より，モル濃度は，

$$\frac{31.5 \text{ g}}{126 \text{ g/mol}} \div \frac{500}{1000} \text{ L} = \frac{31.5}{126} \times \frac{1000}{500} = 0.50 \text{ mol/L}$$

③ (溶媒の質量) = (溶液の質量) − (溶質の質量) = 510 − 22.5 = 487.5 g

溶質の物質量を，**溶媒 1 kg あたりの量に換算すると，**

$$\frac{31.5 \text{ g}}{126 \text{ g/mol}} \div \frac{487.5}{1000} \text{ kg} = \frac{31.5}{126} \times \frac{1000}{487.5} = 0.512 \fallingdotseq 0.51 \text{ mol/kg}$$

答 ① 4.4% ② 0.50 mol/L ③ 0.51 mol/kg

■練習問題

5 次の記述のうちから正しいものを選べ。分子量；$H_2SO_4 = 98$

ア　15%硫酸水溶液は，水 85 mL に 15 mL の硫酸を加えてつくる。

イ　0.10 mol/L 硫酸水溶液は，水 1 L に硫酸 9.8 g を溶かしてつくる。

ウ　1.0 mol/L の硫酸水溶液 100 mL 中には，9.8 g の硫酸が含まれている。

エ　10%硫酸水溶液は，硫酸 100 g を水 1 L に溶かしてつくる。

TYPE

➔ **009**

6 96.0%濃硫酸（分子量 98.0）の密度を 1.84 g/cm³ として，次の問いに答えよ。

(1)　この濃硫酸のモル濃度を求めよ。

(2)　3.00 mol/L の希硫酸 500 mL をつくるには，この濃硫酸が何 mL 必要か。

(3)　右上図の器具を用いて，(2)の希硫酸をつくる方法を順に説明せよ。

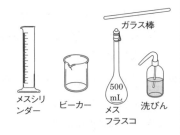

ガラス棒

メスシリンダー　ビーカー　500 mL メスフラスコ　洗びん

➔ **010**

7 20℃でエタノール C_2H_5OH 15 mL と水 85 mL を混合した。エタノール，水，エタノール溶液の密度をそれぞれ，0.80 g/mL，1.00 g/mL，0.98 g/mL として，次の問いに答えよ。原子量；H = 1.0, C = 12, O = 16

(1)　このエタノール溶液の体積は何 mL か。

(2)　エタノール溶液のモル濃度を求めよ。

➔ **012**

8 水 100 g に炭酸ナトリウム十水和物 $Na_2CO_3 \cdot 10H_2O$ 28.6 g を溶かした。次の問いに答えよ。原子量；H = 1.0, C = 12, O = 16, Na = 23

(1)　この水溶液の質量パーセント濃度を求めよ。

(2)　この水溶液の密度を 1.06 g/cm³ として，モル濃度を求めよ。

(3)　この水溶液の質量モル濃度を求めよ。

➔ **013**

💡ヒント　**7** (1)　エタノール 15 mL と水 85 mL を混合しても，体積は 100 mL にはならない。

(2)　液体どうしの混合溶液では，体積の少ないほうが溶質，多いほうが溶媒となる。

8 まず式量，分子量を使い，Na_2CO_3（無水物）と $10H_2O$（水和水）の質量を求める。

2 | 物質の変化

CHAP.
2

1
化
学
反
応
式
に
よ
る
量
的
計
算

TYPE
014
015
016
017
018

SECTION 1 化学反応式による量的計算

1 化学反応式の意味

	反　応　物		生　成　物
分子模型	窒素 + 水素		アンモニア
化学反応式	N_2 +	$3H_2$	$2NH_3$
分 子 の 数	1個	3個	2個
物 質 量	1 mol	3 mol	2 mol
質　　量	28.0 g	3×2.0 g	2×17.0 g
体　　積 (標準状態)	22.4 L	3×22.4 L	2×22.4 L

2 反応式による質量・体積の計算

① 化学反応式を書き，正しく係数をつける。

② 係数の比から，**各物質相互の物質量〔mol〕の関係**をしっかりつかむ。

　　　　化学反応式の係数の比 = 物質量の比

③ まず，体積や質量を物質量に変換し，②の関係を利用して目的物質の物質量を求める。その後，必要に応じて体積や質量に変換する。

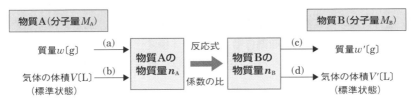

●(a) 質量→物質量，(b) 体積→物質量を求めるには，

$$\text{物質量 } n_A \text{〔mol〕} = \frac{\text{質量 } w \text{〔g〕}}{\text{モル質量〔g/mol〕}} = \frac{\text{標準状態の体積 } V \text{〔L〕}}{22.4 \text{ L/mol}}$$

●(c) 物質量→質量，(d) 物質量→体積を求めるには，

$$\text{質量 } w' \text{〔g〕} = \text{物質量 } n_B \text{〔mol〕} \times \text{モル質量〔g/mol〕}$$

$$\text{標準状態の体積 } V' \text{〔L〕} = \text{物質量 } n_B \text{〔mol〕} \times 22.4 \text{ L/mol}$$

例 亜鉛 6.5 g を希塩酸に完全に溶かしたときに発生する水素の体積（標準状態）

化学反応式 ： $Zn + 2HCl \longrightarrow ZnCl_2 + H_2$

物質量関係 ： **1 mol** **1 mol**

Zn 6.5 g は $\dfrac{6.5}{65}$＝0.10 mol にあたる。上式の関係より，発生する水素の物質量も 0.10 mol で，その体積（標準状態）は，0.10×22.4＝2.24≒2.2 L

3 気体反応における体積関係の計算

気体どうしが反応する場合では，体積関係が問題としてよく取り扱われる。その場合，同温・同圧のもとでは，同体積の気体は同数の分子を含む（**アボガドロの法則**）ので，**体積の比＝物質量の比**の関係が成立している。つまり，反応する**気体の体積の比が反応式の係数の比に等しい**ことから，比例式を使って解くことができる。

4 反応物に過不足のある場合の計算

2種類の物質を反応させるとき，反応物の間に過不足がある場合には，少ないほうの物質が全部反応し，多いほうの物質が余ることに注意する。したがって，常に不足するほうの物質を基準として，生成物の量を求める（→ **TYPE 015**）。

5 混合物に関する計算

① 混合物の組成を求める問題では，物質の性質や反応条件によって，反応する物質と反応しない物質とがある。どの物質が反応するかを確かめたうえで，それによって生じる物質（沈殿の質量や気体の体積など）から逆に計算すると，反応した物質の質量が求められる（→ p.56）。

② 混合気体の組成を求める問題では，**TYPE 018** のように，**混合気体の燃焼により減少した体積や吸収剤に通した際の体積変化から求めたり**，下図のような装置で，**塩化カルシウム（乾燥剤）やソーダ石灰（強塩基）の質量増加分から求めたり**する。

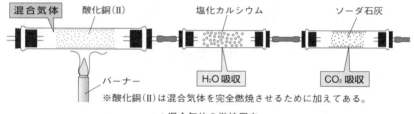

▲混合気体の燃焼反応

CHAP.
2

1
化学反応式による量的計算

TYPE
014
015
016
017
018

TYPE 014　化学反応式を用いた量的計算　難易度 A

まずは目的物質の物質量を求めること。

$$物質量〔mol〕 = \frac{物質の質量〔g〕}{モル質量〔g/mol〕}$$

物質の質量〔g〕= 物質量〔mol〕× モル質量〔g/mol〕

標準状態の気体の体積〔L〕= 物質量〔mol〕× 22.4 L/mol

 着眼
① 反応物・生成物の化学式に注意して，化学反応式を正しく書く。
② 与えられた物質の物質量〔mol〕を，上式を用いて計算する。
③ 化学反応式の係数の比 = 物質量の比の関係を利用して，目的物質の物質量〔mol〕を決定する。
④ 目的物質の質量や体積（標準状態）を，上式を用いて計算する。

> ┤ 例 題 ├ 化学反応式から求める生成量

希塩酸に 5.4 g のアルミニウム片を浸すと，アルミニウムは溶けて水素を発生した。次の問いに答えよ。原子量；Al = 27, Cl = 35.5
(1) 発生した水素の体積は標準状態で何 L か。
(2) 反応終了後，反応液から水分や過剰の塩化水素を蒸発させると，何 g の塩化アルミニウムが得られるか。

（解き方）まず，化学反応式を正しくつくることが先決である。

(1) 化学反応式から，反応物と生成物の物質量の関係は，次のようになる。

$$2\,Al \ + \ 6\,HCl \ \longrightarrow \ 2\,AlCl_3 \ + \ 3\,H_2$$

2 mol　　　　　**2 mol**　**3 mol**

原子量は Al = 27 より，Al のモル質量は 27 g/mol である。

したがって，Al の物質量は，$\dfrac{5.4\ \text{g}}{27\ \text{g/mol}} = 0.20$ mol　である。

反応式の係数の比より，生成する H_2 の物質量は，$0.20\ \text{mol} \times \dfrac{3}{2} = 0.30$ mol

標準状態では，気体 1 mol あたりの体積（モル体積）は 22.4 L/mol だから，

発生する水素の体積；$0.30\ \text{mol} \times 22.4\ \text{L/mol} = 6.72 \fallingdotseq 6.7$ L

(2) 反応式の係数の比より，Al 0.20 mol から生成する $AlCl_3$ も 0.20 mol である。

$AlCl_3$ の式量は，$27 + 35.5 \times 3 = 133.5$ より，モル質量は 133.5 g/mol である。

よって，生成する $AlCl_3$ の質量は，

$0.20 \text{ mol} \times 133.5 \text{ g/mol} = 26.7 \fallingdotseq 27 \text{ g}$

答 (1) 6.7 L　(2) 27 g

例 題　触媒を利用する反応の生成量

塩素酸カリウム $KClO_3$ 2.94 g に，酸化マンガン（Ⅳ）MnO_2 1.00 g を加え，右図のような装置で加熱した。このとき発生する酸素は何 g か（ただし，この反応では，MnO_2 は化学反応を促進させる触媒としてはたらく）。

原子量；O = 16，Cl = 35.5，K = 39，Mn = 55

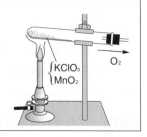

解き方　酸化マンガン（Ⅳ）は触媒であり，反応の量的計算には無関係である。

化学反応式は，　$2\,KClO_3 \longrightarrow 2\,KCl + 3\,O_2$

$\qquad\qquad\qquad$ **2 mol**　　　**2 mol**　**3 mol**

$KClO_3$ の式量；$39 + 35.5 + 16 \times 3 = 122.5$ より，モル質量は 122.5 g/mol。

$KClO_3$ の物質量は，$\dfrac{2.94 \text{ g}}{122.5 \text{ g/mol}} = 0.0240 \text{ mol}$

反応式の係数の比より，$KClO_3$ 0.0240 mol から発生する O_2 の物質量は，

$0.0240 \text{ mol} \times \dfrac{3}{2} = 0.0360 \text{ mol}$

分子量は $O_2 = 32$ より，モル質量は 32 g/mol。

発生する O_2 の質量；$0.0360 \text{ mol} \times 32 \text{ g/mol} = 1.152 \fallingdotseq 1.15 \text{ g}$

答　1.15 g

＋補足　固体を加熱するときは，水が生成するしないにかかわらず，固体に含まれる水分が加熱部へ流れて試験管が割れるのを防ぐため，試験管の口を少し下げて加熱する。

類題 5　亜鉛に希塩酸を加えると，水素を発生して溶ける。次の問いに答えよ。

原子量；H = 1.0，Cl = 35.5，Zn = 65　　　　　　　　（解答➡別冊 p.4）

(1)　亜鉛 13 g を完全に溶かすのに，20%塩酸は最低何 g 必要か。

(2)　この反応で生じる塩化亜鉛は何 g か。

類題 6　炭酸水素ナトリウム $NaHCO_3$ を加熱すると，15.9 g の炭酸ナトリウム Na_2CO_3 が得られた。この反応について，次の問いに答えよ。

原子量；H = 1.0，C = 12，O = 16，Na = 23　　　　　（解答➡別冊 p.4）

(1)　必要な炭酸水素ナトリウムの質量は何 g か。

(2)　同時に発生した二酸化炭素と水蒸気はそれぞれ何 g か。

CHAP.

2

1 化学反応式による量的計算

TYPE

014
015
016
017
018

TYPE 015　過不足のある反応の量的計算　難易度 B

反応物に過不足がある場合，つねに不足するほうの反応物の物質量で生成物の物質量が決まる。

着眼 化学変化は，反応式で示された物質量の比で起こるが，実際の計算問題では，反応物の量に過不足のある場合についての出題が多い。問題文中に**反応物の量(質量，体積など)がともに与えられているとき**は，**過不足のある問題**とみてよい。

化学反応式　　A　＋　B　⟶　C

反応または生成する物質量の比　　1　：　1　：　1

すべて反応

3.0 mol	2.0 mol	2.0 mol
A	B	C

すべて反応する物質量を基準に生成量が決まる

この TYPE の問題では，反応式の係数の比から，各反応物の物質量の大小関係を調べ，**不足するほう，つまり完全に反応するほうの物質量を基準にして，生成物の物質量を求める**ようにする。

例題　　過不足があり，化学反応式の係数が等しい場合の量的計算

マグネシウムは，希硫酸に溶けて水素を発生する。マグネシウム 3.0 g を 20% 希硫酸 98 g に溶かしたとき，発生する水素は標準状態で何 L か。
原子量；H = 1.0，O = 16，Mg = 24，S = 32

解き方　反応物の Mg と H_2SO_4 の質量がともに与えられているから，過不足のある問題である。化学反応式は，　$Mg + H_2SO_4 \longrightarrow MgSO_4 + H_2$
反応式より過不足なく反応しあう物質量の比は，$Mg : H_2SO_4 = 1 : 1$ である。
次に，各反応物の物質量を計算すると，
原子量は Mg = 24 より，Mg のモル質量は 24 g/mol。
分子量は $H_2SO_4 = 98$ より，H_2SO_4 のモル質量は 98 g/mol。

$$Mg ; \frac{3.0\,g}{24\,g/mol} = 0.125\,mol \qquad H_2SO_4 ; \frac{98\,g \times 0.20}{98\,g/mol} = 0.20\,mol$$

よって，Mg の物質量のほうが少なく不足するので，生成する H_2 の物質量は Mg の物質量と同じ 0.125 mol である。発生する H_2 の体積(標準状態)は，

$$0.125\,mol \times 22.4\,L/mol = 2.8\,L$$

答 2.8 L

TYPE 016　過不足のある反応のグラフ　難易度 B

グラフの屈曲点においては，反応物が過不足なく反応したことに着目する。

Q 着眼　たとえば，一定量の塩酸に金属 Mg を加えて水素を発生させる反応を考えてみる。最初のうちは，塩酸中の HCl に比べて，加えた Mg の量が不足しているので，加えた Mg の量に比例して H_2 の発生量は増加する。途中からは HCl が不足するようになり，Mg をいくら加えても H_2 の発生量は一定となる。つまり，**グラフが折れ曲がる点(屈曲点)では，Mg と HCl が過不足なく反応したことを示している。**

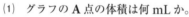

例題　過不足のある反応のグラフを利用した量的計算

　右図は，濃度未知の塩酸 10 mL に，いろいろな質量のマグネシウムを加え，発生した水素の体積(標準状態)を測定し，グラフ化したものである。次の問いに答えよ。原子量；Mg = 24

(1)　グラフの **A** 点の体積は何 mL か。

(2)　この塩酸の濃度は何 mol/L か。

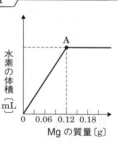

解き方　(1)　[着眼]の説明にあるように，Mg と HCl がちょうど反応したのは，グラフの屈曲点であり，Mg が **0.12 g** のときである。

反応式は，　Mg ＋ 2HCl ⟶ $MgCl_2$ ＋ H_2

　　　　　1 mol　　**2 mol**　　**1 mol**　　**1 mol**

係数の比より，反応した Mg の物質量＝発生した H_2 の物質量である。

Mg 0.12 g の物質量は，$\dfrac{0.12\ \text{g}}{24\ \text{g/mol}} = 5.0 \times 10^{-3}\ \text{mol}$

発生した H_2 の体積は，$5.0 \times 10^{-3}\ \text{mol} \times 22400\ \text{mL/mol} = 112\ \text{mL}$

(2)　グラフの屈曲点で，反応した Mg 5.0×10^{-3} mol と過不足なく反応した HCl の物質量は，$5.0 \times 10^{-3}\ \text{mol} \times 2 = 1.0 \times 10^{-2}\ \text{mol}$ である。

求める塩酸の濃度を x [mol/L] とおくと，

$$x\,[\text{mol/L}] \times \frac{10}{1000}\ \text{L} = 1.0 \times 10^{-2}\ \text{mol} \qquad \therefore \quad x = 1.0\ \text{mol/L}$$

答　(1) 1.1×10^2 mL　(2) 1.0 mol/L

CHAP.
2

1 化学反応式による量的計算

TYPE
014
015
016
017
018

TYPE 017　オゾンの生成に伴う体積変化

難易度 **B**

$$(最終の体積)=(もとの体積)-\begin{pmatrix}反応した \\ 体積\end{pmatrix}+\begin{pmatrix}生成した \\ 体積\end{pmatrix}$$

🔍 着眼 反応式 $3O_2 \longrightarrow 2O_3$ より，反応した酸素の体積を x〔mL〕とすると，生成したオゾンの体積は $\dfrac{2}{3}x$〔mL〕となるから，これらの値を上の関係式に代入すればよい。

例題 無声放電によるオゾンの生成

標準状態で酸素 100 mL に無声放電（火花を伴わずに起こる静かな放電）を行うと，その一部がオゾンに変化し，全体の体積が 95 mL になった。

(1) このときオゾンに変化した酸素は何 mL か。

(2) さらに放電を続けたところ，全体の体積が 80 mL になった。生成した混合気体中に体積パーセントで何%のオゾンが含まれていることになるか。

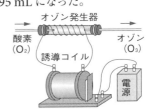

解き方 (1)　100 mL の酸素のうち一部がオゾンに変化するが，大部分は酸素のままで残っている。そこで，変化した酸素 O_2 と，生成したオゾン O_3 との体積の比が，反応式の係数の比に等しいことを利用して解く。

反応した酸素の体積を x〔mL〕とすると，係数の比より，
生成したオゾンの体積は $\dfrac{2}{3}x$〔mL〕である。

$$3O_2 \longrightarrow 2O_3$$
$$-x \qquad +\dfrac{2}{3}x$$

(もとの体積)-(反応した O_2 の体積)+(生成した O_3 の体積)=(最終の体積)より，

$$100-x+\dfrac{2}{3}x=95 \qquad 100-\dfrac{x}{3}=95 \qquad \therefore \quad x=15 \text{ mL}$$

(2)　生成したオゾンを y〔mL〕とすると，係数の比より，反応した酸素は $\dfrac{3}{2}y$〔mL〕である。

$$3O_2 \longrightarrow 2O_3$$
$$-\dfrac{3}{2}y \qquad +y$$

$$100-\dfrac{3}{2}y+y=80 \qquad 100-\dfrac{1}{2}y=80 \qquad \therefore \quad y=40 \text{ mL}$$

無声放電により気体の全体積は 80 mL になっているから，

オゾンの体積百分率 $=\dfrac{40}{80}\times100=50\%$

答 (1) 15 mL　(2) 50%

TYPE 018 混合気体の組成

難易度 **B**

混合気体の燃焼で減少した体積や，吸収剤に通した際の体積変化から，最初の混合気体の組成がわかる。

 着眼 燃焼後の混合気体を吸収剤に吸収させたとき，その体積の減少量から，燃焼生成物の体積組成がわかる。**水は塩化カルシウム（乾燥剤）に，二酸化炭素は濃い水酸化ナトリウム（強塩基）の水溶液に吸収される。**

注意 窒素や二酸化炭素などは燃焼しないので，注意を要する。

例題 **完全燃焼前の混合気体の組成**

CO, H_2, N_2 からなる混合気体 50 mL がある。これに O_2 35 mL を加え，完全燃焼後に乾燥させると体積は 39 mL となった。さらに，水酸化ナトリウム水溶液に通した後に乾燥させると体積は 25 mL となった。最初の混合気体中の CO, H_2, N_2 はそれぞれ何 mL か。（すべて温度，圧力は一定とする。）

解き方 混合気体中の CO, H_2, N_2 の体積をそれぞれ x〔mL〕，y〔mL〕，z〔mL〕とすると，最初の混合気体の体積が 50 mL あったので，

$$x+y+z=50 \quad\cdots\cdots\cdots\cdots\cdots\cdots\cdots\cdots\cdots\cdots\cdots\cdots①$$

また，CO と H_2 の完全燃焼の化学反応式から，（係数の比）＝（物質量の比）＝（気体の体積の比）の関係に着目すると，次のような関係が成立する。

ただし，N_2 は燃焼しない気体である。

$$2\,CO \;+\; O_2 \;\longrightarrow\; 2\,CO_2 \qquad\qquad 2\,H_2 \;+\; O_2 \;\longrightarrow\; 2\,H_2O$$

$$-x \qquad -\frac{x}{2} \qquad +x\,〔mL〕 \qquad -y \qquad -\frac{y}{2}\,〔mL〕 \qquad 0（液体）$$

燃焼後に残るのは，$CO_2\,x$〔mL〕，残った $O_2\left(35-\dfrac{x}{2}-\dfrac{y}{2}\right)$〔mL〕，$N_2\,z$〔mL〕より，

$$x+\left(35-\frac{x}{2}-\frac{y}{2}\right)+z=39 \quad\cdots\cdots\cdots\cdots\cdots\cdots②$$

$NaOH$（強塩基）水溶液に吸収されるのは，CO_2（酸性の気体）であるから，減少した体積 $(39-25)$ mL は，CO_2 の体積に等しい。

$$\therefore \quad x=14 \text{ mL}$$

①，②より，$y=26$ mL，$z=10$ mL

答 CO；14 mL，H₂；26 mL，N₂；10 mL

9 2.00％の塩化ナトリウム水溶液 40.0 g に，3.00％の硝酸銀水溶液 50.0 g を加えたとき，塩化銀の沈殿は何 g 生成するか。

原子量；N = 14，O = 16，Na = 23，Cl = 35.5，Ag = 108

TYPE → 015

10 塩酸と酸化マンガン（Ⅳ）の混合物を加熱すると，塩素が発生する。

$$MnO_2 + 4HCl \longrightarrow MnCl_2 + 2H_2O + Cl_2$$

いま，12 mol/L の塩酸 10 mL と酸化マンガン（Ⅳ）1.74 g の混合物を加熱したとすると，発生する塩素は標準状態で何 L か。

原子量；H = 1.0，O = 16，Cl = 35.5，Mn = 55

→ 015

11 炭化カルシウム（カーバイド）に水を加えると，次の反応によりアセチレンが発生する。

$$CaC_2 + 2H_2O$$
$$\longrightarrow Ca(OH)_2 + C_2H_2$$

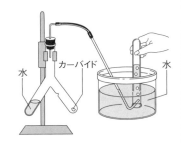

水　カーバイド　水

いま，不純物を含んだ炭化カルシウム 2.0 g に水を加えて反応させたら，アセチレンが 0.65 g 発生した。次の問いに答えよ。

原子量；H = 1.0，C = 12，O = 16，Ca = 40

(1) 生成したアセチレンの体積は標準状態で何 L か。

(2) 炭化カルシウムの純度〔％〕を求めよ。

→ 014

12 1.00 mol/L の希硫酸 300 mL に，亜鉛 6.54 g を加えて反応させた。次の問いに答えよ。原子量；Zn = 65.4

(1) この反応によって発生する水素の物質量は何 mol か。

(2) この水素の体積は標準状態で何 L を占めるか。

→ 015

13 プロパン C_3H_8 とプロペン C_3H_6 の混合気体がある。これを完全燃焼させたところ，二酸化炭素 3.96 g と水 1.98 g を生じた。混合気体中のプロパンとプロペンの物質量の比を求めよ。

原子量；H = 1.0，C = 12，O = 16

→ 018

CHAP.
2

1
化学反応式による量的計算

TYPE
014
015
016
017
018

ヒント 11 (2) 混合物に含まれる目的物の割合を純度といい，次式で求められる。

$$純度〔\%〕 = \frac{目的物の質量〔g〕}{混合物の質量〔g〕} \times 100$$

1 酸・塩基の定義

水に溶けて $H^+(H_3O^+)$ を生じる物質を酸，水に溶けて OH^- を生じる物質を塩基という。これを**アレニウスの定義**という。一方，ブレンステッドとローリーは，相手に H^+（陽子）を与える物質を酸，H^+ を受け取る物質を塩基とした。これを**ブレンステッド・ローリーの定義**という。

➕補足 ブレンステッド・ローリーの定義では，① 分子中に OH^- をもたない NH_3 も塩基である。② H_2O は相手により，酸にも塩基にもなる。③ Cl^- や NH_4^+ のようなイオンでも，酸・塩基の区別ができる。

例 HCl + H_2O ⇄ H_3O^+ + Cl^- NH_3 + H_2O ⇄ NH_4^+ + OH^-
（酸） （塩基） （酸） （塩基）   （塩基） （酸）   （酸） （塩基）

2 酸・塩基の価数

酸の化学式から放出しうる H^+ の数を**酸の価数**という。塩基の化学式から放出しうる OH^- の数を**塩基の価数**という。**酸・塩基の価数は酸や塩基の強弱とは関係しない。**

3 酸化物と酸・塩基

1 酸性酸化物 非金属の酸化物。水に溶けて酸を生じる。例 SO_2，NO_2

2 塩基性酸化物 金属の酸化物。水に溶けて塩基を生じる。酸と反応して，塩を生成する。例 CaO，Na_2O

3 両性酸化物 Al，Zn，Sn，Pb などの酸化物。酸・塩基の両方と反応。

4 酸・塩基の強弱

酢酸 CH_3COOH は，同濃度の塩酸 HCl に比べて弱い酸性を示す。これは，酢酸が水中でわずかしか電離せず，H^+ の濃度が小さいためである。

電解質を水に溶かしたとき，**電離する割合**を**電離度**という。

$$電離度\,\alpha = \frac{電離した電解質の物質量}{溶かした電解質の物質量} \quad (0 < \alpha \leqq 1)$$

高い濃度であっても，電離度が 1 に近い酸，塩基を**強酸**，**強塩基**といい，電離度が 1 よりかなり小さい酸，塩基を**弱酸**，**弱塩基**という。

強　酸	HCl，HNO_3，H_2SO_4	強塩基	KOH，$NaOH$，$Ba(OH)_2$
弱　酸	CH_3COOH，H_2CO_3，H_2S	弱塩基	NH_3，$Cu(OH)_2$，$Al(OH)_3$

5 ▸ 水の電離平衡

純粋な水は，わずかに電離し，次式のように平衡状態となっている。

$$H_2O \rightleftharpoons H^+ + OH^- \cdots\cdots\cdots\cdots\cdots\cdots\cdots\cdots\cdots\cdots①$$

このとき，H^+ および OH^- のモル濃度を，それぞれ水素イオン濃度 $[H^+]$，水酸化物イオン濃度 $[OH^-]$ という。

純水では，$[H^+] = [OH^-] = 1.0 \times 10^{-7}$ mol/L（25℃）

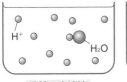 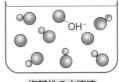

酸性の水溶液　　　　　純粋な水（中性）　　　　塩基性の水溶液
$[H^+] > [OH^-]$　　　　$[H^+] = [OH^-]$　　　　$[H^+] < [OH^-]$

▲水溶液中の水素イオン・水酸化物イオンの濃度

➕補足 平衡状態とは，①式の右向きの反応（正反応）の速さと左向きの反応（逆反応）の速さが等しくなった状態のことである（→ p.189）。

6 ▸ 水のイオン積 K_w

①式より，水の電離定数は次式で表される。

$$K = \frac{[H^+][OH^-]}{[H_2O]} \quad \left(\begin{array}{l} [H_2O] は，[H^+] や [OH^-] に比べて大きく，ほぼ一定 \\ とみなせるので，下式のように K にまとめる \end{array} \right)$$

$$[H^+][OH^-] = K[H_2O] = K_w = 1.0 \times 10^{-14} \, (mol/L)^2 (25℃)$$

この K_w を水のイオン積といい，同一温度において $[H^+]$ と $[OH^-]$ の積は一定である。これは純水だけでなく，酸や塩基の水溶液中でも成り立つ。

7 ▸ 酸・塩基の電離度と $[H^+]$ と $[OH^-]$ の関係

強酸や強塩基のうすい水溶液では，電離度＝1とみなして，$[H^+] = $（酸のモル濃度）×（価数）と計算してよい。しかし，弱酸の場合は，電離度は1よりはるかに小さく，次のように求める必要がある。

$[H^+] = $（酸のモル濃度）×（電離度）

$[OH^-] = $（塩基のモル濃度）×（電離度）

➕補足 弱酸・弱塩基では，濃度によって電離度は変わる。その濃度に応じた電離度は電離定数（→ p.196）から求める必要がある。

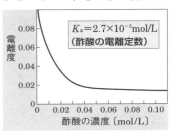

▲酢酸の濃度と電離度

8 水素イオン指数 pH

水のイオン積 $[H^+][OH^-] = K_w$ の関係は, **温度一定ならば変わらない**。よって, $[H^+]$ の大小は, 同時に $[OH^-]$ の大小も表すことになり, $[H^+]$ を基準にして, 統一的に水溶液の酸性・塩基性の強弱を比較できる。

水溶液中の $[H^+]$ の数値は非常に広い範囲で変化するので, そのまま用いると不便である。そこで, $[H^+]$ を 10^{-x} の形で表し, 10 の指数の符号を変えた数値 x を**水素イオン指数 pH**(ピーエイチ)といい, 次のように定義される。

$$[H^+] = 10^{-pH} \text{ (mol/L)} \quad \text{または,} \quad pH = -\log_{10}[H^+]$$

例 $[H^+] = 0.10$ mol/L の水溶液の pH を求めよ。

$$pH = -\log_{10} 0.10 = -\log_{10} 10^{-1} = 1.0 \quad (\because \log_{10} 10 = 1)$$

← 酸　性 ——— 中　性 ——— 塩基性 →

pH	0	1	2	3	4	5	6	7	8	9	10	11	12	13	14
$[H^+]$	1	10^{-1}	10^{-2}	10^{-3}	10^{-4}	10^{-5}	10^{-6}	10^{-7}	10^{-8}	10^{-9}	10^{-10}	10^{-11}	10^{-12}	10^{-13}	10^{-14}
$[OH^-]$	10^{-14}	10^{-13}	10^{-12}	10^{-11}	10^{-10}	10^{-9}	10^{-8}	10^{-7}	10^{-6}	10^{-5}	10^{-4}	10^{-3}	10^{-2}	10^{-1}	1

▲水溶液の液性と pH

!注意 純粋な水では, $[H^+] = 1 \times 10^{-7}$ mol/L であるから, pH = 7
酸の水溶液では, $[H^+] > 1 \times 10^{-7}$ mol/L であるから, pH < 7
塩基の水溶液では, $[H^+] < 1 \times 10^{-7}$ mol/L であるから, pH > 7

+補足 塩基の水溶液では, pH と同じ考え方で**水酸化物イオン指数 pOH** が定義される。

$$pOH = -\log_{10}[OH^-]$$

これと, **pH + pOH = 14** の関係を使って塩基の水溶液の pH を求めることができる。

9 酸の希釈と pH

pH が 1 小さくなると $[H^+]$ は 10 倍, pH が 1 大きくなると $[H^+]$ は $\dfrac{1}{10}$ 倍になる。ただし, 酸をどんなに水で希釈しても, pH は 7 より大きくならない。

+補足 純水中では, 水の電離より, $[H^+] = 1.0 \times 10^{-7}$ mol/L となる。

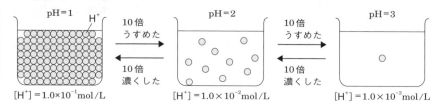

TYPE 019 強酸・強塩基の 水溶液の pH

$[H^+]=1\times10^{-x}$〔mol/L〕のとき $pH=x$ となる。
$[H^+]=a\times10^{-x}$〔mol/L〕のとき $pH=-\log_{10}[H^+]$ を使え。

着眼 酸や塩基の水溶液において,水素イオン濃度$[H^+]$を 1×10^{-x}〔mol/L〕と表したとき,10 の指数$(-x)$の符号を変えた数値xを,**pH**(水素イオン指数)という。

また,$[H^+]=a\times10^{-x}$〔mol/L〕$(a\neq1)$のときは,$pH=-\log_{10}[H^+]$ の公式を用いると,pH を求めることができる。強酸・強塩基は水溶液中でほぼ完全に電離しているので,特に指定がなければ電離度は 1 と考えてよい。

$[H^+]$ = (酸のモル濃度)×(電離度 1)

$[OH^-]$ = (塩基のモル濃度)×(電離度 1) で求められる。

!注意 $[OH^-]$から pH を求めるには$[H^+][OH^-]=1.0\times10^{-14}$(mol/L)^{2}を利用する。

+補足 $10^x=y$のとき,xをyの**常用対数**といい,$x=\log_{10}y$と表される。また,常用対数には次の計算公式がある。

$$\log_{10}10=1,\ \log_{10}10^a=a,\ \log_{10}ab=\log_{10}a+\log_{10}b,\ \log_{10}\frac{a}{b}=\log_{10}a-\log_{10}b$$

例題 常用対数を利用して求める pH

次の水溶液の pH を求めよ。$\log_{10}2=0.3,\ \log_{10}3=0.5$

(1) 0.06 mol/L の塩酸 (2) 0.002 mol/L の NaOH 水溶液

解き方 (1) 塩酸は **1 価の強酸**だから,電離度は 1 である。

$[H^+]=0.06$ mol/L$\times1=0.06$ mol/L$=6\times10^{-2}$ mol/L

∴ $pH=-\log_{10}[H^+]=-\log_{10}(6\times10^{-2})=2-(\log_{10}2+\log_{10}3)=1.2$

(2) 水酸化ナトリウムは **1 価の強塩基**だから,電離度は 1 である。

$[OH^-]=0.002$ mol/L$\times1=0.002$ mol/L$=2\times10^{-3}$ mol/L

$[H^+][OH^-]=1\times10^{-14}$(mol/L)^2 より,

$$[H^+]=\frac{1\times10^{-14}(mol/L)^2}{2\times10^{-3}\,mol/L}=\frac{1}{2}\times10^{-11}\ mol/L$$

∴ $pH=-\log_{10}(2^{-1}\times10^{-11})=11+\log_{10}2=11.3$ **答** (1) 1.2 (2) 11.3

類題 7 0.030 mol/L の水酸化ナトリウム水溶液の pH を求めよ。$\log_{10}2=0.30,$
$\log_{10}3=0.48$

(解答➡別冊 p.4)

TYPE 020 2価のうすい強酸・
強塩基水溶液の pH

難易度 **B**

[H⁺]＝（酸のモル濃度）×（価数）×（電離度）
[OH⁻]＝（塩基のモル濃度）×（価数）×（電離度）

$$[H^+]＝（酸のモル濃度）×（価数）×（電離度）$$
$$[OH^-]＝（塩基のモル濃度）×（価数）×（電離度）$$

着眼

2価の強酸である硫酸は，実際には次のように2段階に電離する。

$$H_2SO_4 \longrightarrow H^+ + HSO_4^-（第1段階…電離度\alpha_1）$$
$$HSO_4^- \rightleftharpoons H^+ + SO_4^{2-}（第2段階…電離度\alpha_2）$$

第1段階の電離度 α_1 は常に1と考えてよいが，第2段階の電離度 α_2 は α_1 よりも小さい。**極めてうすい硫酸の場合，酸の濃度がうすくなるほど電離度は大きくなるので，α_1 だけでなく α_2 も1とみなせる。**

したがって，極めてうすい硫酸の電離は，$H_2SO_4 \longrightarrow 2H^+ + SO_4^{2-}$ と表すことができる。すなわち，H_2SO_4 1 mol から H^+ が2 mol 生じることになり，上記の関係が得られる。

例題 2価のうすい強酸，強塩基の水溶液の pH

次の水溶液の pH を求めよ。ただし，いずれの酸・塩基も水溶液中では完全に電離するものとする。$\log_{10} 2 = 0.3$

(1) 0.0020 mol/L の希硫酸
(2) 0.0010 mol/L の水酸化バリウム水溶液

解き方 (1) 硫酸は**2価の強酸**だから，価数と電離度に注意して，

[H⁺]＝（酸のモル濃度）×（価数）×（電離度）
$$= 0.0020 \text{ mol/L} \times 2 \times 1 = 4.0 \times 10^{-3} \text{ mol/L}$$
$$\therefore \quad pH = -\log_{10}(4 \times 10^{-3}) = -\log_{10}(2^2 \times 10^{-3}) = 3 - 2\log_{10} 2 = 2.4$$

(2) 水酸化バリウムの電離は以下のイオン反応式で表せる。

$$Ba(OH)_2 \longrightarrow Ba^{2+} + 2OH^-$$

水酸化バリウムは**2価の強塩基**だから，価数と電離度に注意して，

[OH⁻]＝（塩基のモル濃度）×（価数）×（電離度）
$$= 0.0010 \text{ mol/L} \times 2 \times 1$$
$$= 2.0 \times 10^{-3} \text{ mol/L}$$
$$pOH = -\log_{10}(2 \times 10^{-3}) = 3 - \log_{10} 2 = 2.7$$

pH＋pOH＝14 より，pH＝14－2.7＝11.3

答 (1) 2.4 (2) 11.3

CHAP.
2

2 酸・塩基とpH

TYPE
019
020
021

TYPE 021　弱酸・弱塩基の水溶液の pH

難易度 **A**

弱酸のとき…$[H^+]=$（酸のモル濃度）$\times$（電離度）

弱塩基のとき…$[OH^-]=$（塩基のモル濃度）$\times$（電離度）

着眼 　強酸・強塩基の水溶液の電離度は，濃度によらず，常に 1 と考えてよいが，**弱酸・弱塩基の水溶液の電離度は 1 よりもずっと小さい。**しかも，**濃度によって電離度も変化する**ことに留意しなければならない。

　弱酸・弱塩基の水溶液の電離度は，問題に必ず与えられているので，その値を上式に代入して，水素イオン濃度$[H^+]$や水酸化物イオン濃度$[OH^-]$を求める必要がある。

> **例題**　弱酸・弱塩基の水溶液の pH

　次の酸・塩基の水溶液の pH を求めよ。

(1)　0.040 mol/L の酢酸水溶液（電離度は 0.025）

(2)　0.10 mol/L のアンモニア水（電離度は 0.010）

解き方　(1)　酢酸は**弱酸**で，水溶液中では次のような平衡状態となる。

$$CH_3COOH \rightleftarrows CH_3COO^- + H^+$$

$[H^+]=$（酸のモル濃度）$\times$（電離度）より，

$$[H^+]=0.040\ \text{mol/L}\times0.025$$
$$=1.0\times10^{-3}\ \text{mol/L}$$

$[H^+]=1\times10^{-x}\,[\text{mol/L}] \Rightarrow pH=x(\rightarrow \text{TYPE 019})$より，pH $=3$

(2)　アンモニアは**弱塩基**で，水溶液中では次のような平衡状態となる。

$$NH_3 + H_2O \rightleftarrows NH_4^+ + OH^-$$

$[OH^-]=$（塩基のモル濃度）$\times$（電離度）より，

$$[OH^-]=0.10\ \text{mol/L}\times0.010$$
$$=1.0\times10^{-3}\ \text{mol/L}$$

水のイオン積 $K_w=[H^+][OH^-]=1.0\times10^{-14}\,(\text{mol/L})^2$ より，

$$[H^+]=\frac{1.0\times10^{-14}\,(\text{mol/L})^2}{1.0\times10^{-3}\ \text{mol/L}}=1.0\times10^{-11}\ \text{mol/L}$$

$$\therefore\ pH=11$$

答 (1) 3　(2) 11

SECTION 3 酸・塩基の中和反応

1 ▶ 中和反応

酸の H^+ と塩基の OH^- とが反応して，水を生じる反応を中和反応という。中和反応では，水のほかに，酸の陰イオンと塩基の陽イオンが結びついた塩とよばれる物質も生成する。

> 例 $HCl + NaOH \longrightarrow NaCl + H_2O$ （$H^+ + OH^- \longrightarrow H_2O$）

!注意）酸と塩基の反応だけでなく，次の反応も広義の中和反応とみなされる。

酸性酸化物 ＋ 塩 基　　$CO_2 + 2NaOH \longrightarrow Na_2CO_3 + H_2O$
酸 ＋ 塩基性酸化物　$2HCl + CaO \longrightarrow CaCl_2 + H_2O$
酸性酸化物 ＋ 塩基性酸化物　$CO_2 + CaO \longrightarrow CaCO_3$

酸性酸化物は非金属元素の酸化物，塩基性酸化物は金属元素の酸化物に多い。

2 ▶ 中和の量的関係

いくつかの物質を例にとって，中和の量的関係を示すと次のようになる。

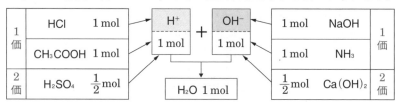

▲中和の量的関係

酸と塩基が過不足なくちょうど中和する条件は，

> 酸の放出する H^+ の物質量　＝　塩基の放出する OH^- の物質量
> ‖　　　　　　　　　　　　　　‖
> 酸の物質量×価数　　　　　　塩基の物質量×価数

➕補足）ちょうど中和する酸と塩基の量的関係は，その強弱には関係しない。たとえば，弱酸である CH_3COOH 1 mol と強塩基である $NaOH$ 1 mol はちょうど中和する。

3 ▶ 中和の公式

c〔mol/L〕の a 価の酸 v〔mL〕と，c'〔mol/L〕の b 価の塩基 v'〔mL〕がちょうど中和する（この点を中和点という）には，酸が放出する H^+ の物質量と塩基が放出する OH^- の物質量が等しいので，次の中和の公式が成り立つ。

$$\frac{cva}{1000}〔\text{mol}〕 = \frac{c'v'b}{1000}〔\text{mol}〕 \Rightarrow cva = c'v'b$$

CHAP.
2

3
酸
・
塩
基
の
中
和
反
応

TYPE
022
023
024
025
026

4 **中和滴定** ──────────────────────◀

　中和の公式を利用すると，濃度既知の酸(塩基)の水溶液を用いて，濃度未知の塩基(酸)の水溶液の濃度を決定できる。この操作を**中和滴定**という。以下は未知の塩基の水溶液の濃度を求める中和滴定の手順である。

① 濃度未知の塩基水溶液を**ビュレット**に入れる。
② 一定量の酸の標準水溶液を**ホールピペット**でとり，**コニカルビーカー**に入れ，適当な指示薬を 1 ～ 2 滴加える。
③ ビュレットより塩基水溶液を少しずつ滴下し(右図)，指示薬の変色から**中和点**を知り，この中和に要した塩基水溶液の体積を求める。
④ この滴定値(平均値)を**中和の公式**に代入し，塩基水溶液のモル濃度を決定する。

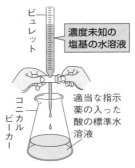

▲中和滴定

5 **逆滴定** ──────────────────────◀

　NH_3(気)を過剰の H_2SO_4 標準水溶液に通じて完全に吸収させる。残った H_2SO_4 を別の $NaOH$ 標準水溶液で滴定する。このように，**塩基試料を酸ではなく，最終的に塩基で滴定する**ことを**逆滴定**という。次の関係が成り立つ。

　　(酸の放出する H^+ の総物質量)
　　　= (塩基の放出する OH^- の総物質量)

▲逆滴定

6 **Na_2CO_3 の 2 段階中和** ──────◀

　炭酸ナトリウムに塩酸を加えると，次のような 2 段階の中和反応が起こる(→ TYPE 026)。

$$Na_2CO_3 + HCl \longrightarrow \underline{NaHCO_3} + NaCl$$
①(弱塩基性)

$$NaHCO_3 + HCl$$
$$\longrightarrow NaCl + H_2O + \underline{CO_2}$$
②(弱酸性)

❗**注意** 炭酸ナトリウム Na_2CO_3 は反応全体では **2 価の塩基**としてはたらく。

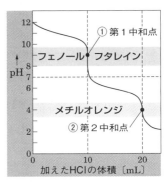

▲2 段階中和

TYPE 022　中和の量的関係（中和の公式）

難易度 **A**

> （酸の放出する H^+ の物質量）
> ＝（塩基の放出する OH^- の物質量）

着眼 　酸と塩基の中和反応では，その種類および強弱にかかわらず，**酸の放出する H^+ の物質量と，塩基の放出する OH^- の物質量が等しければ，ちょうど中和する**という関係がある。

　すなわち，c〔mol/L〕の a 価の酸の水溶液 v〔L〕と，c'〔mol/L〕の b 価の塩基の水溶液 v'〔L〕がちょうど中和する条件は，次のような式で表される。

$$\underbrace{c \times v}_{（酸の物質量）} \times \underbrace{a}_{（価数）} = \underbrace{c' \times v'}_{（塩基の物質量）} \times \underbrace{b}_{（価数）}$$

例題　中和の公式を利用した量的計算

　0.0500 mol/L のシュウ酸水溶液 10.0 mL を中和するのに，水酸化ナトリウム水溶液（A 液）16.0 mL を要した。一方，食酢を 10 倍にうすめた水溶液（B 液）を 10.0 mL とって A 液で中和滴定したところ，12.0 mL を要した。
(1)　水酸化ナトリウム水溶液（A 液）の濃度は何 mol/L か。
(2)　もとの食酢中の酢酸の濃度は何 mol/L か。ただし，食酢中に存在する酸は酢酸のみとする。

解き方 (1)　A 液の濃度を x〔mol/L〕として，中和の公式に代入する。

シュウ酸 $(COOH)_2$ は **2 価の酸**，$NaOH$ は **1 価の塩基**である。

$$0.0500 \text{ mol/L} \times \frac{10.0}{1000} \text{ L} \times 2 = x \text{〔mol/L〕} \times \frac{16.0}{1000} \text{ L} \times 1$$

$$\therefore \quad x = 0.0625 \text{ mol/L}$$

(2)　B 液の濃度を y〔mol/L〕とすると，酢酸 CH_3COOH は **1 価の酸**なので，

$$y \text{〔mol/L〕} \times \frac{10.0}{1000} \text{ L} \times 1 = 0.0625 \text{ mol/L} \times \frac{12.0}{1000} \text{ L} \times 1$$

よって，$y = 0.0750$ mol/L となり，もとの食酢の濃度はその 10 倍の 0.750 mol/L。

答 (1) 0.0625 mol/L　(2) 0.750 mol/L

類題 8　0.050 mol/L 塩酸 10 mL と 0.020 mol/L 硫酸 10 mL の混合溶液と，ちょうど中和する 0.10 mol/L 水酸化ナトリウム水溶液は何 mL か。　（解答➡別冊 p.4）

CHAP.
2

3 酸・塩基の中和反応

TYPE
022
023
024
025
026

TYPE 023 過不足のある中和反応 難易度 B

中和後，残っている[H⁺]または[OH⁻]から，水溶液のpHを計算せよ。

着眼 酸と塩基を混合した場合，酸の放出するH⁺の物質量と，塩基の放出するOH⁻の物質量が等しくないとき，少ないほうは完全に中和するが，多いほうは一部が中和しないで残る。したがって，できた**混合溶液は，酸，塩基の物質量の多いほうの液性を示す**ことになる。

そこで，反応せずに残ったH⁺またはOH⁻の物質量を求め，それと混合溶液の体積（全量）から，酸性なら水素イオン濃度$[H^+]$，塩基性なら水酸化物イオン濃度$[OH^-]$を求めると，混合溶液のpHが計算できる。

例題 過不足のある中和反応後の混合溶液のpH

0.100 mol/Lの塩酸100 mLに0.080 mol/Lの水酸化ナトリウム水溶液100 mLを混合した。この混合溶液のpHはいくらか。ただし，反応前後で，水溶液の体積変化はないものとする。

解き方 まず，(酸の放出するH⁺の物質量)と(塩基の放出するOH⁻の物質量)を比較して，混合溶液の液性を決定する。

$$酸の放出する H^+；0.100 \text{ mol/L} \times \frac{100}{1000} \text{ L} \times 1 = \frac{10.0}{1000} \text{ mol} \quad \cdots\cdots\cdots ①$$

$$塩基の放出する OH^-；0.080 \text{ mol/L} \times \frac{100}{1000} \text{ L} \times 1 = \frac{8.0}{1000} \text{ mol} \quad \cdots\cdots ②$$

①＞②より，**混合溶液は酸性**を示し，残ったH⁺は，①－②より$\dfrac{2.0}{1000}$molである。これが混合溶液200 mL中に含まれる。よって，水素イオン濃度$[H^+]$は，

$$[H^+] = \frac{2.0}{1000} \text{ mol} \div \frac{200}{1000} \text{ L} = \frac{2.0}{1000} \times \frac{1000}{200} = 1.0 \times 10^{-2} \text{ mol/L}$$

$$\therefore \quad pH = -\log_{10}(1 \times 10^{-2}) = 2.0$$

答 2.0

類題9 1.0 mol/Lの塩酸100 mLに，0.50 mol/Lの水酸化バリウム水溶液150 mLを混合した水溶液のpHを求めよ。ただし，$\log_{10} 2 = 0.3$とし，両液を混合しても，体積の膨張や収縮はないものとする。 （解答➡別冊 p.4）

TYPE 024　中和反応の逆滴定

難易度 B

（酸の放出する H^+ の総物質量）

　　　　　＝（塩基の放出する OH^- の総物質量）

Q 着眼　酸性(塩基性)を示す気体の物質量を求めるときは，いったん，気体を過剰の塩基(酸)水溶液に完全に吸収させる。その後，**残った塩基(酸)の水溶液を別の酸(塩基)の標準水溶液で逆滴定する**と，下の図のように，中和点では，**酸が放出する H^+ の総物質量と，塩基が放出する OH^- の物質量が等しい**ことから，吸収させた気体の物質量が求められる。

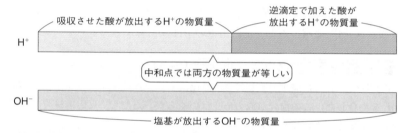

吸収させた酸が放出するH^+の物質量

逆滴定で加えた酸が放出するH^+の物質量

H^+

中和点では両方の物質量が等しい

OH^-

塩基が放出するOH^-の物質量

例題　逆滴定から求める空気中の CO_2 組成

　標準状態で 10 L の空気を，0.010 mol/L の $Ba(OH)_2$ 水溶液 50 mL とよく振り，生じた沈殿をろ過した。このろ液を 0.10 mol/L の塩酸で滴定すると，中和点までに 6.4 mL を要した。この空気中に含まれる CO_2 の体積百分率は何％か。

解き方　CO_2 は酸性酸化物(水に溶けて炭酸 H_2CO_3 になる)で，**2 価の酸として**はたらく。また，CO_2 は **2 価の塩基**である $Ba(OH)_2$ と次式のように反応する。

$$Ba(OH)_2 + CO_2 \longrightarrow BaCO_3\downarrow + H_2O$$

吸収された CO_2 を x〔mol〕とすると，次式が成り立つ。

（塩基の放出する OH^- の物質量）＝（酸の放出する H^+ の総物質量）より，

$$0.010 \text{ mol/L} \times \frac{50}{1000} \text{ L} \times 2 = x〔\text{mol}〕\times 2 + 0.10 \text{ mol/L} \times \frac{6.4}{1000} \text{ L} \times 1$$

$$\therefore\quad x = 1.8 \times 10^{-4} \text{ mol}$$

標準状態の CO_2 の体積は，$1.8 \times 10^{-4} \text{ mol} \times 22.4 \text{ L/mol} \fallingdotseq 4.03 \times 10^{-3} \text{ L}$

これが最初 10 L の空気中に含まれていたから，その体積百分率は，

$$\frac{4.03 \times 10^{-3} \text{ L}}{10 \text{ L}} \times 100 = 0.0403 \fallingdotseq 0.040\%$$

答 0.040 %

CHAP.
2

3
酸
・
塩
基
の
中
和
反
応

TYPE

022
023
024
025
026

TYPE 025　中和滴定による塩の純度の算出

難易度 B

酸性酸化物・塩基性酸化物
水に溶けて酸性または塩基性を示す塩 } ⇨ 中和反応を行う。

着眼 酸や塩基の中に，不純物として塩が含まれている試料がある。この試料中の酸や塩基の割合(純度〔%〕)は，中和滴定の結果から，酸や塩基の質量がわかると求められる。この TYPE の問題では，**不純物として含まれる塩が，酸や塩基と反応するかどうかを見きわめる**ことが必要である。

NaCl のように，強酸と強塩基からなる塩は，中和反応にはまったく関係しない。これに対して，**塩基性酸化物や，$CaCO_3$ のような弱酸のイオンを含んだ塩は塩基としての性質をもつ**。また，**酸性酸化物や，NH_4Cl のように弱塩基のイオンを含んだ塩は酸としての性質をもつ**ので，いずれも中和反応を行うことに十分注意したい。

―**例題**―　中和滴定による酸化カルシウムの純度の算出 ―

　塩化ナトリウムを含む酸化カルシウム 0.20 g をとり，これをちょうど中和するのに 0.20 mol/L の塩酸 25 mL を必要とした。もとの混合物中の酸化カルシウムの割合(純度)は何%か。原子量；$O = 16$，$Ca = 40$

解き方 不純物として含まれている NaCl は塩酸とは反応しないが，CaO(塩基性酸化物)は塩基としての性質をもち，塩酸と次のように反応する。

$$CaO + 2HCl \longrightarrow CaCl_2 + H_2O$$

CaO 1 mol は HCl 2 mol と反応するので，**CaO は 2 価の塩基と同じはたらきをする**ことがわかる。

混合物中の CaO の質量を x〔g〕とすると，モル質量は $CaO = 56$ g/mol より，

$$\frac{x\,\text{〔g〕}}{56\ \text{g/mol}} \times 2 = 0.20\ \text{mol/L} \times \frac{25}{1000}\ \text{L} \times 1 \quad \therefore \quad x = 0.14\ \text{g}$$

よって，CaO の純度は，$\dfrac{0.14}{0.20} \times 100 = 70\%$

答 70 %

類題10 酸・塩基と反応しない不純物を含む硫酸アンモニウム(式量 132)2.5 g に濃水酸化ナトリウム水溶液を加えて加熱し，生じたアンモニアを 0.50 mol/L 硫酸水溶液 50 mL に吸収させた。この水溶液を中和するのに 0.50 mol/L 水酸化ナトリウム水溶液 32 mL を要した。この硫酸アンモニウムの純度は何%か。　(解答➡別冊 p.5)

73

TYPE 026 2 段階中和に関する計算

2 価の弱酸や弱塩基は 2 段階に電離する。

$$\begin{cases} 第 1 中和点 \Rightarrow 第 1 段階の中和反応の終了 \\ 第 2 中和点 \Rightarrow 第 2 段階の中和反応の終了 \end{cases} を示す。$$

着眼 炭酸ナトリウム Na_2CO_3 と塩酸による中和反応は，次式で示される。

$$CO_3^{2-} + H^+ \longrightarrow HCO_3^- \cdots\cdots①$$
$$HCO_3^- + H^+ \longrightarrow H_2CO_3 \cdots\cdots②$$

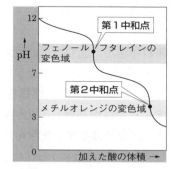

このとき，H^+ を受け取る力は，CO_3^{2-} のほうが HCO_3^- よりも大きいので，まず，①式から反応がはじまり，①式の反応が完全に終わったとき，1 回目の pH の急激な減少（第 1 中和点）が起こる。続いて②式の反応がはじまり，②式の反応が完全に終わったとき，2 回目の pH の急激な減少（第 2 中和点）が起こる。したがって，上図のように，滴定曲線においては，**pH の急激な減少が 2 か所ある**という，2 段階中和を示す。

この滴定では，第 1 中和点はフェノールフタレインの変色（赤→無色）により，第 2 中和点はメチルオレンジの変色（黄→赤色）により見つけられる。

＋補足 ①の反応で生じた $NaHCO_3$ は，加水分解（水と反応して，もとの酸に戻ろうとする反応）して pH 8.5 程度の弱塩基性を示す。したがって，指示薬にはフェノールフタレイン（変色域；$8.0 \leqq pH \leqq 9.8$）を用いる。一方，②の反応で生じた H_2CO_3 は，$H_2CO_3 \rightleftharpoons H^+ + HCO_3^-$ のように電離して，pH 4 程度の弱酸性を示す。したがって，指示薬にはメチルオレンジ（変色域；$3.1 \leqq pH \leqq 4.4$）を用いる。

例題 2 段階中和によって混合物の質量を求める

水酸化ナトリウム $NaOH$ と炭酸ナトリウム Na_2CO_3 の混合物を，水に溶かして 500 mL とした。この水溶液 25 mL をとり，フェノールフタレインを指示薬として 0.10 mol/L の塩酸で滴定すると，20.0 mL で変色した。続いて，この水溶液にメチルオレンジを加え，同じ塩酸で滴定を続けたところ，さらに 5.0 mL 加えたとき変色した。この混合物中に含まれる $NaOH$ と Na_2CO_3 の質量はそれぞれ何 g か。式量；$NaOH = 40$，$Na_2CO_3 = 106$

CHAP.

2

3 酸・塩基の中和反応

TYPE

022
023
024
025
026

解き方 Na_2CO_3 を HCl で中和するとき，フェノールフタレインの変色は，次式で表される第 1 段階の中和の終了を示す（**第 1 中和点**）。

$$Na_2CO_3 + HCl \longrightarrow NaHCO_3 + NaCl \quad\cdots\cdots\cdots\cdots\cdots① $$

一方，強塩基である NaOH の中和（次式）は，この段階ですでに終了している。

$$NaOH + HCl \longrightarrow NaCl + H_2O \quad\cdots\cdots\cdots\cdots\cdots② $$

①と②より，**第 1 中和点までに加えた HCl の物質量**は，NaOH と Na_2CO_3 の物質量の和に等しい。

試料水溶液 25 mL 中の NaOH，Na_2CO_3 の物質量をそれぞれ x〔mol〕，y〔mol〕とすると，次式が成り立つ。

$$x + y = 0.10 \text{ mol/L} \times \frac{20.0}{1000} \text{ L} = 2.0 \times 10^{-3} \text{ mol} \quad\cdots\cdots\cdots\cdots(ア)$$

また，メチルオレンジの変色は，次の中和反応の終了を示す（**第 2 中和点**）。

$$NaHCO_3 + HCl \longrightarrow NaCl + H_2O + CO_2 \cdots\cdots\cdots③ $$

③式の係数比より，**第 1 中和点から第 2 中和点までに加えた HCl の物質量**は $NaHCO_3$ の物質量に等しい。

また，①式の係数比より，$NaHCO_3$ の物質量は Na_2CO_3 の物質量とも等しい。よって，次式が成り立つ。

$$y = 0.10 \text{ mol/L} \times \frac{5.0}{1000} \text{ L} = 5.0 \times 10^{-4} \text{ mol}$$

y の値を(ア)の式に代入すると，$x = 1.5 \times 10^{-3}$ mol

つくった水溶液は 500 mL であり，滴定したのはそのうちの 25 mL だから，求めた x と y をそれぞれ $\frac{500}{25} = 20$ 倍したものが，もとの結晶中に含まれていた NaOH と Na_2CO_3 の物質量になる。

NaOH のモル質量は 40 g/mol，Na_2CO_3 のモル質量は 106 g/mol だから，

NaOH の質量 $= 40 \text{ g/mol} \times 1.5 \times 10^{-3} \text{ mol} \times 20 = 1.2$ g

Na_2CO_3 の質量 $= 106 \text{ g/mol} \times 5.0 \times 10^{-4} \text{ mol} \times 20 = 1.06 \fallingdotseq 1.1$ g

答 NaOH；1.2 g，Na_2CO_3；1.1 g

＋補足 本問のように，2 種の指示薬を順番に加えて NaOH と Na_2CO_3 の混合塩基の各量を定量する方法を**ワルダー法**という。

類題11 炭酸ナトリウム Na_2CO_3 と炭酸水素ナトリウム $NaHCO_3$ の混合物を水に溶かして 1.0 L とした。この水溶液 10.0 mL をとり，フェノールフタレインを指示薬として 0.20 mol/L の塩酸で滴定したら，6.0 mL 加えたとき変色した。さらに，メチルオレンジを指示薬として，同じ塩酸で滴定を続けたら，変色するまでに 10.0 mL を要した。このことから，この水溶液中の炭酸ナトリウムと炭酸水素ナトリウムのモル濃度をそれぞれ求めよ。

（解答➡別冊 p.5）

14 次の水溶液を pH の値の大きい順に並べよ。$\log_{10} 2 = 0.3$

ア　0.010 mol/L の塩酸を水で 1000 倍に希釈した水溶液

イ　0.0050 mol/L の希硫酸 50 mL に 0.0050 mol/L の水酸化ナトリウム水溶液 50 mL を混合した水溶液

ウ　0.00010 mol/L の希硫酸（電離度は 1）

エ　pH が 4 の酢酸水溶液

TYPE ➜ 019～ 022

15 濃度 0.10 mol/L の塩酸 100 mL に，濃度未知の水酸化ナトリウム水溶液 10 mL を加えたところ，混合溶液の pH は 2.0 となった。この水酸化ナトリウム水溶液のモル濃度を求めよ。

➜ 023

16 アンモニア水 50.0 g を 1.0 mol/L の硫酸水溶液 200 mL を入れたビーカーに移した後，過剰の硫酸を 1.0 mol/L の水酸化ナトリウム水溶液で滴定したところ 80.0 mL を要した。このアンモニア水には何 % のアンモニアが溶けていたか。原子量；H = 1.0，N = 14

➜ 024

17 不純物を含む石灰石 0.60 g を十分な量の希塩酸に溶解させ，発生する二酸化炭素のすべてを 0.10 mol/L の水酸化バリウム水溶液 50 mL に吸収させた。生じた沈殿を除き，残った溶液を 0.050 mol/L の希硫酸で滴定したところ，10 mL を要した。このことから，もとの石灰石中の炭酸カルシウムの割合（純度）〔%〕を求めよ。式量；$CaCO_3$ = 100

➜ 024, 025

18 不純物として Na_2CO_3 を含む NaOH を水に溶かして 100 mL とした。この水溶液を 20 mL ずつ A，B の別々の容器にとった。A には過剰の $BaCl_2$ 水溶液を加え，生じた沈殿をろ過した後，残ったろ液をフェノールフタレインを指示薬として 1.0 mol/L の塩酸で滴定したところ，12.0 mL を要した。一方，B にはメチルオレンジを指示薬として加え，A と同じ塩酸で滴定したところ，18.0 mL を要した。混合物中の NaOH，Na_2CO_3 の質量をそれぞれ求めよ。原子量；H = 1.0，C = 12，O = 16，Na = 23

➜ 026

💡**ヒント** 15 pH < 7 より，混合溶液は酸性なので，中和後 H^+ が残っていると考えられる。
17 この中和滴定に関与したのは，二酸化炭素と希硫酸および水酸化バリウムである。

CHAP.

2

4

酸化数と酸化還元滴定

TYPE

027
028
029
030

SECTION 4 酸化数と酸化還元滴定

1 酸化と還元の定義

酸化	① 酸素を受け取る。		① 酸素を失う。	還元
	② 水素を失う。		② 水素を受け取る。	
	③ 電子を失う。		③ 電子を受け取る。	

2 酸化還元反応

酸化と還元は**必ず同時に起こる**ので，この反応を酸化還元反応という。

例 $CuO + H_2 \longrightarrow Cu + H_2O$

この反応では，CuO は酸素を失っているから，還元されている。一方，H_2 は酸素を受け取っているから，酸化されている。

3 酸化数

ある原子(イオン)の酸化の程度を表す数値を酸化数という。原子の酸化数は，次のような基準で決められる。

① **単体を構成している原子の酸化数は 0 とする。**

② **化合物中の H 原子の酸化数は +1，O 原子の酸化数は -2(H_2O_2 の場合は -1)，電気的に中性な化合物中の各原子の酸化数の総和は 0 とする。**

③ **イオンを構成する原子の酸化数の総和は，イオンの電荷に等しい。**

➕補足 過酸化水素のような分子性物質では，共有電子対を電気陰性度の大きい原子に割り当てたとき，各原子に残る電荷をその原子の酸化数とする。過酸化水素の O 原子(6 個の価電子をもつ)には，右図のように 7 個の価電子が割り当てられて，その酸化数は -1 である。

4 酸化数の増減と酸化還元反応

原子が電子を失うと(例 $Fe \longrightarrow Fe^{2+} \longrightarrow Fe^{3+}$)，酸化数が大きくなる。一方，原子が電子を受け取ると(例 $Mn^{7+} \longrightarrow Mn^{4+} \longrightarrow Mn^{2+}$)，酸化数は小さくなる。すなわち，**酸化とは酸化数が増加すること，還元とは酸化数が減少すること**である。また，酸化還元反応では，授受する電子の数は必ず等しく，**(酸化数の増加量)＝(酸化数の減少量)** の関係が成り立つ。

この関係を利用すると，酸化還元反応式の係数を決定できる。

5 ▶ 酸化剤と還元剤 ─────────────────────── ◀

酸化剤…相手を酸化するはたらきをもつ物質。

　　　　自身は還元されやすい(酸化数が減少する原子を含む)。

還元剤…相手を還元するはたらきをもつ物質。

　　　　自身は酸化されやすい(酸化数が増加する原子を含む)。

例 $\underset{(+4)}{MnO_2}$ + $\underset{(-1)}{4HCl}$ ⟶ $\underset{(+2)}{MnCl_2}$ + $2H_2O$ + $\underset{(0)}{Cl_2}$

還元された

酸化された

MnO_2 は還元されたので**酸化剤**，HCl は酸化されたので**還元剤**である。

❗注意 二酸化硫黄 SO_2 のように，酸化数が中間的な値(増加も減少もありうる値)をとる原子を含む化合物は，酸化剤，還元剤の両方のはたらきをすることがある。

6 ▶ 酸化剤・還元剤のはたらきを表すイオン反応式 ─────── ◀

酸化剤と還元剤について，それぞれ電子 e^- の授受を示した**イオン反応式**をつくり(**➕補足** 参照)，電子の数をあわせて消去し，最後に，不足するイオンを加えて化学反応式を完成する。

➕補足 硫酸酸性の $KMnO_4$ 水溶液(酸化剤)の電子の授受を示したイオン反応式(半反応式)のつくり方は，次のようになる。

① まず，反応前後の化学式を書く(これは覚えておく)。$MnO_4^- \longrightarrow Mn^{2+}$

② 両辺の O 原子の数を等しくするため，右辺に水 $4H_2O$ を加える。
　　$MnO_4^- \longrightarrow Mn^{2+} + 4H_2O$

③ 両辺の H 原子の数を等しくするため，左辺に水素イオン $8H^+$ を加える。
　　$MnO_4^- + 8H^+ \longrightarrow Mn^{2+} + 4H_2O$

④ 両辺の電荷の総和を等しくするため，左辺に電子 $5e^-$ を加える。
　　$MnO_4^- + 8H^+ + 5e^- \longrightarrow Mn^{2+} + 4H_2O$

7 ▶ 酸化還元反応の量的関係 ─────────────────── ◀

酸化剤と還元剤が過不足なく反応したとき，

(酸化剤の受け取る電子の物質量)＝(還元剤の放出する電子の物質量)

の関係が成り立つ。つまり，a 価，c〔mol/L〕の酸化剤の水溶液 v〔mL〕と，b 価，c'〔mol/L〕の還元剤の水溶液 v'〔mL〕が過不足なく反応する条件は，

$$c\,〔mol/L〕× \frac{v}{1000}\,〔L〕× a = c'\,〔mol/L〕× \frac{v'}{1000}\,〔L〕× b$$

$$∴ \quad cva\,〔mol〕= c'v'b\,〔mol〕 \longleftarrow \boxed{中和の公式と同じ形式}$$

CHAP.
2

4
酸化数と酸化還元滴定

TYPE

027

028

029

030

!注意 1 mol の酸化剤または還元剤が授受する電子の物質量を，それぞれ**酸化剤・還元剤の価数**という。

例 $\underset{(1\,\text{mol})}{MnO_4^-}$ $+$ $8H^+$ $+$ $\underset{(5\,\text{mol})}{5e^-}$ $\longrightarrow$ Mn^{2+} $+$ $4H_2O$ 〔MnO_4^- は **5 価の酸化剤**〕

$\underset{(1\,\text{mol})}{(COOH)_2}$ $\longrightarrow$ $2CO_2$ $+$ $\underset{(2\,\text{mol})}{2e^-}$ $+$ $2H^+$ 〔$(COOH)_2$ は **2 価の還元剤**〕

8 ▶ 過マンガン酸塩滴定

　硫酸酸性の過マンガン酸カリウム水溶液は強力な酸化剤である。

　酸化還元滴定の終点（右図①）までは，$MnO_4^- \longrightarrow Mn^{2+}$（無色）の反応によって，すぐに MnO_4^- の赤紫色が消えるが，終点（図②）では，MnO_4^- の赤紫色が消えなくなり，水溶液が赤紫色に着色する。このように，$KMnO_4$（酸化剤）の色の変化を利用すると，指示薬を使わずに還元剤を定量することができる。このような滴定を**過マンガン酸塩滴定**という。

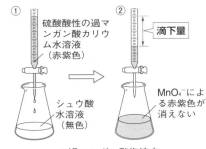

▲過マンガン酸塩滴定

9 ▶ ヨウ素滴定

　濃度未知の過酸化水素水（酸化剤）に，過剰のヨウ化カリウム水溶液を加えると，次式のように I^- が酸化されてヨウ素 I_2 を生成する。

$$H_2O_2 + 2H^+ + 2I^- \longrightarrow I_2 + 2H_2O \quad \cdots\cdots\cdots\cdots①$$

　次に，生成した I_2 を，デンプンを指示薬として，濃度がわかっているチオ硫酸ナトリウム $Na_2S_2O_3$ 水溶液で滴定すると，I_2 が還元されて I^- に戻る。したがって，I_2 がすべて I^- に変化したときが終点であり，**ヨウ素デンプン反応の青紫色が消失し無色になる。**

$$I_2 + 2Na_2S_2O_3 \longrightarrow 2NaI + Na_2S_4O_6 \quad \cdots\cdots\cdots\cdots②$$

　結局，この滴定では，I^- はまったく変化しなかったのと同じことになり，**酸化剤の H_2O_2 と還元剤の $Na_2S_2O_3$ が過不足なく反応したことになる。**②式より反応した $Na_2S_2O_3$ と I_2 の物質量の比が $2:1$，さらに①式より反応した I_2 と H_2O_2 の物質量の比が $1:1$ とわかるので，H_2O_2 の物質量が求められる。このような滴定を**ヨウ素滴定**という。

酸化剤の受け取る電子の物質量
＝還元剤の放出する電子の物質量

着眼 濃度不明の酸化剤（還元剤）の水溶液に，濃度既知の還元剤（酸化剤）の水溶液を加え，中和滴定と同様の操作を行うと，酸化剤と還元剤の**授受した電子の物質量が等しいとき，両者は過不足なく反応する。**

よって，a 価で c〔mol/L〕の酸化剤の水溶液 v〔L〕と，b 価で c'〔mol/L〕の還元剤の水溶液 v'〔L〕がちょうど反応する条件は，次式で表される。

$$c \times v \times a = c' \times v' \times b$$

＋補足 酸化剤，還元剤の価数は，それぞれの電子の授受を表したイオン反応式を書けばわかる。一方，化学反応式が与えられた問題では，**係数の比＝物質量の比**の関係から，酸化剤と還元剤の量的関係がわかるので，未知物質の物質量が求められる。

例題 H_2O_2 と $KMnO_4$ との酸化還元滴定

濃度不明の過酸化水素水 10.0 mL に，硫酸酸性にした 0.020 mol/L の過マンガン酸カリウム水溶液を少しずつ滴下していくと，16.6 mL 加えたところで，無色の水溶液が赤紫色に着色し，その色が消えなくなった。この結果から，過酸化水素水のモル濃度を求めよ。

解き方 まず酸化剤と還元剤の電子の授受を示すイオン反応式（半反応式）を書き，それぞれの価数を求める。

$$MnO_4^- + 8H^+ + 5e^- \longrightarrow Mn^{2+} + 4H_2O \quad \cdots\cdots\cdots\cdots\cdots ①$$
$$H_2O_2 \longrightarrow O_2 + 2H^+ + 2e^- \quad \cdots\cdots\cdots\cdots\cdots ②$$

①，②より，$KMnO_4$ は **5 価の酸化剤**，H_2O_2 は **2 価の還元剤**とわかる。
過酸化水素水のモル濃度を x〔mol/L〕とすると，酸化還元滴定では，**酸化剤と還元剤の授受した電子の物質量は等しい**から，〔着眼〕の式より，

$$0.020 \text{ mol/L} \times \frac{16.6}{1000} \text{ L} \times 5 = x \text{〔mol/L〕} \times \frac{10.0}{1000} \text{ L} \times 2$$

$$\therefore \quad x = 0.083 \text{ mol/L} \qquad \text{答 } 0.083 \text{ mol/L}$$

類題12 0.0300 mol/L のシュウ酸水溶液 20.0 mL に希硫酸を加えたものを約 60℃に加熱しておく。ここへ濃度不明の過マンガン酸カリウム水溶液を滴下したところ，16.0 mL で赤紫色が消えずに残った。このことから，過マンガン酸カリウム水溶液のモル濃度を求めよ。

（解答➡別冊 p.5）

CHAP.
2

4
酸化数と酸化還元滴定

TYPE
027
028
029
030

TYPE 028 ヨウ素滴定 難易度 B

Ⓐ式…H_2O_2 の物質量：I_2 の物質量＝1：1
Ⓑ式…I_2 の物質量：$Na_2S_2O_3$ の物質量＝1：2 } に着目。

🔍着眼 ヨウ化物イオン I^- は無色であるが，酸化されるとヨウ素 I_2 を生じ褐色を示す。ここへ指示薬としてデンプン水溶液を加えると，**ヨウ素デンプン反応**により青紫色を示す。

酸化剤の過酸化水素 H_2O_2 と還元剤のチオ硫酸ナトリウム $Na_2S_2O_3$ はいずれも無色のため，直接反応させても終点は見つけられない。そこで，ヨウ素デンプン反応を利用して終点を見つける。本滴定では，過剰のヨウ化カリウム KI 水溶液に過酸化水素水 H_2O_2 を加えてヨウ素 I_2 を遊離させ，この I_2 をチオ硫酸ナトリウム $Na_2S_2O_3$ 水溶液を加えてもとの I^- に戻している。

◁ 例 題 ▷ ヨウ素還元滴定の量的計算

濃度不明の過酸化水素水 10 mL に，希硫酸を加えて酸性とした後，過剰のヨウ化カリウム水溶液を加えたらヨウ素が遊離した。この反応は，次式で表される。

$$H_2O_2 + 2KI + H_2SO_4 \longrightarrow I_2 + 2H_2O + K_2SO_4 \quad \cdots\cdots Ⓐ$$

この水溶液にデンプン水溶液を指示薬として加えたら青紫色を示した。ここへ 0.10 mol/L チオ硫酸ナトリウム水溶液を滴下すると，8.0 mL 加えたとき，溶液は無色になった。この結果から，過酸化水素水のモル濃度を求めよ。ただし，チオ硫酸ナトリウムとヨウ素との反応は，次式の通りとする。

$$I_2 + 2Na_2S_2O_3 \longrightarrow 2NaI + Na_2S_4O_6 \quad \cdots\cdots Ⓑ$$

➕補足 デンプンを指示薬に使用し，ヨウ化物イオン I^- を還元剤として酸化剤を定量する滴定法を**ヨウ素還元滴定（ヨードメトリー）**という。

◁解き方▷ Ⓑ式より，遊離した I_2 の物質量は，加えた $Na_2S_2O_3$ の物質量の $\dfrac{1}{2}$ に等しい。

I_2 の物質量；$\left(0.10 \text{ mol/L} \times \dfrac{8.0}{1000} \text{ L}\right) \times \dfrac{1}{2} = 4.0 \times 10^{-4} \text{ mol}$

Ⓐ式より，（加えた H_2O_2 の物質量）＝（遊離した I_2 の物質量）なので，過酸化水素水のモル濃度を x〔mol/L〕とすると，次式が成り立つ。

x〔mol/L〕$\times \dfrac{10}{1000} \text{ L} = 4.0 \times 10^{-4} \text{ mol}$ ∴ $x = 4.0 \times 10^{-2} \text{ mol/L}$

◁答▷ $4.0 \times 10^{-2} \text{ mol/L}$

多くの果汁中には，ビタミン C（アスコルビン酸）$C_6H_8O_6$ が含まれる。ビタミン C は比較的強い還元剤として，次のように反応する。

$$C_6H_8O_6 \longrightarrow C_6H_6O_6 + 2H^+ + 2e^- \quad \cdots\cdots Ⓐ$$

レモン果汁に含まれるビタミン C の含有量を調べるために，次の実験を行った。

[1]　レモン果汁 1.0 mL に純水を加え，正確に 10 倍希釈した。

[2]　[1]の溶液に 5.0×10^{-3} mol/L のヨウ素溶液（ヨウ化カリウムを含む）10.0 mL を加えた。

[3]　[2]の反応液に少量のデンプン水溶液を加え，残ったヨウ素を 1.0×10^{-2} mol/L チオ硫酸ナトリウム水溶液で滴定したら，終点までに 9.0 mL を要した。また，ヨウ素とチオ硫酸ナトリウムは次式のように反応するものとする。

$$I_2 + 2Na_2S_2O_3 \longrightarrow 2NaI + Na_2S_4O_6 \quad \cdots\cdots Ⓑ$$

以上より，レモン果汁 1.0 mL 中に含まれるビタミン C の物質量を求めよ。

➕補足　デンプンを指示薬に使用し，ヨウ素 I_2 を酸化剤として還元剤を定量する滴定法を**ヨウ素酸化滴定（ヨージメトリー）**という。

解き方　ビタミン C（還元剤）とヨウ素（酸化剤）との反応をイオン反応式で表すと，

$$C_6H_8O_6 \longrightarrow C_6H_6O_6 + 2H^+ + 2e^- \qquad \cdots\cdots Ⓐ$$
$$I_2 + 2e^- \longrightarrow 2I^- \qquad\qquad\qquad \cdots\cdots ①$$

Ⓐ＋①より，$C_6H_8O_6 + I_2 \longrightarrow C_6H_6O_6 + 2HI$ ……②

②式より，$C_6H_8O_6 : I_2 = 1 : 1$（物質量の比）で過不足なく反応する。

Ⓑ式より，$I_2 : Na_2S_2O_3 = 1 : 2$（物質量の比）で過不足なく反応する。

この実験で用いた I_2 の物質量に関して，次の関係が成り立つ。

最初に加えた I_2 の物質量	
ビタミン C と反応した I_2 の物質量	$Na_2S_2O_3$ と反応した I_2 の物質量

レモン果汁中のビタミン C の物質量を x〔mol〕とすると，

$$5.0 \times 10^{-3}\ \text{mol/L} \times \frac{10.0}{1000}\ \text{L} = x \text{〔mol〕} + 1.0 \times 10^{-2}\ \text{mol/L} \times \frac{9.0}{1000}\ \text{L} \times \frac{1}{2}$$

$$\therefore\ x = 5.0 \times 10^{-6}\ \text{mol}$$

答　5.0×10^{-6} mol

類題13　0.050 mol/L のヨウ素溶液（ヨウ化カリウムを含む）10.0 mL にある量の硫化水素を通じて完全に吸収させた。残ったヨウ素をデンプン水溶液を指示薬として 0.010 mol/L チオ硫酸ナトリウム水溶液で滴定したら，3.0 mL で終点に達した。吸収させた硫化水素の物質量を求めよ。

ただし，ヨウ素とチオ硫酸ナトリウムは次のように反応するものとする。

$$I_2 + 2Na_2S_2O_3 \longrightarrow 2NaI + Na_2S_4O_6$$

（解答➡別冊 p.6）

CHAP.
2

4
酸化数と酸化還元滴定

TYPE
027
028
029
030

TYPE 029　COD（化学的酸素要求量）の求め方

難易度 **C**

酸化剤 $KMnO_4$ と O_2 のイオン反応式から
MnO_4^- 1 mol は電子 5 mol を受け取る。
O_2 1 mol は電子 4 mol を受け取る。
ことに着目。

🔍 **着眼**　水中の有機物等による水質汚染の状況を知る指標として COD（化学的酸素要求量）がある。**COD** は，試料水 1 L に強力な酸化剤を加えて加熱したとき，消費された酸化剤の量を酸素の質量〔mg〕に換算して表される。酸性条件において，過マンガン酸カリウム $KMnO_4$，酸素 O_2 が酸化剤としてはたらくときのイオン反応式は次の通りである。

$$MnO_4^- + 8H^+ + 5e^- \longrightarrow Mn^{2+} + 4H_2O$$
$$O_2 + 4H^+ + 4e^- \longrightarrow 2H_2O$$

以上より，MnO_4^- 4 mol と O_2 5 mol が同じ物質量の電子を受け取る。

例題　**COD の測定法**

　ある河川で採取した試料水 100 mL に硫酸を加えて酸性とし，一定過剰量の過マンガン酸カリウム $KMnO_4$ を加えて 30 分間煮沸すると，試料水中の有機物は酸化され 4.0×10^{-3} mol/L の $KMnO_4$ 水溶液が 2.5 mL 消費された。以上より，この試料水 1 L を酸化するのに必要な酸素の消費量〔mg〕を求めよ。
分子量；$O_2 = 32$

解き方　酸性条件における $KMnO_4$ と O_2 の酸化剤としてのイオン反応式より，

$$MnO_4^- + 8H^+ + 5e^- \longrightarrow Mn^{2+} + 4H_2O$$
$$O_2 + 4H^+ + 4e^- \longrightarrow 2H_2O$$

$KMnO_4$ 1 mol は電子 5 mol を受け取り，O_2 1 mol は電子 4 mol を受け取る。
試料水 100 mL を酸化するのに必要な O_2 の物質量を x〔mol〕とすると，
与えられた $KMnO_4$ と O_2 の受け取る電子の物質量が等しいので，

$$4.0 \times 10^{-3} \text{ mol/L} \times \frac{2.5}{1000} \text{ L} \times 5 = x \text{〔mol〕} \times 4 \quad \therefore \quad x = 1.25 \times 10^{-5} \text{ mol}$$

試料水 1 L あたりでの O_2 の消費量〔mg〕に換算すると，モル質量は $O_2 = 32$ g/mol より，

$$1.25 \times 10^{-5} \text{ mol} \times 32 \text{ g/mol} \times 10 \times 10^3 \text{ mg/g} = 4.0 \text{ mg}$$

答 4.0 mg

TYPE 030　DO（溶存酸素量）の求め方

難易度 **C**

与えられた反応式の係数の比に着目せよ。
酸化剤 O_2：還元剤 $Na_2S_2O_3$＝1：4（物質量の比）で反応する。

🔍着眼　河川の水質汚染の状況を知る指標には，**DO（溶存酸素量）** がある。水質汚染が進むと，好気性微生物による有機物の分解によって，水中に溶解している酸素の量が減少する。DOは，**試料水 1 L 中に含まれる酸素の質量〔mg〕** で表す。ただし，O_2 の酸化力は強くないので，水中に非常に酸化されやすい水酸化マンガン（Ⅱ）$Mn(OH)_2$ を生成させ，これと水中の O_2 を反応させる方法をとる。

例題　**DOの測定法**

[1]　試料水 100 mL に硫酸マンガン（Ⅱ）水溶液とヨウ化カリウムを含む水酸化ナトリウム水溶液を加えると，水酸化マンガン（Ⅱ）の白色沈殿を生じる。

$$MnSO_4 + 2NaOH \longrightarrow Mn(OH)_2\downarrow + Na_2SO_4 \quad\cdots\cdots①$$

[2]　水酸化マンガン（Ⅱ）は極めて酸化されやすく，水中の酸素と反応して，酸化水酸化マンガン（Ⅳ）の褐色沈殿に変化する。

$$2Mn(OH)_2 + O_2 \longrightarrow 2MnO(OH)_2 \quad\cdots\cdots②$$

[3]　[2]の反応液に適量の硫酸を加えると，酸化水酸化マンガン（Ⅳ）は酸化剤としてはたらき，共存させてあるヨウ化物イオンを酸化してヨウ素を遊離させる。

$$MnO(OH)_2 + 2KI + 2H_2SO_4$$
$$\longrightarrow MnSO_4 + I_2 + 3H_2O + K_2SO_4 \quad\cdots\cdots③$$

[4]　[3]で生じたヨウ素をデンプン水溶液を指示薬として，0.010 mol/L チオ硫酸ナトリウム水溶液で滴定したら，8.0 mL で終点に達した。

$$I_2 + 2Na_2S_2O_3 \longrightarrow 2NaI + Na_2S_4O_6 \quad\cdots\cdots④$$

以上の結果より，この試料水の DO〔mg/L〕を求めよ。分子量；$O_2 = 32$

解き方　②式の係数の比より，O_2：$MnO(OH)_2$＝1：2（物質量の比）で反応・生成する。
③式の係数の比より，$MnO(OH)_2$：I_2＝1：1（物質量の比）で反応・生成する。
④式の係数の比より，I_2：$Na_2S_2O_3$＝1：2（物質量の比）で反応する。
よって，O_2：$Na_2S_2O_3$＝1：4（物質量の比）で反応する。
試料水の滴定値が 8.0 mL であるから，試料水 1 L 中に含まれる酸素の質量〔mg〕は，

$$0.010 \text{ mol/L} \times \frac{8.0}{1000} \text{ L} \times \frac{1}{4} \times 32 \text{ g/mol} \times \frac{1000}{100} \times 10^3 \text{ mg/g} = 6.4 \text{ mg}$$

答 6.4 mg/L

■練習問題

解答→別冊 p.24

CHAP. 2

4 酸化数と酸化還元滴定

TYPE
027
028
029
030

19 鉄(Ⅱ)イオンを含む硫酸酸性水溶液に酸化剤の水溶液を加えて，鉄(Ⅱ)イオンの全量を酸化したい。必要な体積が最小のものを記号で選べ。ただし，各酸化剤の水溶液のモル濃度はすべて等しいものとする。

ア　二クロム酸カリウム　　イ　過マンガン酸カリウム　　ウ　臭素

TYPE

20 アスコルビン酸(ビタミンC)を含む試料水溶液 10.0 mL を酸性にしたのち，指示薬としてデンプン水溶液を1滴加え，0.0100 mol/L のヨウ素溶液(ヨウ化カリウムを含む)を加えたところ，18.0 mL 加えたところで終点となった。このとき，次の反応が定量的に起こるものとする。

アスコルビン酸：$C_6H_8O_6 \longrightarrow C_6H_6O_6 + 2H^+ + 2e^-$

ヨウ素　　　：$I_2 + 2e^- \longrightarrow 2I^-$

(1)　この滴定の終点の色の変化を答えよ。

(2)　試料水溶液中のアスコルビン酸のモル濃度を求めよ。

→ **028**

21 硫酸鉄(Ⅱ)七水和物 $FeSO_4 \cdot 7H_2O$ と硫酸ナトリウム十水和物 $Na_2SO_4 \cdot 10H_2O$ の混合物 0.80 g を，1.0 mol/L の硫酸水溶液 30 mL に溶かし，0.020 mol/L の過マンガン酸カリウム水溶液で滴定したところ，水溶液の色が変化するまでに，24 mL が必要であった。次の問いに答えよ。原子量：H＝1.0，O＝16，Na＝23，S＝32，Fe＝56

(1)　この混合物 0.80 g 中に，$FeSO_4 \cdot 7H_2O$ が何 g 含まれているか。

(2)　この混合物を過マンガン酸カリウム水溶液で滴定するのに，塩酸酸性では行えない。その理由を30字以内で述べよ。

→ **027**

22 COD(化学的酸素要求量)は，試料水1Lに強力な酸化剤を加えて加熱したとき，消費された酸化剤の量を酸素の質量〔mg〕に換算して表される。

ある河川水 200 mL に硫酸を加えて酸性とする。ここへ，過剰量の過マンガン酸カリウム水溶液を加えて30分間煮沸すると，河川水中の有機物は酸化され，5.0×10^{-3} mol/L の過マンガン酸カリウム水溶液 4.85 mL が消費された。また，200 mL の純水についても同じ方法で試験(空試験という)を行ったら，0.05 mL が消費された。以上のことから，この河川水の COD〔mg/L〕を求めよ。分子量；$O_2 = 32.0$

→ **029**

⚲・ヒント **21**(1) $Na_2SO_4 \cdot 10H_2O$ は酸化還元反応には関係しない。

3 | 物質の構造

SECTION 1 結晶の構造

1 結晶の分類

　物質の構成粒子(原子・分子・イオン)が，規則正しく配列してできた固体を結晶という。結晶は，構成粒子の種類や結合の違いによって，次の表のように分類される。

結　晶	結　合	特　性			例
		融　点	電気伝導性	硬　さ	
イオン結晶	イオン結合	高　い	な　し (融解液は有)	硬いがもろい	NaCl, MgO, $CaSO_4$
共有結合の結晶	共有結合	極めて高い	な　し (黒鉛は有)	極めて硬い	ダイヤモンド, SiO_2, SiC
金属結晶	金属結合	一般に高い	あ　り	一般に硬い (展性・延性有)	Au, Cu, Al, Fe
分子結晶	分子間力	低　い	な　し	軟らかい	CO_2, I_2, ナフタレン

　また，結晶を構成する元素の組み合わせで次の3つのタイプがある。

① **金属元素の単体** ⇨ すべて金属結晶

② **非金属元素の単体や化合物** ⇨ 分子結晶，共有結合の結晶(14族元素)

③ **金属元素と非金属元素の化合物** ⇨ イオン結晶

2 結晶格子（こうし）

　結晶を構成する粒子が，規則正しく配列している構造を結晶格子といい，その繰り返しの最小単位を単位格子という。

　金属結晶の単位格子には，次ページの図に示すような3つのタイプがある。

▲結晶格子と単位格子の関係

① **体心立方格子** ⇨ 立方体の各頂点と立方体の中心に原子が配列。

② **面心立方格子** ⇨ 立方体の各頂点と各面の中心に原子が配列。

③ **六方最密構造** ⇨ 正六角柱の各頂点と内部に原子が密に配列。

体心立方
格子
Na, K,
Ba, Fe

面心立方
格子
Cu, Ag,
Al, Ca

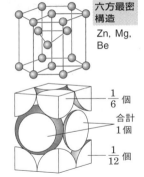

六方最密
構造
Zn, Mg,
Be

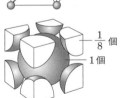

$\frac{1}{8}$ 個

1 個

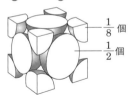

$\frac{1}{8}$ 個

$\frac{1}{2}$ 個

$\frac{1}{6}$ 個

合計
1 個

$\frac{1}{12}$ 個

▲金属結晶内の原子の並び方

3 ▶ 金属結晶の単位格子内に含まれる原子の数

原子が単位格子のどの部分に存在するかで，含まれる割合が違う。

単位格子上の位置	内部の原子	面上の原子	辺上の原子	頂点の原子
切 断 面 の 数	0	1	2	3
体積比(原子1個を1とする)	1	$\frac{1}{2}$	$\frac{1}{4}$	$\frac{1}{8}$
立 体 図				

例 体心立方格子中の原子の数

各頂点に 8 個，中心に 1 個ある。

$\left(\frac{1}{8} \times 8\right) + 1 = 2$ 個

例 面心立方格子中の原子の数

各頂点に 8 個，各面に 6 個ある。

$\left(\frac{1}{8} \times 8\right) + \left(\frac{1}{2} \times 6\right) = 4$ 個

4 ▶ イオン結晶

1 NaCl 型　単位格子中のイオンの数

$$\begin{cases} Na^+ : \left(\frac{1}{8} \times 8\right) + \left(\frac{1}{2} \times 6\right) = 4 \text{ 個} \\ Cl^- : \left(\frac{1}{4} \times 12\right) + 1 = 4 \text{ 個} \end{cases}$$

2 CsCl 型　単位格子中のイオンの数

Cs^+ ; 1 個　　Cl^- ; $\frac{1}{8} \times 8 = 1$ 個

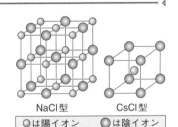

NaCl型　　CsCl型

◯は陽イオン　　◯は陰イオン

▲代表的なイオン結晶

5 ナトリウムの原子半径・密度と体心立方格子の充填率

金属ナトリウムの結晶構造は,体心立方格子である(右図)。

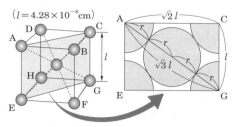

▲ナトリウムの結晶構造

1 ナトリウムの原子半径 r

単位格子の一辺の長さ(格子定数)を l〔cm〕とすると,三平方の定理より,面の対角線 AC の長さは,$\sqrt{2}\,l$〔cm〕。

ナトリウム原子が一直線上で接しているのは,立方体の対角線 **AG** の方向である。その長さは,$\sqrt{3}\,l$〔cm〕。

これは,ナトリウムの原子半径 r〔cm〕の4倍に等しい。

$$4r = \sqrt{3}\,l$$

金属ナトリウムの結晶の格子定数 $l = 4.28 \times 10^{-8}$ cm を代入すると,

$$r = \frac{\sqrt{3}}{4}l = \frac{1.73 \times 4.28 \times 10^{-8}}{4} = 1.851 \times 10^{-8} \fallingdotseq 1.85 \times 10^{-8} \text{ cm}$$

2 ナトリウム原子 1 mol の体積 V

ナトリウムの単位格子中には,ナトリウム原子が2個存在する。また,ナトリウム原子 1 mol 中には,6.0×10^{23} 個の原子を含んでいる。これより,V〔cm³〕は次式で求められる。

$$V = \frac{(4.28 \times 10^{-8})^3 \text{ cm}^3}{2} \times 6.0 \times 10^{23}/\text{mol} = 23.52 \fallingdotseq 23.5 \text{ cm}^3/\text{mol}$$

3 金属ナトリウムの密度 d

ナトリウムの原子量は,$Na = 23.0$ である。したがって,ナトリウムのモル質量は 23.0 g/mol で,それが占める体積は,上の 2 より 23.5 cm³ だから,その密度は次のように計算できる。

$$d = \frac{23.0 \text{ g/mol}}{23.5 \text{ cm}^3/\text{mol}} = 0.9787 \fallingdotseq 0.979 \text{ g/cm}^3$$

4 体心立方格子の充填率

単位格子中で原子の占める体積の割合を充填率といい,次式のように計算され,68%となる。

$$\frac{\text{原子が占める体積}}{\text{単位格子の体積}} = \frac{\frac{4}{3}\pi r^3 \times 2}{l^3} = \frac{\frac{4}{3}\pi\left(\frac{\sqrt{3}}{4}l\right)^3 \times 2}{l^3} = \frac{\sqrt{3}\pi}{8} = 0.679 \fallingdotseq 0.68$$

(上式の r に,1 の関係を代入して整理する)

6 ▶ アルミニウムの原子半径・密度と面心立方格子の充填率 ──◀

金属アルミニウムの結晶構造は，右図のような面心立方格子である。

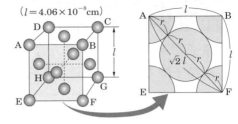

($l = 4.06 \times 10^{-8}$ cm)

▲アルミニウムの結晶構造

1 アルミニウムの原子半径 r

単位格子の一辺の長さ（格子定数）を l〔cm〕とすると，三平方の定理より，面の対角線 AF の長さは $\sqrt{2}\,l$〔cm〕。**アルミニウム原子が一直線上で接しているのは，面の対角線 AF の方向であり，その長さは $\sqrt{2}\,l$〔cm〕。**

これは，アルミニウムの原子半径 r〔cm〕の 4 倍に等しい。

$$4r = \sqrt{2}\,l$$

金属アルミニウムの結晶の格子定数 $l = 4.06 \times 10^{-8}$ cm を代入すると，

$$r = \frac{\sqrt{2}\,l}{4} = \frac{1.41 \times 4.06 \times 10^{-8}}{4} = 1.431 \times 10^{-8} \fallingdotseq 1.43 \times 10^{-8} \text{ cm}$$

2 アルミニウム原子 1 mol の体積 V

アルミニウムの単位格子中には，アルミニウム原子が 4 個存在する。また，アルミニウム原子 1 mol 中には，6.0×10^{23} 個の原子を含んでいる。これより，V〔cm³〕は次式で求められる。

$$V = \frac{(4.06 \times 10^{-8})^3 \text{ cm}^3}{4} \times 6.0 \times 10^{23}/\text{mol} = 10.03 \fallingdotseq 10.0 \text{ cm}^3/\text{mol}$$

3 金属アルミニウムの密度 d

アルミニウムの原子量は Al = 27.0 である。したがって，アルミニウムのモル質量は 27.0 g/mol で，それが占める体積は上の 2 より 10.0 cm³ だから，その密度は次のように計算できる。

$$d = \frac{27.0 \text{ g/mol}}{10.0 \text{ cm}^3/\text{mol}} = 2.70 \text{ g/cm}^3$$

4 面心立方格子の充填率

充填率は次式のように計算され，74% となる。

$$\frac{\text{原子が占める体積}}{\text{単位格子の体積}} = \frac{\frac{4}{3}\pi r^3 \times 4}{l^3} = \frac{\frac{4}{3}\pi \left(\frac{\sqrt{2}}{4}\,l\right)^3 \times 4}{l^3} = \frac{\sqrt{2}\,\pi}{6} = 0.737 \fallingdotseq 0.74$$

（上式の r に，1 の関係を代入して整理する）

031 結晶中の原子間距離

原子間距離(原子半径またはイオン半径)を求めるとき，結晶格子中で原子が密着した部分に着目する。

着眼

① **体心立方格子** 格子定数を l とすると，単位格子中で，原子はそれぞれ**立方体の対角線上で密着**している。△ABC が直角三角形だから，求める立方体の対角線 AC の長さは $\sqrt{3}\,l$ となり，これが**原子半径 r の4倍**にあたる。

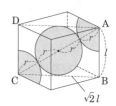

$$\sqrt{3}\,l = 4r \qquad \therefore \quad r = \frac{\sqrt{3}}{4}l$$

② **面心立方格子** 格子定数を l とすると，単位格子中で，原子はそれぞれ**面の対角線上で密着**している。△ABD が直角三角形だから，面の対角線 AD の長さは $\sqrt{2}\,l$ となり，これが**原子半径 r の4倍**にあたる。

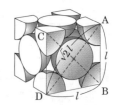

$$\sqrt{2}\,l = 4r \qquad \therefore \quad r = \frac{\sqrt{2}}{4}l$$

例題 ┃ 面心立方格子中の原子半径

　金属の銅は，面心立方格子の構造をとる。結晶格子中では隣接する銅原子は密着しているとし，単位格子の一辺の長さを 3.6×10^{-8} cm とすると，銅の原子半径は何 cm になるか。$\sqrt{2} = 1.41$，$\sqrt{3} = 1.73$

解き方 立方体の各頂点と，各面の中心に銅原子が位置している面心立方格子の結晶では，単位格子の各辺上にある銅原子は離れているが，単位格子の面の対角線の部分では，銅原子が密着している。

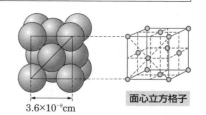

3.6×10^{-8} cm

面心立方格子

　単位格子の一辺の長さ l〔cm〕，原子半径を r〔cm〕とすると，面の対角線の長さが $\sqrt{2}\,l$ で，これが原子半径 r の4倍に等しい。

$$\sqrt{2}\,l = 4r \qquad \therefore \quad r = \frac{\sqrt{2}\,l}{4} = \frac{1.41 \times 3.6 \times 10^{-8}}{4} = 1.269 \times 10^{-8} \fallingdotseq 1.3 \times 10^{-8} \text{ cm}$$

答 1.3×10^{-8} cm

TYPE 032 結晶格子の充塡率

$$充塡率〔\%〕=\frac{単位格子中の原子の占める体積}{単位格子の体積}×100$$

着眼 結晶の単位格子の体積に対する，原子の体積が占める割合を**充塡率**という。面心立方格子と六方最密構造は，ともに**充塡率が最も高い最密構造**であるが，体心立方格子は詰まり方が少しゆるい。

〔平面図〕

面心立方格子　　体心立方格子

例題 面心立方格子の充塡率

ある金属の結晶は，図のような面心立方格子の構造をとる。この金属原子を半径 $1.0×10^{-8}$ cm の完全な球として，次の問いに答えよ。$\sqrt{2}=1.41, \sqrt{3}=1.73, \pi=3.14$

(1) 単位格子の一辺の長さは何 cm か。

(2) 単位格子の充塡率〔%〕を求めよ。

解き方 (1) 面心立方格子では，各原子は立方体の面の対角線上で接触している。この立方体の一辺の長さを l〔cm〕，原子半径を r〔cm〕とすると，面の対角線の長さは$\sqrt{2} l$〔cm〕で，この長さは原子半径の 4 倍に等しいから，$\sqrt{2} l=4r$（→ TYPE 031）。

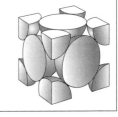

$$\therefore\ l=\frac{4r}{\sqrt{2}}=2\sqrt{2}\,r=2×1.41×1.0×10^{-8}=2.82×10^{-8}≒2.8×10^{-8}\ \text{cm}$$

(2) 面心立方格子の単位格子には，合計 4 個の原子が含まれているから，

$$充塡率=\frac{単位格子中の原子の占める体積}{単位格子の体積}=\frac{\frac{4}{3}\pi r^3×4}{l^3}\quad\left(\frac{4}{3}\pi r^3；球\ 1\ 個の体積\right)$$

上式の r に，(1)の関係 $r=\frac{\sqrt{2}}{4}l$ を代入して整理すると，

$$充塡率=\frac{\frac{4}{3}\pi\left(\frac{\sqrt{2}}{4}l\right)^3×4}{l^3}=\frac{4\pi×2\sqrt{2}×l^3×4}{3×4^3×l^3}=\frac{\sqrt{2}}{6}\pi≒0.74\quad\therefore\ 74\%$$

答 (1) $2.8×10^{-8}$ cm　(2) 74%

TYPE
031
032
033
034
035
036
037
038

結晶の密度の求め方 難易度 **B**

$$結晶の密度〔g/cm^3〕= \frac{単位格子中の粒子の質量〔g〕}{単位格子の体積〔cm^3〕}$$

着眼 格子定数を l〔cm〕とすると，その体積は l^3〔cm³〕となる。一方，粒子 1 個分の質量は，その物質のモル質量を M〔g/mol〕，アボガドロ定数を N_A〔/mol〕とすると，$\frac{M}{N_A}$〔g〕となる。したがって，この単位格子中に n〔個〕の粒子が存在するとき，単位格子中の粒子の質量は，$\frac{M}{N_A} \times n$〔g〕である。

$$結晶の密度 = \frac{\frac{M}{N_A} \times n〔g〕}{l^3〔cm^3〕} = \frac{Mn}{l^3 N_A}〔g/cm^3〕$$

例 題 KCl 結晶の単位格子中の粒子数，密度

塩化カリウムは，右図のように NaCl 型の結晶構造をとる。格子定数を 6.2×10^{-8} cm，KCl の式量を 74.5，アボガドロ定数を 6.0×10^{23}/mol として，次の問いに答えよ。

(1) 単位格子中に含まれる KCl の粒子の数は何個か。

(2) KCl の結晶の密度は何 g/cm³ か。$6.2^3 = 238$

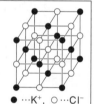

●…K⁺，○…Cl⁻

解き方 (1) K⁺は立方体の各頂点(切断面の数が 3)に 8 個と，各面の中心(切断面の数が 1)に 6 個存在する。

一方，Cl⁻は各辺(切断面の数が 2)に 12 個と，中心に 1 個が存在するから，

$$K^+ : \left(\frac{1}{8} \times 8\right) + \left(\frac{1}{2} \times 6\right) = 4 \text{ 個} \qquad Cl^- : \left(\frac{1}{4} \times 12\right) + 1 = 4 \text{ 個}$$

したがって，単位格子中には KCl の粒子は 4 個分が含まれる。

(2) 格子定数は，6.2×10^{-8} cm なので，単位格子の体積は $(6.2 \times 10^{-8})^3$ cm³。KCl(式量 74.5) 1 粒子の質量は，KCl 1 mol($= 6.0 \times 10^{23}$ 個)の質量が 74.5 g だから，

$$\frac{74.5}{6.0 \times 10^{23}} \text{ g である。}$$

よって，密度 $= \dfrac{単位格子中の粒子の質量}{単位格子の体積} = \dfrac{\frac{74.5}{6.0 \times 10^{23}} \times 4}{(6.2 \times 10^{-8})^3} = 2.08 \fallingdotseq 2.1 \text{ g/cm}^3$

答 (1) 4 個 (2) 2.1 g/cm³

TYPE

031
032
033
034
035
036
037
038

TYPE 034 結晶の密度と原子量の関係

難易度 **B**

結晶を構成する原子のモル質量（原子量）〔g/mol〕

$$= \frac{l^3〔cm^3〕\times d〔g/cm^3〕}{n} \times N_A〔/mol〕$$

$\left(\begin{array}{l} l〔cm〕 \Rightarrow 単位格子の一辺の長さ（格子定数） \\ d〔g/cm^3〕 \Rightarrow 結晶の密度, \ N_A〔/mol〕 \Rightarrow アボガドロ定数 \\ n〔個〕 \Rightarrow 単位格子中に存在する原子の数 \end{array} \right)$

着眼 格子定数を3乗すると体積，体積に密度をかけると単位格子の質量が求められる。この中に n〔個〕の原子を含むとすれば，これを n で割ると，原子1個の質量となる。さらに，この原子1個の質量にアボガドロ定数をかけると，上式のようにモル質量（原子1molあたりの質量）が求められる。これから単位をとった値が求める原子量である。

例題 | 格子定数，密度，アボガドロ定数から原子量を求める

ある原子の結晶をX線で調べると，一辺が 3.16×10^{-8} cm の右図のような単位格子をもつことがわかった。また，結晶の密度は 19.3 g/cm^3 であった。この原子の原子量はいくらか。ただし，アボガドロ定数を 6.02×10^{23}/mol, $3.16^3 = 31.6$ とする。

解き方 まず，単位格子の体積 $(3.16\times10^{-8})^3$ cm^3 に，この結晶の密度 19.3 g/cm^3 をかけ，単位格子の質量 $(3.16\times10^{-8})^3 \times 19.3$ g を求める。

体心立方格子中には **2個**の原子が含まれるから，原子1個の質量は，

$$\frac{(3.16\times10^{-8})^3 \times 19.3}{2} \text{g}$$

したがって，モル質量（原子1molあたりの質量）は次式で求められる。

$$\frac{(3.16\times10^{-8})^3 \times 19.3}{2} \times 6.02\times10^{23} = 183.5 \fallingdotseq 184 \text{ g/mol}$$

原子量は，モル質量から単位をとったものである。

答 184

類題14 ある金属の結晶は面心立方格子であり，単位格子の一辺の長さは a〔cm〕である。この金属の密度を d〔g/cm^3〕としたとき，この金属の原子量 M を a と d を使って示せ。必要ならばアボガドロ定数を N_A〔/mol〕とせよ。

（解答➡別冊 p.6）

TYPE 035 ダイヤモンドの結晶 難易度 B

ダイヤモンドの単位格子を小さな 8 つの立方体に分け，そのうち体心立方格子に似た部分に着目する。

🔍 着眼 ダイヤモンドやケイ素の単位格子は右図の①のようになっている。(このような単位格子を**ダイヤモンド型格子**という。)格子定数を l〔cm〕とすると，炭素原子間の結合距離

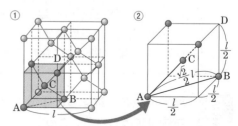

AC の長さは，**赤色で表した小立方体の対角線 AD の長さの半分**である。

$$AD = \sqrt{AB^2 + BD^2} = \frac{\sqrt{3}}{2}l〔cm〕 \qquad \therefore \quad AC = \frac{\sqrt{3}}{4}l〔cm〕$$

> **例題** ダイヤモンド結晶の結合距離と密度

　ダイヤモンドを X 線で調べると，一辺の長さが 3.56×10^{-8} cm の立方体からなる上図①のような単位格子をもつ結晶であることがわかった。次の問いに答えよ。

原子量；C = 12，アボガドロ定数 $= 6.0 \times 10^{23}$/mol，$\sqrt{2} = 1.41$，$\sqrt{3} = 1.73$

(1) ダイヤモンドの結晶中の炭素原子間の結合距離は何 cm か。

(2) ダイヤモンドの密度は何 g/cm^3 か。$3.56^3 = 45.1$

解き方 (1) 上の図①の単位格子の $\frac{1}{8}$ の体積にあたる小立方体(図②)に着目してみると，小立方体の対角線 AD の長さの半分が，原子間距離 AC にあたる。

$$AC = \frac{1}{2}AD = \frac{1}{2} \times \frac{\sqrt{3}}{2}l = \frac{1.73 \times 3.56 \times 10^{-8} \text{ cm}}{4} = 1.539 \times 10^{-8} \fallingdotseq 1.54 \times 10^{-8} \text{ cm}$$

(2) 単位格子中に含まれる炭素原子は，各頂点に 8 個，面の中心に 6 個，内部に 4 個存在するから，$\left(\frac{1}{8} \times 8\right) + \left(\frac{1}{2} \times 6\right) + (1 \times 4) = 8$ 個

C 原子 1 個の質量は $\dfrac{12}{6.0 \times 10^{23}}$ g だから，**TYPE 033** より，

$$密度 = \frac{単位格子中の原子の質量}{単位格子の体積} = \frac{\left(\dfrac{12}{6.0 \times 10^{23}} \times 8\right) \text{ g}}{(3.56 \times 10^{-8})^3 \text{ cm}^3} = 3.54 \fallingdotseq 3.5 \text{ g/cm}^3$$

> **答** (1) 1.54×10^{-8} cm　(2) 3.5 g/cm^3

TYPE 036 面心立方格子の隙間

難易度 C

面心立方格子の中にも正八面体孔と正四面体孔とよばれる隙間があり，原子：正八面体孔：正四面体孔＝1：1：2で存在する。

着眼 面心立方格子の中には，次の2種類の隙間が存在する。その1つは，上下，左右，前後にある6個の原子に囲まれた**正八面体孔**（空間 a）と，正四面体の頂点にある4個の原子に囲まれた**正四面体孔**（空間 b）である。正八面体孔は，面心立方格子の各辺の中点と体心の位置にあり，単位格子中には，合計

$$\left(\frac{1}{4}\times 12\right)+1=4（個）存在する。また，正$$

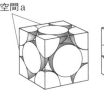

空間a　　　空間b

四面体孔は，単位格子を8等分してできた小立方体の中心の位置にあり，単位格子中には合計8個存在する。したがって，面心立方格子には，原子：正八面体孔：正四面体孔＝1：1：2で存在する。

── 例題 正八面体孔と正四面体孔の大きさ ──

　　面心立方格子に存在する正八面体孔と正四面体孔の最大半径は，それぞれ原子半径 r の何倍あるか。$\sqrt{2}=1.41$，$\sqrt{3}=1.73$

解き方 正八面体孔，正四面体孔の半径を x, y，単位格子の一辺の長さを a とすると，正八面体孔の中心は，立方体の各辺の中点に存在するから，

$$a=2(r+x) \quad \cdots\cdots①$$

面心立方格子では，面の対角線上で原子が接するから，
$\sqrt{2}\,a=4r$ より，$a=2\sqrt{2}\,r$ を①へ代入すると，

$$2\sqrt{2}\,r=2r+2x \quad \therefore\quad x=(\sqrt{2}-1)r=0.41r$$

面の対角線

$4r$

r

a

正八面体孔
（半径 x）

正四面体孔の中心は，立方体の対角線の長さの $\frac{1}{4}$ の位置にあるから，

$$r+y=\frac{\sqrt{3}}{4}a \quad \cdots\cdots②$$

$a=2\sqrt{2}\,r$ を②へ代入すると，

$$r+y=\frac{\sqrt{6}}{2}r \quad \therefore\quad y=\left(\frac{\sqrt{2}\cdot\sqrt{3}}{2}-1\right)r=0.219r\fallingdotseq 0.22r$$

正四面体孔
（半径 y）

r

a

立方体の
対角線

答 正八面体孔；**0.41** 倍，正四面体孔；**0.22** 倍

六方最密構造の結晶

難易度 **C**

六方最密構造の結晶の単位格子は正六角柱ではなく，底面が菱形の四角柱である。しかし，正六角柱で考えても，計算結果は変わらない。

着眼 図に示した正六角柱に含まれる粒子の数は，

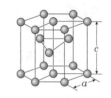

$$\frac{1}{6}(\text{頂点})\times12+\frac{1}{2}(\text{面心})\times2+1(\text{内部})\times3=6\text{ 個}$$

である。ただし，結晶を構成する粒子の最小の繰り返し単位（**単位格子**）は，正六角柱を 3 等分した底面が菱形の四角柱である。したがって，単位格子中に含まれる粒子の数は 2 個となる。

例題 マグネシウムの結晶の密度

マグネシウム Mg の結晶格子は六方最密構造（上図）であり，底面の一辺の長さ $a=0.32$ nm，高さ $c=0.52$ nm である。これより，マグネシウムの結晶の密度〔g/cm³〕を求めよ。原子量；Mg $=24$，アボガドロ定数を 6.0×10^{23}/mol，$\sqrt{2}=1.41$，$\sqrt{3}=1.73$ とする。

解き方 マグネシウムの結晶の密度を，単位格子を 3 つ合わせた正六角柱で考える。
底面の正六角形は，一辺 a の正三角形（右図）の 6 つ分に等しいから，

$$\text{底面積 } S=\frac{1}{2}\left(\frac{\sqrt{3}}{2}a^2\right)\times6=\frac{3\sqrt{3}a^2}{2}\text{〔nm}^2\text{〕}$$

$$\text{正六角柱の体積 } V=\frac{3\sqrt{3}a^2c}{2}\text{〔nm}^3\text{〕}\quad\cdots\cdots①$$

①式へ，$\left.\begin{array}{l}a=0.32\text{ nm}=0.32\times10^{-9}\text{ m}=3.2\times10^{-8}\text{ cm}\\c=0.52\text{ nm}=0.52\times10^{-9}\text{ m}=5.2\times10^{-8}\text{ cm}\end{array}\right)$ を代入すると，

$$V=\frac{3\times1.73\times(3.2\times10^{-8})^2\times5.2\times10^{-8}}{2}=1.38\times10^{-22}\text{ cm}^3$$

原子量は Mg $=24$ より，Mg のモル質量は 24 g/mol なので，

$$\text{Mg 原子 1 個の質量は，}\frac{24\text{ g}}{6.0\times10^{23}}=4.0\times10^{-23}\text{ g}$$

[着眼]より，この結晶格子（正六角柱）には，Mg 原子 6 個分を含むから，

$$\text{密度}=\frac{\text{結晶格子の質量}}{\text{結晶格子の体積}}=\frac{4.0\times10^{-23}\text{ g}\times6}{1.38\times10^{-22}\text{ cm}^3}\fallingdotseq1.7\text{ g/cm}^3\quad\text{**答** } 1.7\text{ g/cm}^3$$

TYPE 038　黒鉛の結晶構造

難易度
C

> 黒鉛の結晶の単位格子は，正六角柱ではなく，内角 $120°$ と $60°$ の菱形を底面とする四角柱である。

着眼

黒鉛は，正六角形が連続した平面構造がいくつも層状に積み重なった結晶構造をとる。

第1層と第3層は全く同じ配置であるが，第2層は上下と少しずれた配置をとる。黒鉛の結晶の**単位格子**は正六角柱ではなく，内角 $120°$ と $60°$ の菱形を底面とする四角柱(右図)であり，I は $\triangle ABC$ の重心，J は $\triangle EGH$ の重心に位置している。

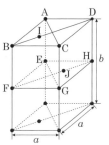

黒鉛の結晶の単位格子

―――| 例題 | 黒鉛の結晶の密度 |―――

黒鉛の結晶の単位格子は内角 $120°$ と $60°$ の菱形を底面とする四角柱(上図)であり，各炭素原子は点 • の位置に存在し，$a = 2.4 \times 10^{-8}$ cm，$b = 6.7 \times 10^{-8}$ cm である。

(1) この単位格子に含まれる炭素原子の数を求めよ。

(2) 黒鉛の結晶の密度〔g/cm³〕を求めよ。ただし，アボガドロ定数を 6.0×10^{23}/mol，$\sqrt{2} = 1.41$，$\sqrt{3} = 1.73$，原子量；C = 12 とする。

解き方 (1) 上面，下面に存在する C 原子の数は，

$$\frac{1}{6}\binom{\text{内角}}{120°} \times 4 + \frac{1}{12}\binom{\text{内角}}{60°} \times 4 + \frac{1}{2}(\text{面上}) \times 2 = 2 \text{ 個}$$

中間層に存在する C 原子の数は，

$$\frac{1}{3}\binom{\text{内角}}{120°} \times 2 + \frac{1}{6}\binom{\text{内角}}{60°} \times 2 + 1(\text{内部}) \times 1 = 2 \text{ 個}$$

∴ 単位格子に含まれる C 原子の数は 4 個 …**答**

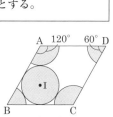

上面(下面)

(2) 単位格子の底面積 S は，一辺の長さを a とすると，正三角形の2つ分の面積に等しい。

$$S = \frac{1}{2}\left(a \times \frac{\sqrt{3}}{2}a\right) \times 2 = \frac{\sqrt{3}}{2}a^2 \text{ 〔cm}^2\text{〕}$$

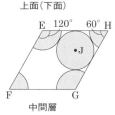

中間層

単位格子の体積 V は，$V = \dfrac{1.73}{2} \times (2.4 \times 10^{-8})^2 \times 6.7 \times 10^{-8} = 3.33 \times 10^{-23}$ cm³

C 原子1個の質量は，$12 \div (6.0 \times 10^{23}) = 2.0 \times 10^{-23}$ g だから，

$$\text{密度} = \frac{\text{単位格子の質量}}{\text{単位格子の体積}} = \frac{2.0 \times 10^{-23} \text{ g} \times 4}{3.33 \times 10^{-23} \text{ cm}^3} = 2.40 \doteqdot 2.4 \text{ g/cm}^3 \cdots \text{**答**}$$

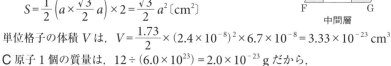

23 ある金属の結晶を X 線で調べたところ，単位格子の一辺が 3.6×10^{-8} cm の立方体に 4 個の割合で原子が含まれていることがわかった。また，この結晶の密度を測ったら 9.0 g/cm^3 であった。次の問いに答えよ。アボガドロ定数；$N_A = 6.0 \times 10^{23}$/mol，$\sqrt{2} = 1.4$，$\sqrt{3} = 1.7$

(1) この金属の原子量を求めよ（有効数字 2 桁）。

(2) 結晶内では原子が密着しているとして，金属原子の半径を求めよ。

TYPE
→ 031,
034

24 ある金属の結晶構造は，右図に示すような単位格子からなり，その一辺は 3.0×10^{-8} cm とする。次の問いに答えよ。金属の原子量は 52，アボガドロ定数は 6.0×10^{23}/mol とする。

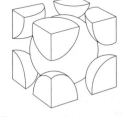

(1) この結晶の密度〔g/cm^3〕を求めよ。

(2) 結晶内で原子が密着しているとして，金属原子の半径〔cm〕を求めよ。$\sqrt{2} = 1.4$，$\sqrt{3} = 1.7$

→ 031,
033

25 右図は，硫化亜鉛 ZnS の結晶構造を示し，単位格子は一辺の長さ a〔cm〕の立方体である。次の問いに答えよ。

(1) この単位格子に含まれる Zn^{2+}，S^{2-} の数を求めよ。

(2) この結晶の密度〔g/cm^3〕を表す式を書け。ただし，ZnS の式量を M，アボガドロ定数を N_A〔/mol〕とする。

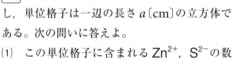

● Zn^{2+}　○ S^{2-}

→ 033,
035

26 NaCl の結晶は一辺が 5.6×10^{-8} cm の立方体の単位格子からなる。アボガドロ定数；6.0×10^{23}/mol，式量；NaCl = 58.5

(1) 単位格子の中には Na^+ と Cl^- がそれぞれ何個ずつ含まれるか。

(2) この NaCl の結晶の密度は何 g/cm^3 か。

5.6×10^{-8} cm

○ Na^+
● Cl^-

→ 033

ℒ ヒント　**23** (1)　金属原子 1 mol あたりの質量を求め，その単位 g/mol をとると原子量になる。

4 物質の状態

CHAP.
4

1
気
体
の
状
態
方
程
式

TYPE

039
040
041
042

SECTION 1 気体の状態方程式

1 ボイル・シャルルの法則

気体の体積，圧力，温度の間には，気体の種類によらない共通の関係がある。

1 ボイルの法則 一定温度では，一定量の気体の**体積は圧力に反比例する**（図1）。

$$PV = P'V' = k$$

2 シャルルの法則 一定圧力では，一定量の気体の体積 V は，温度 t が $1℃$ 変化するごとに $0℃$ のときの体積 V_0 の $\dfrac{1}{273}$ 倍ずつ変化する（図2）。

$$V = V_0 + \frac{t}{273}V_0 = \left(\frac{t+273}{273}\right)V_0$$

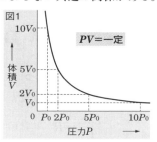

図1

$PV = 一定$

▲気体の圧力と体積の関係

＋補足 セルシウス温度 $t〔℃〕$ に 273 を加えた温度を絶対温度 T といい，単位記号 K で表す。

$$T〔K〕 = t〔℃〕 + 273$$

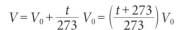

$$V = \frac{T}{273}V_0 \ \Rightarrow \ V = \frac{V_0}{273}T = k'T$$

$$\frac{V}{T} = \frac{V'}{T'} = k'$$

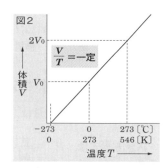

図2

$\dfrac{V}{T} = 一定$

▲気体の温度と体積の関係

よって，シャルルの法則は，「圧力一定のとき，一定量の**気体の体積は絶対温度に比例する**。」と言い換えることができる。

3 ボイル・シャルルの法則 一定量の気体の体積は，**圧力に反比例し，絶対温度に比例する**。

$$V = k''\frac{T}{P} \qquad \binom{はじめ}{の状態} \Rightarrow \frac{PV}{T} = \frac{P'V'}{T'} \Leftarrow \binom{終わり}{の状態}$$

！注意 この式さえ覚えておけば，ボイルの法則，シャルルの法則の両方に通用する。温度は必ず絶対温度に直し，圧力と体積は両辺で単位をそろえること。

2 気体の状態方程式 ◀

1 気体定数 ボイル・シャルルの法則は，$\dfrac{PV}{T}=k$（一定）という式で示された。

アボガドロの法則より，気体 1 mol の体積 v は標準状態（$0°C$，$1.013×10^5$ **Pa**）で **22.4 L** を占めるから，比例定数 k は次のようにして求まる。

$$k=\frac{Pv}{T}=\frac{1.013×10^5\ \text{Pa}×22.4\ \text{L/mol}}{273\ \text{K}}≒8.31×10^3\ \text{Pa·L/(K·mol)}$$

この値を**気体定数**といい，記号 R で表される。

2 気体の状態方程式 **1**より，気体 1 mol のときは，次の式が成り立つ。

$$Pv=RT$$

n〔mol〕の気体については，その**体積 V は 1 mol の気体の体積 v の n〔倍〕**であるから，比例定数 $k=nR$ となり，次のような関係式が成り立つ。

$$\frac{PV}{T}=nR \qquad PV=nRT$$

この関係式は，n〔mol〕の気体についてボイル・シャルルの法則を表したもので，**気体の状態方程式**という。

> **!注意** この公式を使うにあたっては，気体定数 R の単位が〔**Pa·L/(K·mol)**〕だから，必ず単位は，圧力；**Pa**，体積；**L**，絶対温度；**K** に合わせるのを忘れないこと。

3 気体の分子量の求め方 ある気体のモル質量を M〔g/mol〕とすると，この気体 w〔g〕の物質量は，$n=\dfrac{w}{M}$〔mol〕であるから，

状態方程式は，$PV=\dfrac{w}{M}RT$　変形して　$M=\dfrac{wRT}{PV}$〔g/mol〕

気体の質量，温度，圧力，および体積を測定すると，上式から，気体や揮発性物質のモル質量が求まり，さらに単位を除いた値が分子量となる。

図3　ガスボンベ 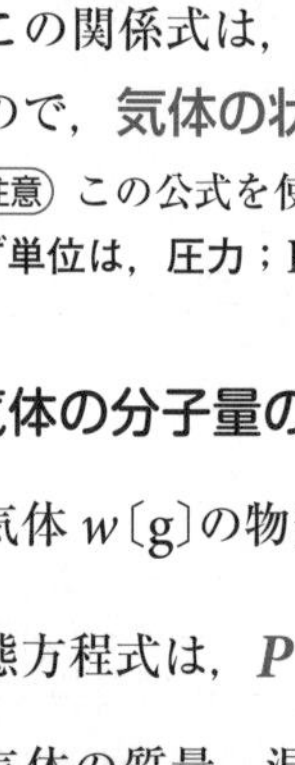
ガスボンベの質量を測定する（w_1〔g〕）。

図4 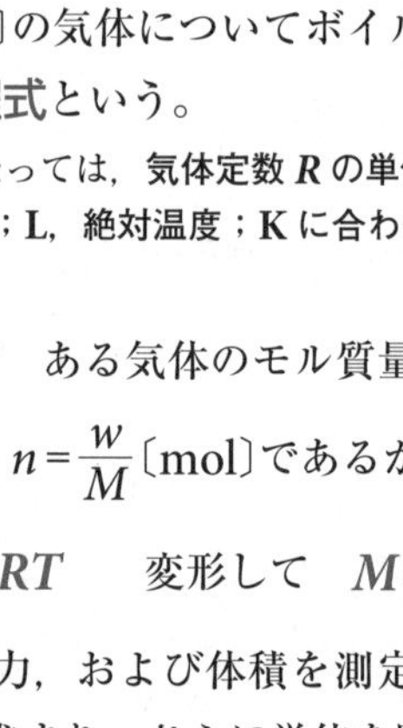
水上置換で気体の体積を測定する。

図5　ガスボンベ 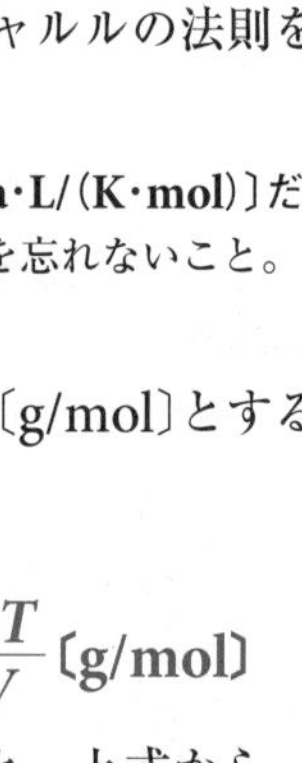
再びガスボンベの質量を測定する（w_2〔g〕）。

●メスシリンダーに捕集された気体の質量は （w_1-w_2）〔g〕

▲気体の質量・体積の測定方法

TYPE 039 ボイル・シャルルの法則

難易度 A

両辺の単位をそろえ， $\dfrac{P_1 V_1}{T_1} = \dfrac{P_2 V_2}{T_2}$ に代入。

着眼 温度 T_1，圧力 P_1，体積 V_1 の気体を，温度 T_1 のまま圧力を P_2 にしたときの体積を V' とし，さらに，圧力 P_2 のまま温度を T_2 にしたときの体積を V_2 とすると，次の関係が成り立つ。

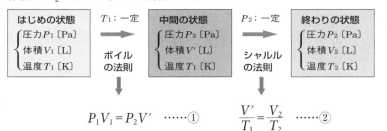

②式より， $V' = \dfrac{V_2 T_1}{T_2}$ を①式へ代入し， V' を消去すると，

$P_1 V_1 = P_2 \cdot \dfrac{V_2 T_1}{T_2}$ となり，両辺を T_1 で割ると， $\dfrac{P_1 V_1}{T_1} = \dfrac{P_2 V_2}{T_2}$

例題 ボイル・シャルルの法則を用いた体積の算出

標準状態で 36.4 L を占めている気体がある。これを，27℃，5.05×10^5 Pa にすると，気体の体積は何 L になるか。

解き方 求める体積を V'〔L〕として，まず両辺の単位をそろえる。
標準状態とは，0℃，1.01×10^5 Pa のことであり，℃ 単位を K(ケルビン) 単位に直すと，273 K となる。

これらを，ボイル・シャルルの法則の公式に代入すると，

$$\frac{1.01 \times 10^5 \text{ Pa} \times 36.4 \text{ L}}{273 \text{ K}} = \frac{5.05 \times 10^5 \text{ Pa} \times V'\text{〔L〕}}{300 \text{ K}}$$

$$\therefore \quad V' = \frac{36.4 \times 1.01 \times 300}{5.05 \times 273} = 8.00 \text{ L}$$

答 8.00 L

類題15 27℃，1.0×10^5 Pa で 24 L を占める水素がある。これを，127℃で 5.0 L の耐圧容器に入れると，ボンベ内の圧力は何 Pa となるか。 （解答➡別冊 p.7）

気体定数の単位にあわせて，気体の状態方程式
$PV=nRT$ に数値を代入せよ。

 気体の物質量が与えられているときは，気体の状態方程式
$PV=nRT$ の式を用いるとよい。

なお，この関係式では，**気体定数 $R=8.3\times10^3$ を用いる**が，これには
〔Pa・L/(K・mol)〕という単位がついている。したがって，代入する数値の単位
は，すべてこれに合わせる必要があり，**体積 V は〔L〕，圧力 P は〔Pa〕，温
度 T は絶対温度〔K〕**である。

気体の分子量を M とすると，$\dfrac{w\,〔g〕}{M}=n\,〔mol〕$ の両辺の単位が合わなくなる。
厳密には，M は〔g/mol〕の単位をもつ**モル質量**を表しているが，単位を除い
た数値は，気体の分子量と等しい。

| 例 題 | 気体の状態方程式を用いた物質量の算出 |

　27℃，1.5×10^5 Pa のもとで，体積が 415 mL の気体がある。この気体の物
質量を求めよ。気体定数；$R=8.3\times10^3$ Pa・L/(K・mol)

解き方 気体の状態方程式に各数値を代入するとき，各単位を**気体定数 $R=8.3\times10^3$ の単位である〔Pa・L/(K・mol)〕に合わせる必要がある。**
27℃を絶対温度の K(ケルビン) 単位に直すと，$(273+27)=300$ K。また，415 mL を L 単位
に直すと，0.415 L になる。これより，求める気体の物質量を $n\,〔mol〕$ とおくと，
気体の状態方程式 $PV=nRT$ より，

$$1.5\times10^5\ \text{Pa}\times0.415\ \text{L}=n\,〔\text{mol}〕\times8.3\times10^3\ \text{Pa・L/(K・mol)}\times300\ \text{K}$$

$$\therefore\ n=\frac{1.5\times10^5\times0.415}{8.3\times10^3\times300}=0.025\ \text{mol}$$

答 0.025 mol

類題16 27℃において，二酸化硫黄 SO_2 3.2 g を 500 mL の容器に詰めたら，こ
の容器内の圧力は何 Pa になるか。原子量；$O=16$，$S=32$　気体定数；$R=8.3\times10^3$ Pa・L/(K・mol)

（解答➡別冊 p.7）

CHAP.
4

1
気体の状態方程式

TYPE
039
040
041
042

TYPE 041 気体の状態方程式と分子量

難易度 **B**

気体の状態方程式 $PV = nRT$ を $PV = \dfrac{w}{M} RT$ と変形し,

$M = \dfrac{wRT}{PV}$ に数値を代入して,気体の分子量を求める。

着眼 気体の質量 w,温度 T,圧力 P,体積 V の 4 つが与えられている場合,その気体の分子量は,物質量 $n = \dfrac{w}{M}$(M はモル質量)であるので,上記のように**気体の状態方程式を変形する**と求めることができる。

この場合も,$R = 8.3 \times 10^3 \ \text{Pa·L/(K·mol)}$ を使うから,各数値の単位をそれらに合わせる必要がある。また,M はモル質量を表しているが,単位〔g/mol〕を除いた数値が気体の分子量になる。

例題 蒸発した液体の分子量

ピストン付き容器に揮発性の液体 0.35 g を入れ,27℃でピストンをゆっくり引き上げた。ちょうど液体がなくなったとき,容器内の圧力・体積は 152 mmHg,500 mL を示した。この物質の分子量を求めよ。$1.0 \times 10^5 \ \text{Pa} = 760 \ \text{mmHg}$ とする。気体定数;$R = 8.3 \times 10^3 \ \text{Pa·L/(K·mol)}$

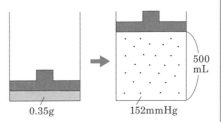

0.35g　　　152mmHg　　　500 mL

解き方 まず,単位をそろえる。体積は〔L〕,圧力は〔Pa〕,温度は〔K〕にする。$1.0 \times 10^5 \ \text{Pa} = 760 \ \text{mmHg}$ より,

$$P = \frac{152}{760} \times 10^5 = 2.0 \times 10^4 \ \text{Pa}, \quad V = 0.500 \ \text{L}, \quad T = 300 \ \text{K}$$

求める分子量を M として,これらの数値を $PV = \dfrac{w}{M} RT$ に代入する。

$$M = \frac{0.35 \ \text{g} \times 8.3 \times 10^3 \ \text{Pa·L/(K·mol)} \times 300 \ \text{K}}{2.0 \times 10^4 \ \text{Pa} \times 0.500 \ \text{L}} = 87.1 ≒ 87$$

答 87

類題17 一定体積の容器に 27℃で 16 g の酸素を入れると,$1.2 \times 10^5 \ \text{Pa}$ を示した。容器内を真空にし,ある液体 48 g を入れて 127℃で完全に蒸発させると,$2.4 \times 10^5 \ \text{Pa}$ を示した。この液体物質の分子量はいくらか。原子量;O = 16 （解答➡別冊 p.7）

揮発性の液体物質の分子量測定

難易度 B

気化しやすい液体物質の分子量も，気体の状態方程式を利用して求める。このとき，蒸気の圧力は大気圧に等しい。

着眼 右図のような**ピクノメーター**を用いると，蒸発しやすい液体物質の分子量を実験的に求めることができる。

ピクノメーターに試料となる液体物質を少し余分に入れて加熱する。蒸発した蒸気の密度は空気より大きいので，空気は下から押し上げられ，やがてピクノメーターから完全に追い出される。最終的に余分な液体試料も追い出される。容器中の液滴が

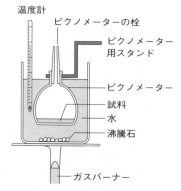

温度計
ピクノメーターの栓
ピクノメーター用スタンド
ピクノメーター
試料
水
沸騰石
ガスバーナー

なくなったとき，**ピクノメーター内を満たした蒸気の圧力は大気圧と等しい**ので，このときの，**圧力 P，体積 V，絶対温度 T** の値を気体の状態方程式に代入する。

例題 蒸発しやすい液体物質の分子量

質量(栓，ふたも含む)が 30.000 g で内容積が 100 mL のピクノメーターに，約 1 g の液体物質を入れ，97℃で液体をすべて蒸発させたのち，ふたをしてピクノメーターを取り出し，室温まで手早く冷やした。そして，容器のまわりの水をふきとり，栓とふたをつけたまま秤量したら 30.495 g であった。大気圧は 1.00×10^5 Pa として，この液体物質の分子量を求めよ。ただし，ピクノメーターの内容積は，室温でも 97℃でも変わらず，室温での液体物質の蒸気圧は無視できるものとする。気体定数：$R = 8.31 \times 10^3$ Pa·L/(K·mol)

解き方 97℃で容器内を満たした液体物質の質量 w〔g〕は，

$$w = 30.495 - 30.000 = 0.495 \text{ g}$$

蒸気の圧力 P は大気圧に等しいから，$PV = \dfrac{w}{M} RT$ に数値を代入して，

$$1.00 \times 10^5 \text{ Pa} \times 0.100 \text{ L} = \frac{0.495 \text{ g}}{M〔\text{g/mol}〕} \times 8.31 \times 10^3 \text{ Pa·L/(K·mol)} \times 370 \text{ K}$$

$$\therefore \quad M = 152.1 \fallingdotseq 152$$

答 152

CHAP.
4

2
混合気体の圧力と蒸気圧

TYPE
043
044
045
046
047

SECTION 2 混合気体の圧力と蒸気圧

1 分圧の法則

　混合気体全体の示す圧力(全圧)は，各成分気体が，単独で混合気体と同体積を占めるときに示す圧力(分圧)の和に等しい。いま，全圧を P〔Pa〕，各成分気体の分圧を p_A, p_B, ……〔Pa〕とすると，次の関係が成り立つ。

$$P = p_A + p_B + \cdots\cdots \quad （ドルトンの分圧の法則）$$

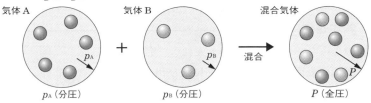

▲混合気体の全圧と分圧

2 混合気体の分圧比，体積比と物質量比の関係

① 体積一定のとき，成分気体の分圧の比と各成分の物質量の比は等しい。

② 圧力一定のとき，成分気体の体積の比と各成分の物質量の比は等しい。

　例 1.0×10^5 Pa で，1.0 L の空気は，物質量の比が窒素：酸素＝4：1である。

　　　　　　　　〔空気〕　　　　　　〔窒素〕　　　　　〔酸素〕
　(体積一定)……1.0×10^5 Pa ＝ 0.8×10^5 Pa ＋ 0.2×10^5 Pa

　(圧力一定)……　　1.0 L　　＝　　0.8 L　　＋　　0.2 L

3 全圧・分圧とモル分率

　気体 A，B の物質量を n_A〔mol〕，n_B〔mol〕，分圧を p_A〔Pa〕，p_B〔Pa〕，全圧を P〔Pa〕とし，体積 V，絶対温度 T が一定とすれば，成分気体 A，B，および混合気体について状態方程式が成り立つ。

$$p_A V = n_A RT \quad \cdots\cdots\cdots\cdots\cdots\cdots\cdots\cdots\cdots\cdots\cdots\cdots ①$$
$$p_B V = n_B RT \quad \cdots\cdots\cdots\cdots\cdots\cdots\cdots\cdots\cdots\cdots\cdots\cdots ②$$
$$PV = (n_A + n_B) RT \quad \cdots\cdots\cdots\cdots\cdots\cdots\cdots\cdots\cdots ③$$

①÷②より，$\dfrac{p_A}{p_B} = \dfrac{n_A}{n_B}$ ⇨ $p_A : p_B = n_A : n_B$ ⇨ （分圧の比）＝（物質量の比）

①÷③より，$p_A = P \times \boxed{\dfrac{n_A}{n_A + n_B}}$ ⇨ 分圧＝全圧×モル分率

　　　　　　　　　　　└─▶気体 A のモル分率という。

4 ▶ 水上捕集した気体の圧力 ──────◀

　水上置換で捕集した気体は，水蒸気で飽和された
混合気体だから，次の関係が成り立つ。

　　（捕集した気体だけの圧力）
　　　＝（大気圧）−（飽和水蒸気圧）

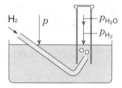

p_{H_2}：水素の分圧
p_{H_2O}：飽和水蒸気圧
p：大気圧

▲圧力のつり合い

5 ▶ 飽和蒸気圧 ──────────────────◀

　右図のような密閉容器に液体を入れ，一定温度に保
つと，液体の表面から分子が空間に飛び出す（蒸発）。
しかし，ある程度まで蒸発が進むと，蒸気の一部が液
体に戻る（凝縮）。やがて，**単位時間あたりに蒸発する
分子数と凝縮する分子数が等しくなり，見かけ上，蒸
発した状態になる。**この状態を**気液平衡**といい，この
ときの蒸気の圧力を，その液体の**飽和蒸気圧**，または

▲気液平衡

蒸気圧という。液体の蒸気圧は，各物質によってそれぞれ固有の値をとり，
また，温度が高くなると，その値は大きくなる。

6 ▶ 蒸気圧の性質 ────────────────────◀

① 蒸気圧の値は，他の気体が存在してもしなくても変わらない。
② 蒸気圧の値は，蒸気が占める空間の体積や，存在する液体の量にも無関係
　である。
③ 蒸気圧の値は，**温度だけの関数**である。

　つまり，密閉容器に液体を十分に入れ，一定温度に保つと，下図のよう
に**液体が存在する限り**，気液平衡に達したときの蒸気圧の値は一定となる。

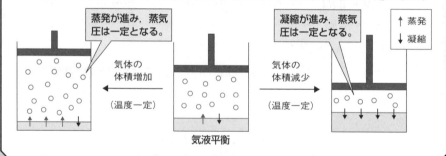

7 蒸気圧曲線と沸点の関係

1 蒸気圧曲線 右下図のような，液体の蒸気圧と温度の関係を表したグラフを蒸気圧曲線という。

2 沸騰と沸点 液体の蒸気圧が外圧と等しくなったとき，液体内部からも蒸発が起こり，気泡が発生する。この現象を**沸騰**といい，この温度を，液体の**沸点**という。

液体の沸点は通常，外圧が 1.01×10^5 Pa のもとでの値で示される。つまり，**液体の沸点とはその液体の蒸気圧が外圧に等しくなるときの温度である。**

すなわち，外圧が変化すると液体の沸点も変化する。

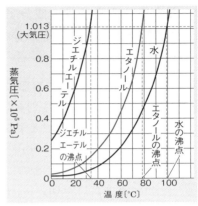

▲蒸気圧曲線

8 理想気体と実在気体

気体の状態方程式に完全に従う気体を**理想気体**という。理想気体は，**分子間力や分子自身の体積を 0 とみなした仮想の気体**である。これに対して，実際に存在する気体を**実在気体**という。実在気体では，低温・高圧になると，分子間力や分子自身の体積の影響が無視できなくなり，理想気体からのずれが大きくなる。つまり，**実在気体は，高温・低圧ほど理想気体に近づく。**常温・常圧付近では，気体はすべて理想気体として計算してよい。

理想気体	実在気体
気体の状態方程式に完全に従うと仮想した気体。	実際に存在する気体。気体の状態方程式に完全には従わない。
分子に体積(大きさ)がない。 分子間力がはたらかない。	分子に体積(大きさ)がある。 分子間力がはたらく。

▲理想気体と実在気体

CHAP. 4

2 混合気体の圧力と蒸気圧

TYPE
043
044
045
046
047

混合気体の全圧と分圧

混合気体の全圧は，成分気体の分圧の和に等しい。
（分圧）＝（全圧）×（モル分率）を利用する。

着眼 温度 T，体積 V の容器に，物質量 n_A〔mol〕の気体 A と，物質量 n_B〔mol〕の気体 B を別々に入れたときの分圧をそれぞれ p_A，p_B とし，一緒に入れたときの全圧を P とすると，状態方程式より次の関係が成り立つ。

$$p_A V = n_A RT \quad \cdots\cdots① \qquad p_B V = n_B RT \quad \cdots\cdots②$$

$$PV = (n_A + n_B) RT \quad \cdots\cdots③$$

①＋②より，$(p_A + p_B) V = (n_A + n_B) RT$ と③を比較すると，

$$P = p_A + p_B$$

混合気体の全圧は成分気体の分圧の和に等しい（**ドルトンの分圧の法則**）。

①：②より，$p_A : p_B = n_A : n_B$ **分圧の比＝物質量の比**が成り立つ。

①÷③より，$\dfrac{p_A}{P} = \dfrac{n_A}{n_A + n_B}$ つまり，$p_A = P \times \dfrac{n_A}{n_A + n_B}$

分圧は，全圧に各成分気体の物質量の割合（**モル分率**）を掛けたものに等しい。

！注意 モル分率とは，$\dfrac{\text{目的成分の物質量}}{\text{混合物の全物質量}}$ すなわち，物質量の割合を表す。

例　題 混合気体の全圧と分圧

温度・体積が一定の容器にメタン CH_4 2.4 g，酸素 O_2 9.6 g を入れると，混合気体の全圧は 1.5×10^5 Pa を示した。混合気体中のメタンと酸素の分圧をそれぞれ求めよ。原子量；H＝1.0，C＝12，O＝16

解き方 CH_4 のモル質量は 16 g/mol，O_2 のモル質量は 32 g/mol なので，各物質の物質量を求めると，

$$CH_4 : \frac{2.4\,g}{16\,g/mol} = 0.15\ mol \qquad O_2 : \frac{9.6\,g}{32\,g/mol} = 0.30\ mol$$

（分圧）＝（全圧）×（モル分率）より，メタンの分圧を p_{CH_4}，酸素の分圧を p_{O_2} とおくと，

$$p_{CH_4} = 1.5 \times 10^5\ Pa \times \frac{0.15}{0.15 + 0.30} = 5.0 \times 10^4\ Pa$$

$$p_{O_2} = 1.5 \times 10^5\ Pa \times \frac{0.30}{0.15 + 0.30} = 1.0 \times 10^5\ Pa$$

答 p_{CH_4}；5.0×10^4 Pa，p_{O_2}；1.0×10^5 Pa

例題 混合気体の平均分子量

右図のようなコックで連結された容器 A(4.0 L) と容器 B(6.0 L)がある。容器 A には 27℃, 1.0×10^5 Pa の酸素を, 容器 B には 47℃, 8.0×10^4 Pa の窒素をつめた。次の問いに答えよ。

原子量；N = 14, O = 16

(1) コックを開き, 容器全体を 87℃ に保った。容器内の混合気体の全圧は何 Pa になるか。

(2) この混合気体の平均分子量を求めよ。

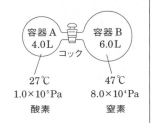

容器 A
4.0 L　　容器 B
　　　　　6.0 L
コック
27℃　　　　47℃
1.0×10^5 Pa　8.0×10^4 Pa
酸素　　　　窒素

解き方 各気体の物質量が不明なので, 状態方程式は使えない。混合前と混合後において, ボイル・シャルルの法則を適用すればよい(←TYPE 039)。

(1) コックを開くと, O_2 は容器全体に広がる (拡散)から, その体積は,

$$4.0 + 6.0 = 10.0 \text{ L}$$

混合後の O_2 の分圧を p_{O_2}〔Pa〕とおくと, ボイル・シャルルの法則を適用して,

$$\frac{1.0 \times 10^5 \times 4.0}{300} = \frac{p_{O_2} \times 10.0}{360}$$

$$\therefore \quad p_{O_2} = 4.8 \times 10^4 \text{ Pa}$$

混合後の N_2 の分圧を p_{N_2}〔Pa〕とおくと,

$$\frac{8.0 \times 10^4 \times 6.0}{320} = \frac{p_{N_2} \times 10.0}{360}$$

$$\therefore \quad p_{N_2} = 5.4 \times 10^4 \text{ Pa}$$

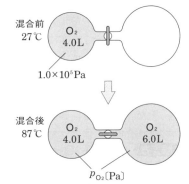

混合前
27℃
O_2
4.0 L
1.0×10^5 Pa

混合後
87℃
O_2
4.0 L　　O_2
6.0 L
p_{O_2}〔Pa〕

(混合気体の全圧) = (各成分気体の分圧の和)の関係より,

全圧 $P = 4.8 \times 10^4 + 5.4 \times 10^4 = 1.02 \times 10^5 \fallingdotseq 1.0 \times 10^5 \text{ Pa}$

(2) 混合気体がただ 1 種類の気体だけからなるとみなして求められた見かけの分子量を平均分子量という。平均分子量は, **混合気体 1 mol の質量から単位〔g〕を除いた数値**で求められる。

混合気体において, 体積一定では(分圧の比) = (物質量の比)が成り立つ(→ p.105)。

物質量の比は, $O_2 : N_2 = 4.8 \times 10^4 : 5.4 \times 10^4 = 8 : 9$

分子量は, $O_2 = 32$, $N_2 = 28$ より, モル質量は 32 g/mol, 28 g/mol。

混合気体 1 mol の質量；$32 \text{ g/mol} \times \dfrac{8}{8+9} + 28 \text{ g/mol} \times \dfrac{9}{8+9} = 29.8 \fallingdotseq 30 \text{ g/mol}$

これより, 単位を除くと, 平均分子量は 30 である。

答 (1) 1.0×10^5 Pa　(2) 30

反応前後で，温度や体積が一定ならば，分圧の比＝物質量の比より，分圧によって気体反応の量的計算ができる。

着眼 気体反応において，反応前後で温度や体積が変化しない場合，分圧の比＝物質量の比の関係が成り立つので，物質量を求めなくても，分圧のままで気体反応の量的関係が調べられる。

例題 混合気体の燃焼後の圧力

右図の装置に一酸化炭素と酸素を別々に封入し，温度を27℃に保った。

(1) コックを開いて両気体が均一になったとき，各気体の分圧を求めよ。

(2) コックを開いたまま，一酸化炭素を完全に燃焼させた後，温度をもとへ戻した。このとき，容器内の圧力は何 Pa を示すか。

CO 2.0×10^5 Pa 1.0 L コック O_2 1.0×10^5 Pa 3.0 L

解き方 (1) CO，O_2 の分圧をそれぞれ p_{CO}〔Pa〕，p_{O_2}〔Pa〕とすると，

$2.0 \times 10^5 \times 1.0 = p_{CO} \times 4.0$ ∴ $p_{CO} = 5.0 \times 10^4$ Pa

$1.0 \times 10^5 \times 3.0 = p_{O_2} \times 4.0$ ∴ $p_{O_2} = 7.5 \times 10^4$ Pa

(2) 温度，体積が一定なので，**分圧の比＝物質量の比**の関係が成り立つ。よって，反応の前後でそれぞれの分圧が次のように変化することがわかる。

	$2\,CO$	$+$	O_2	$\longrightarrow$	$2\,CO_2$	
燃焼前	5.0×10^4		7.5×10^4		0	〔Pa〕
変化量	-5.0×10^4		-2.5×10^4		$+5.0 \times 10^4$	〔Pa〕
燃焼後	0		5.0×10^4		5.0×10^4	〔Pa〕

よって，燃焼後の容器内の圧力は，$5.0 \times 10^4 + 5.0 \times 10^4 = 1.0 \times 10^5$ Pa

答 (1) CO；5.0×10^4 Pa，O_2；7.5×10^4 Pa (2) 1.0×10^5 Pa

類題18 右図のような装置に，水素と酸素を別々に封入し，温度を27℃に保った。 (解答➡別冊 p.7)

(1) コックを開いて両気体が均一になったとき，容器内の全圧は何 Pa になるか。

(2) この混合気体に電気火花で点火後，容器の温度を27℃に保つと，容器内の全圧は何 Pa になるか。ただし，生じた水の体積や蒸気圧は無視できるものとする。

A (1.0L)   B (4.0L)

H_2 3.0×10^5 Pa コック O_2 1.0×10^5 Pa

TYPE 045 密閉容器中の蒸気圧のふるまい

難易度 **B**

容器中に液体と気体が共存するとき，その蒸気の圧力は，飽和蒸気圧の値と等しくなる。

着眼 密閉容器に入れた液体がすべて気体であると仮定して求めた圧力 P が，その温度における飽和蒸気圧 p_v より大きければ，蒸気は過飽和となり，その**過剰分はやがて凝縮する**。つまり，**圧力は飽和蒸気圧で気液平衡となり，それ以上大きくならない**。しかし，$P<p_v$ の場合，蒸気は未飽和であり，**すべて気体として存在する**。

$P>p_v$ のとき……液体と蒸気が共存　　真の圧力は p_v
$P≦p_v$ のとき……すべて気体のみ　　真の圧力は P

比較した P と p_v のうち，常に小さいほうが真の圧力となる。

TYPE
043
044
045
046
047

例題 密閉容器中の水蒸気圧

　内容積 5.0 L の容器を真空にした後，水 0.10 mol を入れてすばやく密閉し，容器全体をゆっくり加熱した。水の飽和蒸気圧は，60℃で $2.0×10^4$ Pa，90℃で $7.1×10^4$ Pa，100℃で $1.0×10^5$ Pa として，次の問いに答えよ。気体定数；$R=8.3×10^3$ Pa·L/(K·mol)

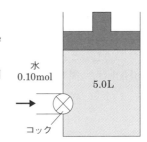

水
0.10mol

5.0L

コック

(1)　60℃における容器内の圧力は何 Pa か。
(2)　90℃における容器内の圧力は何 Pa か。
(3)　100℃のまま，ゆっくり圧縮して容器の体積を 2.0 L にすれば，容器内の圧力は何 Pa になるか。

解き方 まず，容器内に液体の水が存在するか否かを調べる。

(1)　60℃で，0.10 mol の水がすべて蒸発したとすると，
　　　$P×5.0＝0.10×8.3×10^3×333$
　　∴　$P＝5.52×10^4≒5.5×10^4$ Pa

　この P の値は，60℃のときの飽和蒸気圧 $2.0×10^4$ Pa を超えているので，[着眼]から，**液体の水が存在している**ことがわかる。よって，真の圧力は60℃の飽和蒸気圧の $2.0×10^4$ Pa と等しい。

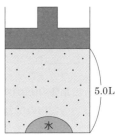

5.0L

水

(2) 90℃で，0.10 mol の水がすべて蒸発したとすると，

$P' \times 5.0 = 0.10 \times 8.3 \times 10^3 \times 363$

∴ $P' = 6.02 \times 10^4 ≒ 6.0 \times 10^4$ Pa

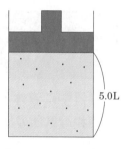

5.0L

この P' の値は，90℃のときの飽和蒸気圧 7.1×10^4 Pa を超えてはいないので，[着眼]から，**液体の水が存在していない**ことがわかる。よって，真の圧力は上記の計算で求めた 6.0×10^4 Pa と等しい。

(3) 容器の体積を 2.0 L にしたとき，容器内がすべて水蒸気であると仮定し，その圧力を x [Pa] とすると，

$x \times 2.0 = 0.10 \times 8.3 \times 10^3 \times 373$

∴ $x = 1.54 \times 10^5 ≒ 1.5 \times 10^5$ Pa

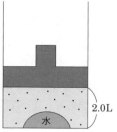

2.0L

この x の値は，100℃の飽和蒸気圧 1.0×10^5 Pa を超えているので，[着眼]から，**液体の水が存在している**ことがわかる。

よって，真の圧力は，100℃の飽和蒸気圧の 1.0×10^5 Pa と等しい。

答 (1) 2.0×10^4 Pa　(2) 6.0×10^4 Pa　(3) 1.0×10^5 Pa

類題19 下図のようなピストン付きの容器に，60℃で 2.00 g の揮発性の液体が入っている(図 A)。温度が 60℃のもとピストンをゆっくり引き上げると，液体の一部が蒸発して気体を生じた(図 B)。さらにピストンをゆっくり引き上げると，容器の体積が 2.60 L のとき，液体はすべて気体となった(図 C)。ここから，さらにピストンを引き上げた(図 D)。気体定数：$R = 8.3 \times 10^3$ Pa·L/(K·mol)　（解答➡別冊 p.7）

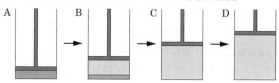

(1) A から D に変化させたとき，容器内の圧力 P と体積 V の関係はどのようになるか。下から記号で選べ。

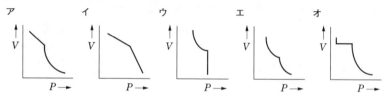

(2) C の気体の圧力は 4.6×10^4 Pa であった。この液体の分子量はいくらか。

(3) D の容器内の圧力は 4.0×10^4 Pa であった。このとき，容器の体積は何 L か。

TYPE 046 水上捕集した気体の圧力

難易度 **A**

$$\begin{pmatrix}捕集した気体\\の分圧\end{pmatrix} = (大気圧) - \begin{pmatrix}その温度におけ\\る飽和水蒸気圧\end{pmatrix}$$

着眼 ある気体を水上置換で捕集したとき，集めた気体中には，必ず飽和した水蒸気が含まれることに注意すること。すなわち，右図のように，捕集した気体の分圧 p と飽和水蒸気圧 p_{H_2O} の和が大気圧 P とつり合う。したがって，捕集した気体だけの圧力 p は，大気圧 P から，その温度における飽和水蒸気圧 p_{H_2O} を引いた値になる。

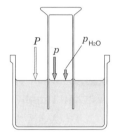

$$\therefore \quad p = P - p_{H_2O}$$

!注意 メスシリンダーの内部と外部の液面を一致させてから気体の体積を測定すること。そうしないと，液面差の分の水圧が気体の圧力に影響するので，外部の液面での圧力のつり合いは，(大気圧) = (捕集気体の分圧) + (飽和水蒸気圧) + (水圧) となってしまう。

TYPE
043
044
045
046
047

> **例題** 水上捕集した水素の物質量

27℃，大気圧 1.0×10^5 Pa のもとで，発生した水素を水上置換で捕集したら，体積は 830 mL であった。得られた水素の物質量は何 mol か。ただし，27℃での飽和水蒸気圧は 4.0×10^3 Pa とする。気体定数；$R = 8.3 \times 10^3$ Pa·L/(K·mol)

解き方 捕集した気体は水中を通ってきたので，水素と飽和した水蒸気の混合気体になっている。水素のみの分圧は，大気圧から飽和水蒸気圧を差し引くと求められる。

$$1.0 \times 10^5 - 4.0 \times 10^3 = 9.6 \times 10^4 \text{ Pa}$$

水素の分圧が 9.6×10^4 Pa，温度が 27℃で，体積が 830 mL だから，これらの値を気体の状態方程式に代入する。このとき気体定数に単位を合わせること (→ **TYPE 040**)。

$$9.6 \times 10^4 \text{ Pa} \times \frac{830}{1000} \text{ L} = n \text{ [mol]} \times 8.3 \times 10^3 \text{ Pa·L/(K·mol)} \times 300 \text{ K}$$

$$\therefore \quad n = 0.032 \text{ mol}$$

答 0.032 mol

類題20 37℃，9.9×10^4 Pa で，酸素を水上置換で捕集したら，1.8 L の気体が得られた。得られた酸素の質量は何 g か。ただし，37℃での飽和水蒸気圧は 6.0×10^3 Pa とする。分子量；$O_2 = 32$，気体定数；$R = 8.3 \times 10^3$ Pa·L/(K·mol)

(解答➡別冊 p.8)

TYPE 047 ファンデルワールスの状態方程式

難易度 C

理想気体 1 mol の状態方程式 $PV = RT$ ……(1)

ファンデルワールスの状態方程式 $\left(P' + \dfrac{a}{V'^2}\right)(V' - b) = RT$ ……(2)

（P'；実測圧力，V'；実測体積，a, b はファンデルワールス定数）

Q 着眼 ファンデルワールスは，実在気体では(i)**分子自身が一定の体積をもち**，(ii)**分子間力がはたらく**ことを考慮した状態方程式を考案した。実在気体 1 mol の実測体積 V' は，(i)の原因のため，理想気体 1 mol の体積 V よりも大きくなる。よって，(1)式の V を $(V' - b)$（b；分子の体積の効果を表す定数）で補正する。また，実在気体 1 mol の実測圧力 P' は，(ii)の原因のため，理想気体の圧力 P よりも小さくなる。その減少分は器壁近くとその内部の気体分子の密度の両方に比例するが，密度と体積は反比例するので，結局，体積の 2 乗に反比例する。よって，(1)式の P を $\left(P' + \dfrac{a}{V'^2}\right)$（$a$；分子間力の効果を表す定数）で補正する。

以上より，(2)式の**ファンデルワールスの状態方程式**が得られる。

例題 ファンデルワールスの状態方程式

ファンデルワールスの状態方程式 $\left(P' + \dfrac{a}{V'^2}\right)(V' - b) = RT$ を用いて，二酸化炭素 1.0 mol を 27℃ で 1.0 L の容器に詰めたときの圧力を求めよ。ただし，ファンデルワールス定数：$a = 3.6 \times 10^5$ Pa·L^2/mol^2, $b = 4.0 \times 10^{-2}$ L/mol, 気体定数：$R = 8.3 \times 10^3$ Pa·L/(K·mol)とする。

解き方 ファンデルワールスの状態方程式に各値を代入すればよい。

$$\left(P' + \frac{3.6 \times 10^5}{1.0^2}\right)(1.0 - 4.0 \times 10^{-2}) = 8.3 \times 10^3 \times 300$$

$$(P' + 3.6 \times 10^5) \times 0.96 = 2.49 \times 10^6$$

$$0.96P' = 2.144 \times 10^6 \qquad \therefore \quad P' \fallingdotseq 2.2 \times 10^6 \text{ Pa}$$

答 2.2×10^6 Pa

＋補足 理想気体の状態方程式 $PV = RT$ を使うと，約 12% 大きな値が得られる。

$$P = \frac{RT}{V} = \frac{8.3 \times 10^3 \times 300}{1.0} = 2.49 \times 10^6 \fallingdotseq 2.5 \times 10^6 \text{ Pa}$$

27 ある一定体積の容器に，17℃で 24 g の酸素を詰めると，6.0×10^4 Pa の圧力を示した。また別に，ある気体 A の 48 g を同じ容器につめると，27℃で $9.0×10^4$ Pa を示した。次の問いに答えよ。原子量；O = 16，気体定数；$R = 8.3×10^3$ Pa·L/(K·mol)

(1) この容器の体積は何 L か。

(2) 気体 A の分子量を求めよ。

➔040, 041

28 アセトンの分子量の測定を，下記の①〜⑦の手順で行った。気体の状態方程式を用いて，アセトンの分子量を有効数字 2 桁まで求めよ。ただし，気体定数は $R = 8.3×10^3$ Pa·L/(K·mol)，アセトンの蒸気は理想気体としてふるまうものとする。

① 右図のアルミニウムはく，フラスコ，輪ゴムの質量を測ると，あわせて 237.6 g であった。

輪ゴム アルミニウムはく

沸騰水

フラスコ

② フラスコに約 5 mL のアセトンを入れる。

③ フラスコの口をアルミニウムはくと輪ゴムでふさぎ，針でアルミニウムはくに小さな穴をあけ，沸騰水中にできるだけ深く浸す。

TYPE
043
044
045
046
047

④ アセトンが全部気化したのを確かめ，しばらくして温度を測ると 97℃であった。

⑤ フラスコを取り出して冷却した後，外側の水をふきとって質量を測ると 240.1 g であった。

⑥ 次にフラスコに水を満たし，その体積を測ると 1.30 L であった。

⑦ その日の気温，気圧は，25℃，$1.0×10^5$ Pa であった。

➔042

29 $2.0×10^5$ Pa の酸素 1.5 L，$1.5×10^5$ Pa の窒素 3.0 L，$5.0×10^4$ Pa の二酸化炭素 2.0 L があり，これらの気体を内容積 5.0 L の密閉容器内に封入した。次の問いに答えよ。原子量；C = 12，N = 14，O = 16

(1) 混合気体中の各気体の分圧は，それぞれ何 Pa か。

(2) 混合気体の全圧は何 Pa か。

(3) 混合気体の平均分子量はいくらか。

➔043

ヒント **29** (3) 平均分子量は，混合気体 1 mol あたりの質量(モル質量)を求めてみるとよい。

30 過酸化水素水 10.0 g に酸化マンガン(IV)を加えて，完全に分解した。発生する酸素を水上置換によって捕集したら，27℃，757 mmHg で右図に示すようになった。ただし，捕集管の断面積は 41.0 cm² であり，27℃での飽和水蒸気圧は 27 mmHg，水銀の密度は 13.6 g/cm³，1.0×10^5 Pa = 760 mmHg である。水に溶ける酸素の質量は無視できるものとし，答えは有効数字 2 桁で答えよ。原子量；H = 1.0，O = 16，気体定数；$R = 8.3 \times 10^3$ Pa·L/(K·mol)

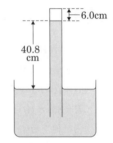

(1) 捕集した酸素の分圧は何 mmHg か。

(2) 発生した酸素の物質量はいくらか。

(3) 過酸化水素水の質量パーセント濃度は何%であったか。

→ 046

31 2.0 L の容器にベンゼン 0.010 mol と窒素 0.040 mol を入れて密閉し，50℃から徐々に冷やしながら圧力を測ると，右図のようになった。凝縮したベンゼンの体積は無視でき，10℃でのベンゼンの飽和蒸気圧は 6.0×10^3 Pa とする。気体定数；$R = 8.3 \times 10^3$ Pa·L/(K·mol)

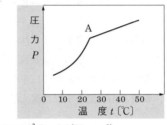

(1) 40℃における気体の圧力は何 Pa か。

(2) 10℃における気体の圧力は何 Pa か。

→ 043, 045

32 容積 10.0 L の密閉容器に，水素 1.00 g と酸素 24.0 g の混合気体を入れ，電気火花を飛ばして反応させた。水素は残っていないことを確認し，温度を 27℃に保つと，容器内に水滴を生じた。水の飽和蒸気圧は，27℃で 4.00×10^3 Pa，127℃で 2.50×10^5 Pa である。

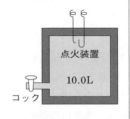

原子量；H = 1.00，O = 16.0，気体定数；$R = 8.31 \times 10^3$ Pa·L/(K·mol)

(1) 反応後，容器の温度を 27℃にしたときの容器内の全圧はいくらか。

(2) 27℃では，反応で生じた水分子の何%が水蒸気として存在するか。

(3) 容器を 127℃に加熱したときの容器内の水蒸気の分圧を求めよ。

→ 044, 045

SECTION 3 固体の溶解度

1 固体の溶解度

　ある一定温度の溶媒 100 g に溶ける溶質の最大質量〔g〕の数値を，固体の溶解度という。一定量の溶媒に溶けている溶質の量の違いから，溶液を次のように分類する。

> 飽 和 溶 液…溶質が，溶解度まで溶けている。
> 不飽和溶液…溶質が，溶解度まで溶けていない。
> 過飽和溶液…溶質が，溶解度以上に溶けている。

　過飽和溶液は不安定で，やがて結晶を析出して飽和溶液になる。

2 溶解度曲線

　右下のような，溶解度と温度の関係を表したグラフを溶解度曲線という。一般に，固体の溶解度は，溶媒の温度が高くなるほど増大する。

3 再結晶

　溶液を冷却すると，溶質の溶解度が減少し，溶けていた溶質が再び結晶となって析出する。この現象を再結晶という。また，溶液から溶媒を蒸発させても，その溶媒に溶けていた溶質を再結晶させることができる。

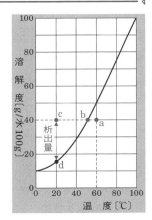

▲溶解度曲線

> ❗注意　60℃で水 100 g にある物質 40 g を溶かした水溶液（a 点）を考える。a 点は，溶解度曲線の下側にあるから不飽和溶液である。次に，この溶液の温度を下げていくと，a 点を通る横軸に平行な直線を左に進むことになるから，b 点で飽和溶液になる。さらに冷却すると，結晶ができはじめる。c 点に達したとき，c − d（24 g）に相当する結晶が析出する。

4 水和水（結晶水）を含む固体の溶解度

　水和水をもつ物質の溶解度は，溶媒 100 g に溶ける無水物の最大質量〔g〕の数値で表される。水和水を含む結晶を水に溶かすと，水和水の質量分だけ溶媒の質量が増加する（→ TYPE 050）。また，冷却により析出した結晶に水和水が含まれる場合は，その水和水の質量分だけ溶媒の質量が減少する（→ TYPE 051）。

CHAP.
4

3 固体の溶解度

TYPE
048
049
050
051

溶質と溶媒，または溶質と溶液の比をとれ。

🔍 **着眼** 　**固体の溶解度は溶媒 100 g に溶ける溶質の最大質量〔g〕の数値** で表し，一定温度では，溶媒の量が増えれば溶解量も大きくなる。いま，ある温度における固体の溶解度を S とすると，次の関係式が成り立つ。

$$\frac{溶質の質量〔g〕}{溶媒の質量〔g〕}=\frac{S}{100} \qquad \frac{溶質の質量〔g〕}{溶液の質量〔g〕}=\frac{S}{100+S}$$

この **TYPE** に属する問題では，まず与えられた**溶液の質量を，溶質の質量と溶媒の質量に分ける**ことが大切である。

┌─ **例 題** 　硝酸カリウムの溶解度と溶解量 ─┐

硝酸カリウム KNO_3 の水への溶解度は 20℃ で 32 である。次の問いに答えよ。
⑴ 20℃ の水 250 g に，硝酸カリウムは何 g 溶けるか。
⑵ 20℃ の 20%硝酸カリウム水溶液 100 g には，さらに何 g の硝酸カリウムが溶けるか。

解き方 ⑴ 　KNO_3 は，20℃ の水 100 g に 32 g まで溶けるから，同じ温度の水 250 g に溶ける KNO_3 の質量を x〔g〕とし，次の**比例式**を立てて解く。

$$\frac{溶質}{溶媒}=\frac{x〔g〕}{250\,g}=\frac{32}{100} \qquad \therefore \quad x=80\,g$$

➕ **補足** 溶質と溶液の比をとっても解けるが，溶液が $(250+x)$〔g〕となり，比例式がややこしくなる。

⑵ 　まず，KNO_3 水溶液中の**溶質と溶媒の質量を求める**ことが先決である。

20% KNO_3 水溶液 100 g は，溶質 20 g と溶媒（水）80 g からなるので，さらに溶ける KNO_3 の質量を y〔g〕とすると，次の比例式が成り立つ。

$$\frac{溶質}{溶媒}=\frac{(20+y)〔g〕}{80\,g}=\frac{32}{100} \qquad \therefore \quad y=5.6\,g$$ 　**答** ⑴ 80 g 　⑵ 5.6 g

類題21 塩化カリウムの水への溶解度を 20℃ で 30，80℃ で 55 とするとき，次の問いに答えよ。 　　　　　　　　　　　　　　　　　　　　　　（解答➡別冊 p.8）
⑴ 20℃ の飽和水溶液 260 g 中に溶けている塩化カリウムは何 g か。
⑵ ⑴の飽和水溶液の温度を 80℃ まで上げたとき，さらに，あと何 g の塩化カリウムが溶けるか。

TYPE 049　再結晶による溶質の析出量

結晶析出後に残る溶液は，必ず飽和溶液である。(S は溶解度)

$$\frac{溶質〔g〕}{溶媒〔g〕} = \frac{S}{100} \qquad \frac{溶質〔g〕}{溶液〔g〕} = \frac{S}{100+S}$$

🔍 **着眼**　一般に，固体の溶解度は，溶媒の温度が低いほど小さい。そこで，高温の飽和溶液を冷却していくと，その分だけ溶解度が小さくなり，溶けきれなくなった溶質が結晶として析出する。このとき，**結晶析出後に残る溶液は，必ずその温度における飽和溶液になる**ことに着目し，TYPE の式を立てて解く。なお，飽和溶液を濃縮する場合は，**蒸発させた水に溶けていた溶質が結晶として析出する**ことに着目する。

───┤ **例題** ├ **再結晶における溶媒・溶質の質量と析出量** ├───

塩化カリウムの水への溶解度は，0℃で 28，80℃で 55 である。
(1) 80℃での塩化カリウムの飽和水溶液 100 g 中に，塩化カリウムは何 g 含まれているか。
(2) (1)の飽和水溶液を 0℃まで冷却すると，何 g の結晶が析出するか。

解き方 (1)　溶液の質量を溶媒の質量と溶質の質量に分けて考える。

KCl の飽和溶液中に含まれる KCl(溶質)の質量を x〔g〕とおく。

$$\frac{溶質}{溶液} = \frac{x}{100} = \frac{55}{100+55} \qquad \therefore \quad x = 35.4 \doteqdot 35 \text{ g}$$

(2)　0℃まで冷却したとき，析出する KCl の質量を y〔g〕とおく。

結晶析出後に残る溶液は，0℃の飽和水溶液であるから，溶媒と溶質の比で表すと，次のようになる。

$$\frac{溶質}{溶媒} = \frac{35.4-y}{100-35.4} = \frac{28}{100} \qquad \therefore \quad y = 17.3 \doteqdot 17 \text{ g}$$

〔別解〕　残った溶液の飽和溶液の条件(0℃)を，溶液と溶質の比で表してもよい。

$$\frac{溶質}{溶液} = \frac{35.4-y}{100-y} = \frac{28}{100+28} \qquad \therefore \quad y \doteqdot 17 \text{ g}$$

答 (1) 35 g　(2) 17 g

類題22　60℃の塩化カリウムの飽和水溶液 200 g をとり，0℃まで冷却したら，24.6 g の結晶が析出した。60℃での塩化カリウムの水への溶解度が 46 であるとして，0℃における塩化カリウムの水への溶解度を求めよ。

(解答➡別冊 p.8)

TYPE 050 水和水をもった結晶の溶解量

 難易度 **B**

まず式量を用いて水和物と無水物の質量を求め，水和水の質量を溶媒(水)の質量に加えて計算せよ。

🔍着眼 水和水をもつ結晶が水に溶けると，**水和水は溶媒の水に加わる**ので，溶媒の質量は増える。また，水和物の溶解度は，100 g の水に溶ける**無水物の最大質量〔g〕の数値で表される**ので，次の関係式が成り立つ。

$$\frac{溶質}{溶媒} = \frac{無水物の質量〔g〕}{(溶媒の質量＋水和水の質量)〔g〕} = \frac{溶解度}{100}$$

➕補足 結晶中の水和水や無水物の質量を求めるときは，式量や分子量の割合をうまく利用する。たとえば，硫酸銅(Ⅱ)五水和物 $CuSO_4 \cdot 5H_2O$ x〔g〕中の水和水と無水物の質量は，式量 $CuSO_4 = 160$，$5H_2O = 90$ を使って次のように計算できる。

水和水；$x \times \dfrac{5H_2O}{CuSO_4 \cdot 5H_2O} = x \times \dfrac{90}{250}$〔g〕

無水物；$x \times \dfrac{CuSO_4}{CuSO_4 \cdot 5H_2O} = x \times \dfrac{160}{250}$〔g〕

例題 水和物の溶解に必要な水の量

$20℃$ で硫酸銅(Ⅱ)五水和物 $CuSO_4 \cdot 5H_2O$ 50 g を水に溶かして飽和水溶液をつくりたい。必要な水は何 g か。ただし，硫酸銅(Ⅱ)$CuSO_4$ の水に対する溶解度は，$20℃$ で 20 とする。式量；$CuSO_4 \cdot 5H_2O = 250$，$CuSO_4 = 160$

解き方 まず，$CuSO_4 \cdot 5H_2O$ 50 g 中の無水物と水和水の質量を求める。

式量の比は，$CuSO_4 \cdot 5H_2O : CuSO_4 = 250 : 160$ だから，

$$CuSO_4 = 50 \text{ g} \times \frac{160}{250} = 32 \text{ g}$$

水和水 $= 50 - 32 = 18$ g

この結晶を溶かすのに必要な水の質量を x〔g〕とする。水和物を水に溶かすと，水和水は溶媒の水に加わるので，次式が成り立つ。

$$\frac{溶質}{溶媒} = \frac{32 \text{ g}}{(18+x)〔g〕} = \frac{20}{100}$$

$\therefore$ $x = 142$ g

答 142 g

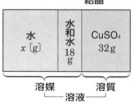

CHAP.
4

3 固体の溶解度

TYPE
048
049
050
051

TYPE 051　水和水をもった結晶の析出量　難易度 B

溶媒の質量から水和水の質量を，溶質の質量から結晶中の無水物の質量を引いて，溶解度に比例させよ。

着眼 飽和水溶液を冷却したとき，析出する結晶に水和水が含まれる場合がある。この水和水は溶媒の水から得たもので，**溶媒の質量は結晶中の水和水の質量分だけ減少する。** 結晶析出後に残る溶液が，その温度における飽和水溶液であるから，溶解度を利用して次の関係式が成り立つ。

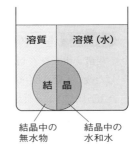

結晶中の　　　　結晶中の
無水物　　　　　水和水

$$\frac{溶質}{溶媒}=\frac{(最初の溶質-結晶中の無水物)〔g〕}{(最初の溶媒-水和水)〔g〕}=\frac{溶解度}{100} \quad\cdots\cdots\cdots①$$

$$\frac{溶質}{溶液}=\frac{(最初の溶質-結晶中の無水物)〔g〕}{(最初の溶液-結晶)〔g〕}=\frac{溶解度}{100+溶解度} \quad\cdots②$$

例題　$CuSO_4 \cdot 5H_2O$ の析出量

25％の硫酸銅(Ⅱ)水溶液 100 g を 20℃ まで冷却するとき，硫酸銅(Ⅱ)五水和物 $CuSO_4 \cdot 5H_2O$ は何 g 析出するか。硫酸銅(Ⅱ)$CuSO_4$ の水への溶解度は 20℃ で 20 とし，式量は $CuSO_4 \cdot 5H_2O = 250$，$CuSO_4 = 160$ とする。

解き方　25％の硫酸銅(Ⅱ)水溶液 100 g では，$CuSO_4$ 25 g が水 75 g に溶けている。

析出する $CuSO_4 \cdot 5H_2O$ の結晶の質量を x〔g〕とすると，その中の水和水と無水物の質量は，式量が $CuSO_4 = 160$，$CuSO_4 \cdot 5H_2O = 250$ より，

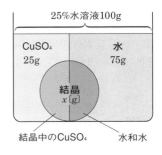

25%水溶液100g

$CuSO_4$
25g

水
75g

結晶
x〔g〕

結晶中の$CuSO_4$　　　水和水

$$水和水 = x \times \frac{5H_2O}{CuSO_4 \cdot 5H_2O}〔g〕= x \times \frac{90}{250}〔g〕$$

$$無水物 = x \times \frac{CuSO_4}{CuSO_4 \cdot 5H_2O}〔g〕= x \times \frac{160}{250}〔g〕$$

溶媒からは水和水の質量 $\left(x \times \dfrac{90}{250}\right)$〔g〕が，溶質からは無水物の質量 $\left(x \times \dfrac{160}{250}\right)$〔g〕がそれぞれ減少したから，**残った溶液が 20℃ の飽和水溶液なので**，[着眼]の①式より，

$$\frac{溶質}{溶媒}=\frac{\left\{25-\left(x\times\dfrac{160}{250}\right)\right\}\text{〔g〕}}{\left\{75-\left(x\times\dfrac{90}{250}\right)\right\}\text{〔g〕}}=\frac{20}{100} \qquad \therefore \quad x=17.6\fallingdotseq18\text{ g} \qquad \boxed{答}\ 18\text{ g}$$

〔別解〕 溶液と溶質の関係でみると，溶液からは結晶の質量 x〔g〕が，溶質からは無水物の質量 $\left(x\times\dfrac{160}{250}\right)$〔g〕がそれぞれ減少したから，〔着眼〕の②式より，

$$\frac{溶質}{溶液}=\frac{\left\{25-\left(x\times\dfrac{160}{250}\right)\right\}\text{〔g〕}}{(100-x)\text{〔g〕}}=\frac{20}{100+20} \qquad \therefore \quad x=17.6\fallingdotseq18\text{ g}$$

◀ **例 題** Na_2CO_3 無水物の溶解度 ▶

炭酸ナトリウム Na_2CO_3（式量 $=106$）80.0 g を $60℃$ の水 400 g に完全に溶かした後，$15℃$ に冷却すると，炭酸ナトリウム十水和物 $Na_2CO_3\cdot10H_2O$（式量 $=286$）が 28.6 g 析出した。このことから，$15℃$ での炭酸ナトリウムの水への溶解度を求めよ。

解き方 析出した炭酸ナトリウム十水和物 28.6 g 中に含まれる無水物と水和水の質量は，式量が $Na_2CO_3=106$，$Na_2CO_3\cdot10H_2O=286$ より，

$$無水物=28.6\times\frac{Na_2CO_3}{Na_2CO_3\cdot10H_2O}=28.6\times\frac{106}{286}=10.6\text{ g}$$

$$水和水=28.6\times\frac{10H_2O}{Na_2CO_3\cdot10H_2O}=28.6\times\frac{180}{286}=18.0\text{ g}$$

これより，求める Na_2CO_3 の水への溶解度を x とすると，〔着眼〕の①式より，

$$\frac{溶質}{溶媒}=\frac{80.0-10.6}{400-18.0}=\frac{x}{100}$$

これを解いて $x=18.1\fallingdotseq18$ $\boxed{答}\ 18$

類題23 硫酸銅（Ⅱ）$CuSO_4$（式量 $=160$）の水への溶解度は $60℃$ で 40 である。いま，$60℃$ で 25% の硫酸銅（Ⅱ）水溶液 100 g がある。同じ温度でさらに何 g の硫酸銅（Ⅱ）五水和物 $CuSO_4\cdot5H_2O$（式量 $=250$）を溶かすと，飽和水溶液となるか。

（解答➡別冊 p.8）

類題24 $60℃$ の硫酸銅（Ⅱ）$CuSO_4$ の飽和水溶液 210 g から，同じ温度で水 50 g を蒸発させたとすると，何 g の硫酸銅（Ⅱ）五水和物 $CuSO_4\cdot5H_2O$ が析出するか。ただし，$60℃$ における硫酸銅（Ⅱ）$CuSO_4$ の水への溶解度は 40 とする。

式量；$CuSO_4=160$，$CuSO_4\cdot5H_2O=250$

（解答➡別冊 p.9）

SECTION 4 気体の溶解度

1 気体の溶解度

　気体の溶解度は，一般に，圧力が 1.01×10^5 Pa のとき，水 1 L に溶ける気体の物質量〔mol〕，または気体の体積〔L〕を **0℃，1.01×10^5 Pa に換算して示**されることが多い。気体の溶解度は，圧力一定のとき，溶媒の温度が高くなるほど小さくなる。

2 ヘンリーの法則

　溶解度のあまり大きくない気体の圧力と溶解度の間には，「一定温度で，一定量の溶媒に溶けうる**気体の物質量や質量はその気体の圧力に比例する**」という関係がある。この関係を**ヘンリーの法則**という。

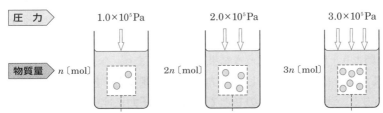

| 圧力 | 1.0×10^5 Pa | 2.0×10^5 Pa | 3.0×10^5 Pa |

| 物質量 | n〔mol〕 | $2n$〔mol〕 | $3n$〔mol〕 |

体積
$\begin{cases} 1.0 \times 10^5 \text{Pa のとき } V \text{〔L〕} \\ 1.0 \times 10^5 \text{Pa のとき } V \text{〔L〕} \end{cases}$
$\begin{cases} 2.0 \times 10^5 \text{Pa のとき } V \text{〔L〕（一定）} \\ 1.0 \times 10^5 \text{Pa のとき } 2V \text{〔L〕（比例）} \end{cases}$
$\begin{cases} 3.0 \times 10^5 \text{Pa のとき } V \text{〔L〕（一定）} \\ 1.0 \times 10^5 \text{Pa のとき } 3V \text{〔L〕（比例）} \end{cases}$

▲圧力と気体の溶解度

　➕補足 P〔Pa〕で，ある気体が 0℃ の水 1 L に n〔mol〕溶け，その体積が V〔L〕とすると，$2P$〔Pa〕では $2n$〔mol〕溶け（ヘンリーの法則），その体積が P〔Pa〕では $2V$〔L〕であるが，$2P$〔Pa〕のもとでは $2V \times \dfrac{1}{2} = V$〔L〕となる（ボイルの法則）。つまり，「一定温度で，一定量の溶媒に溶ける気体の体積は，① **溶解した圧力のもとで測れば，圧力に関係なく一定**であり，② **決まった圧力のもとで測れば，圧力に比例している**」といえる。

3 混合気体の溶解度

　混合気体の溶解度は，**各成分気体の分圧に比例する**。

　例 N_2 と O_2 を 3：2（体積比）で混合した気体の全圧が
1×10^5 Pa のとき，
$\begin{cases} N_2 \text{ の分圧} = 6 \times 10^4 \text{ Pa} \Rightarrow \text{この圧力で } N_2 \text{ は溶ける。} \\ O_2 \text{ の分圧} = 4 \times 10^4 \text{ Pa} \Rightarrow \text{この圧力で } O_2 \text{ は溶ける。} \end{cases}$

　➕補足 酸素の溶解度を考えるときには，酸素の分圧だけを考えればよく，他の気体は，酸素の溶解度には影響を与えない。

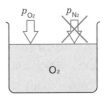

▲分圧と溶解度

TYPE 052　気体の溶解度（ヘンリーの法則）

難易度 A

温度一定のとき，一定量の溶媒に溶ける気体の物質量，または質量は加えた気体の圧力に比例する。

着眼 気体の溶解度を物質量や質量ではなく，体積で表現するときは，その**測定条件に十分注意する**必要がある。

圧力一定（$1×10^5$Pa）のもとで測れば，		加える圧力	溶解した圧力のもとで測れば，	
加える圧力に比例する	V	$1×10^5$Pa	V	
	$2V$	$2×10^5$Pa	V	常に一定
	$3V$	$3×10^5$Pa	V	

溶ける気体の体積

すなわち，溶解した気体の体積を圧力一定（$1×10^5$ Pa）のもとで測ったとすると，上図の左側のような結果となる。一方，溶解した気体の体積を，溶解した圧力のもとで測ると，ボイルの法則より上図の右側のような結果となる。つまり，**ヘンリーの法則**は，「溶解する気体の体積は，**溶解した圧力のもとで測ると，圧力に関係なく一定**であるが，**決まった圧力のもとで測ると，圧力に比例**している。」と言いかえることができる。

!注意 ヘンリーの法則は，体積ではなく，なるべく物質量〔mol〕や質量で考えていくほうがまちがいが少なく，確実である。

例題　ヘンリーの法則から求める気体の溶解度

0℃，$1.0×10^5$ Pa で水 1 L に酸素が 49 mL 溶ける。0℃の水，1 L に $5.0×10^5$ Pa の酸素を接触させておいたとき，溶け込む酸素の質量〔g〕と，その圧力下で測った酸素の体積〔mL〕を求めよ。原子量；$O = 16$

解き方 0℃，$1.0×10^5$ Pa のもとで，水 1 L に酸素が 49 mL 溶けるから，その質量は，モル質量が $O_2 = 32$ g/mol より，

$$\frac{49 \text{ mL}}{22400 \text{ mL/mol}} × 32 \text{ g/mol} = 0.070 \text{ g}$$

溶解する気体の質量は圧力に比例するから，溶解する気体の質量は，

$$0.070 × 5 = 0.35 \text{ g}$$

また，溶解する気体の体積は，溶解した圧力のもとで測れば，圧力に関係なく一定だから，49 mL である。

答 0.35 g，49 mL

TYPE 053 混合気体の溶解度 難易度 B

混合気体の溶解度は，各成分気体の分圧に比例するから，まず，成分気体の分圧を計算せよ。

着眼 一定量の溶媒に溶ける混合気体の溶解度を考えるときも，それぞれの成分気体について，単独にヘンリーの法則を適用すればよい。つまり，**各成分気体の溶解度は，その気体の分圧のみに比例し**，他の気体の分圧には影響されない。

例題 溶解した窒素と酸素の体積比

20℃，1.0×10^5 Pa のもとで，1 L の水に溶ける窒素と酸素の体積は，0℃，1.0×10^5 Pa に換算して，それぞれ 16 mL，32 mL である。20℃，1.0×10^5 Pa の空気で飽和された水に溶解した窒素と酸素の 1.0×10^5 Pa における体積の比はいくらか。ただし，空気の組成は，体積の比で $N_2 : O_2 = 4 : 1$ とする。

解き方 ヘンリーの法則は「溶解した各成分気体の体積は，**各気体の分圧下で測れば常に一定である。**」と言いかえられる。つまり，20℃の水 1 L に対して，

$$p_{N_2} = 1.0 \times 10^5 \times \frac{4}{5} = 8.0 \times 10^4 \text{ Pa}$$

$$p_{O_2} = 1.0 \times 10^5 \times \frac{1}{5} = 2.0 \times 10^4 \text{ Pa}$$

の分圧のもとで，N_2 が 16 mL，O_2 が 32 mL 溶けていることになる。
体積の比を比べるためには，同じ圧力下での体積でなければならない。
ボイルの法則により，1.0×10^5 Pa 下の N_2，O_2 の体積を x〔mL〕，y〔mL〕とすると，

$N_2 : 8.0 \times 10^4 \times 16 = 1.0 \times 10^5 \times x$ $\qquad x = 12.8$ mL
$O_2 : 2.0 \times 10^4 \times 32 = 1.0 \times 10^5 \times y$ $\qquad y = 6.4$ mL

よって，水に溶解した N_2 と O_2 の 1.0×10^5 Pa における体積の比は $12.8 : 6.4 = 2 : 1$

答 2：1

類題25 窒素と酸素の体積の比が 2：3 である混合気体が，20℃，1.0×10^5 Pa で水と接している。20℃，1.0×10^5 Pa で水 1 L に溶解する窒素と酸素の体積は，それぞれ 16 mL，32 mL（標準状態に換算した値）である。この水に溶けている窒素と酸素の質量をそれぞれ求めよ。原子量：N = 14，O = 16

（解答➡別冊 p.9）

物質収支の条件式から，溶解平衡時の圧力を求めよ。

$$\begin{pmatrix} 封入した \\ 気体の物質量 \end{pmatrix} = \begin{pmatrix} 気相に残った \\ 気体の物質量 \end{pmatrix} + \begin{pmatrix} 液相に溶けた \\ 気体の物質量 \end{pmatrix}$$

着眼 大気中の CO_2 が水に溶解する場合は，CO_2 は無限にあるから，CO_2 が溶解しても CO_2 の分圧は変化しない。これに対して，水の入った密閉容器に一定量の CO_2 を封入し，その溶解を考える場合には，CO_2 が溶解することによって，CO_2 の圧力は減少していき，やがて溶解平衡に達する。CO_2 の溶解度は最終

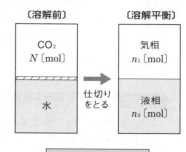

的に溶解平衡になったときの CO_2 の圧力に比例して決定される。

　しかし，この溶解平衡になったときの CO_2 の圧力は，直接求めることがむずかしいので，上記の**物質収支の条件式を使う**ことによって，**溶解平衡時の CO_2 の圧力を物質量の式から間接的に求める**という方法がとられる。また，実際に溶解した CO_2 の物質量や質量を求めることもできる。

＋補足 水に気体を長く接触させておくと，(水に溶け込む気体分子の数) = (水から飛び出す気体分子の数)となり，見かけ上，気体の溶解が止まったように見える状態となる。このとき，水溶液はその気体の飽和溶液となっており，この状態を**溶解平衡**という。

例題 　密閉容器での CO_2 の溶解度

　二酸化炭素は，0℃，1.0×10^5 Pa において，水 1.0 L に 0.075 mol 溶ける。3.5 L の容器に 1.0 L の水を入れて内部を真空にした。これに 0.50 mol の二酸化炭素を封入し，0℃で溶解平衡の状態になるまで放置した。

　このときの容器内の圧力は何 Pa か。また，水に溶けた二酸化炭素の質量は何 g か。ただし，0℃の水の蒸気圧は無視でき，この圧力の範囲では，二酸化炭素はヘンリーの法則に従うものとする。原子量；C = 12，O = 16，気体定数；$R = 8.3 \times 10^3$ Pa・L/(K・mol)

！注意 特に問題に与えていない限り，水の蒸気圧は無視して考えてよい。

解き方 仮に CO_2 が水にまったく溶けず，気相にのみ存在するとしたときの圧力を x〔Pa〕とすると，気体の状態方程式より，

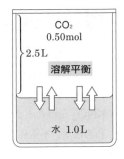

$$x〔Pa〕× 2.5\,L$$
$$= 0.50\,mol × 8.3 × 10^3\,Pa\cdot L/(K\cdot mol) × 273\,K$$
$$∴ \quad x = 4.531 × 10^5 ≒ 4.53 × 10^5\,Pa$$

しかし，実際には CO_2 の一部が水に溶けているので，溶解平衡になったときの CO_2 の圧力を P〔Pa〕，気相中の CO_2 の物質量を n〔mol〕とすると，

$$P〔Pa〕× 2.5\,L = n〔mol〕× 8.3 × 10^3\,Pa\cdot L/(K\cdot mol) × 273K$$
$$∴ \quad n = 1.103 × 10^{-6}P ≒ 1.10 × 10^{-6}P〔mol〕 \quad ＼cdots①$$

一方，0℃，$1.0 × 10^5\,Pa$ のとき，水 1.0 L に CO_2 は 0.075 mol が溶けるので，0℃で水 1.0 L に対して，CO_2 の圧力が P〔Pa〕とすると，液相に溶解した CO_2 の物質量は，ヘンリーの法則より，

$$0.075 × \frac{P}{1.0 × 10^5} = 7.50 × 10^{-7}P〔mol〕 \quad ＼cdots②$$

最初に封入した 0.50 mol の二酸化炭素は，溶解平衡の状態において，**必ず，気相か液相のどちらかに存在する**はずなので，CO_2 の物質量に関する物質収支の条件式を立てると，①＋②＝0.50 より，

$$1.10 × 10^{-6}P + 7.50 × 10^{-7}P = 0.50 \qquad 1.85 × 10^{-6}P = 0.50$$
$$∴ \quad P = 2.70 × 10^5 ≒ 2.7 × 10^5\,Pa$$

よって，容器内の圧力は，$2.7 × 10^5\,Pa$

このとき，水に溶解した CO_2 の質量は，CO_2 のモル質量が 44 g/mol なので，②式より，

$$(7.50 × 10^{-7} × 2.7 × 10^5)\,mol × 44\,g/mol = 8.91 ≒ 8.9\,g$$

答 $2.7 × 10^5\,Pa$，8.9 g

類題26 右図のような体積可変の容器に，水 1 L と二酸化炭素 0.25 mol を入れて，0℃，$1.0 × 10^5\,Pa$ に保って十分に長い時間放置したところ，気体の体積は 3.42 L になった。次に，温度を変えずにゆっくりとピストンを押して気体の体積を 1.20 L にして長い時間放置したとすると，気体の圧力は何 Pa になるか。

ただし，0℃の水の蒸気圧は無視でき，この圧力の範囲では，二酸化炭素は，ヘンリーの法則に従うものとする。

気体定数；$R = 8.3 × 10^3\,Pa\cdot L/(K\cdot mol)$

（解答➡別冊 p.9）

CHAP. 4

4 気体の溶解度

TYPE
052
053
054

33 右図は, 硝酸カリウム KNO_3 の溶解度曲線である。

(1) 80℃の水 200 g に 200 g の KNO_3 を溶かした溶液は, 飽和溶液か, 不飽和溶液か。

(2) (1)の水溶液を冷却すると, 何℃で結晶が析出しはじめるか。

(3) (1)の水溶液を 30℃に冷却すると, 何 g の結晶が析出するか。

(4) 80℃の水 200 g に, KNO_3 200 g が溶けた水溶液から, 水何 g を蒸発させると飽和溶液になるか。

TYPE

→ 048, 049

34 右図は, アンモニア, 硝酸カリウム, 塩化ナトリウムの水への溶解度曲線である。

(1) それぞれの曲線(①, ②, ③)に該当するものをそれぞれ記せ。

(2) 最も再結晶しやすい物質名を答えよ。

(3) 60℃において, ②で示されている物質が 55 g 溶けた飽和水溶液を 10℃まで冷やすと, 物質が何 g 析出するか。ただし, 物質②の 60℃, 10℃の水への溶解度を 110, 25 とする。

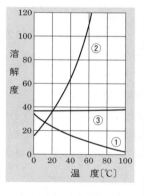

35 硫酸銅(Ⅱ)の溶解度は, 30℃で 25, 60℃で 40 である。
式量；$CuSO_4 = 160$, $CuSO_4 \cdot 5H_2O = 250$

(1) 100 g の硫酸銅(Ⅱ)五水和物を溶かすのに, 60℃の水は何 g 必要か。

(2) (1)の飽和水溶液を 30℃に冷やすと, 何 g の硫酸銅(Ⅱ)五水和物の結晶が析出するか。

→ 050, 051

36 1.0×10^5 Pa の二酸化炭素は, 水 1 L に対し, 0℃で 3.3 g, 37℃で 1.1 g 溶ける。いま, 0℃の二酸化炭素の飽和水溶液 1 L を 37℃に温めたとき, 発生する二酸化炭素の体積は, 37℃, 1.0×10^5 Pa で何 L か。
分子量；$CO_2 = 44$, 気体定数；$R = 8.3 \times 10^3$ Pa·L/(K·mol)

→ 052

37 右図は，硫酸ナトリウムの溶解度曲線で，32℃より高温の水溶液からは無水物 Na_2SO_4 の結晶が析出し，それ以下の温度からは十水和物 $Na_2SO_4 \cdot 10H_2O$ の結晶が析出する。

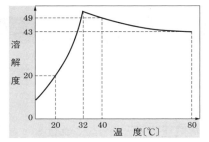

式量；$Na_2SO_4 = 142$，$Na_2SO_4 \cdot 10H_2O = 322$

(1) 40℃の水 100 g に $Na_2SO_4 \cdot 10H_2O$ 100 g を溶かした水溶液 A を 20℃まで冷却するとき，析出する結晶は何 g か。

(2) 水溶液 A 100 g を 80℃に保ったまま，40 g の水を蒸発させた。このとき析出する結晶は何 g か。

→ 051

38 0℃，1.0×10^5 Pa の酸素は 1 L の水に 48 mL 溶け，0℃，1.0×10^5 Pa の窒素は 1 L の水に 24 mL 溶ける。いま，0℃，1.5×10^6 Pa の空気を接している水 1 L に飽和させた。ただし，空気は酸素：窒素 = 1：4（体積比）の混合気体とする。分子量；$N_2 = 28$，$O_2 = 32$

(1) 水に溶解した酸素と窒素の質量の比を求めよ。

(2) 水に溶解した酸素と窒素の 1.0×10^5 Pa での体積の比を求めよ。

→ 052, 053

39 1.0×10^5 Pa の二酸化炭素 CO_2 は，水 1 L に対し，10℃で 1.20 L，17℃で 0.952 L（いずれも標準状態に換算した値）溶ける。いま，右図のように，ピストン付きの容器中に 1 L の純水と，0℃，1.0×10^5 Pa の CO_2 3.0 L を入れた。ただし，水の体積変化および水の蒸気圧は無視できるものとする。気体定数：$R = 8.3 \times 10^3$ Pa・L/(K・mol)

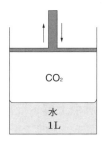

(1) 温度を 10℃に保ったとき，気体の CO_2 を全部水に溶かすには，最低何 Pa の圧力を加える必要があるか。

(2) 温度を 17℃に保ち，圧力を 2.0×10^5 Pa にしたとき，気体の CO_2 の占める体積は何 L か。また，この状態でピストンを固定し，全体の温度を 10℃まで下げたら，気体の CO_2 の圧力は何 Pa になるか。

→ 054

1 蒸気圧降下と沸点上昇

　不揮発性物質を溶かした溶液の蒸気圧は，もとの純溶媒の蒸気圧より低くなる。この現象を蒸気圧降下という。これは，溶液の表面から蒸発する溶媒分子の数が，溶質粒子の数に比例した分だけ減少するからである。不揮発性の溶質を溶かした溶液では，右図のように純溶媒に比べて Δp だけ蒸気圧が低くなるから，純溶媒の沸点 A よりさらに Δt だけ高い温度 B に

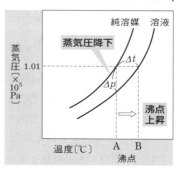

▲蒸気圧降下と沸点上昇

しないと沸騰が起こらない。この現象を沸点上昇という。

2 凝固点降下

　固体と液体が共存する温度を凝固点という。溶液は純溶媒に比べて，溶媒分子の割合が小さいので凝固しにくくなる。この現象を凝固点降下という。

3 沸点上昇度・凝固点降下度

　純溶媒と溶液の沸点の差を沸点上昇度，純溶媒と溶液の凝固点の差を凝固点降下度という。

　非電解質の希薄溶液では，溶質の種類に関係なく，沸点上昇度および凝固点降下度は，溶液の質量モル濃度（→ p.46）に比例する。

$$\Delta t = km \quad \left(\begin{array}{l} \Delta t ; 沸点上昇度または凝固点降下度〔K〕 \\ k ; 比例定数〔K \cdot kg/mol〕, \quad m ; 質量モル濃度〔mol/kg〕 \end{array} \right)$$

4 モル沸点上昇・モル凝固点降下

　溶液の質量モル濃度を 1 mol/kg とすると，上式は，$\Delta t = k$ となる。このときの比例定数 k を，それぞれモル沸点上昇，モル凝固点降下といい，溶媒の種類によって固有の値となる。

▼モル沸点上昇・モル凝固点降下

溶　媒	沸　点〔℃〕	モル沸点上昇 K_b	凝固点〔℃〕	モル凝固点降下 K_f
水	100	0.52	0	1.85
ベンゼン	80.1	2.53	5.5	5.12

5 沸点上昇・凝固点降下による分子量測定

溶媒 W〔g〕に，溶質 w〔g〕（分子量 M）が溶けている溶液の質量モル濃度 m は，溶質の物質量 $\dfrac{w}{M}$〔mol〕を溶媒の質量 $\dfrac{W}{1000}$〔kg〕で割れば求められる。よって，沸点上昇度および凝固点降下度 Δt は，次式で表される。

$$\Delta t = k \times \frac{\dfrac{w}{M}}{\dfrac{W}{1000}} = k \times \frac{1000w}{MW} \quad \therefore \quad M = \frac{1000kw}{\Delta t W}$$

上式で，k は溶媒の種類により決まった定数だから，Δt，w，W の値がわかれば，溶質の分子量 M を求めることができる。

6 浸透圧

水のような小さな分子は通すが，デンプンのような大きな分子を通さない膜を半透膜という。右図のように，溶液と溶媒を半透膜で仕切っておくと，**溶媒分子が溶液中へ移動する**。この現象を溶媒の浸透といい，このときに示す圧力を溶液の浸透圧という。溶媒の浸透の結果，液面差 h が生じたとすると，この液面差に相当する圧力 p が，このときの溶液の浸透圧 Π と等しい。

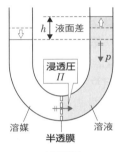

▲浸透圧

TYPE

055
056
057
058
059
060
061
062

7 ファントホッフの法則

非電解質の溶液の浸透圧 Π〔Pa〕は，モル濃度 c〔mol/L〕および絶対温度 T〔K〕に比例する。

$$\Pi = cRT \quad 〔R；気体定数 8.3 \times 10^3 \ \text{Pa·L/(K·mol)} と同じ値〕$$

いま，体積 V〔L〕の水溶液中に，溶質が n〔mol〕溶けているとすると，モル濃度は $c = \dfrac{n}{V}$〔mol/L〕で表されるから，次の関係式が成り立つ。

$$\Pi = \frac{n}{V}RT \qquad \Pi V = nRT$$

この関係式を**ファントホッフの法則**という。

例 18 g のグルコースを溶かした水溶液 500 mL の 27℃における浸透圧 Π は，

$$\Pi〔\text{Pa}〕\times \frac{500}{1000} \ \text{L} = \frac{18}{180} \ \text{mol} \times 8.3 \times 10^3 \ \text{Pa·L/(K·mol)} \times 300 \ \text{K}$$

$$\therefore \quad \Pi = 4.98 \times 10^5 ≒ 5.0 \times 10^5 \ \text{Pa}$$

!注意 公式に代入するときは，単位に注意しよう。$V \to \text{L}$，$T \to \text{K}$，$\Pi \to \text{Pa}$ である。

8 ▶ 電解質と電離度の関係

　水に溶けて電離する物質を電解質といい，**電解質**が水に溶けて電離する度合いを，**電離度**という。電離度 α は，$0<\alpha\leq1$ の範囲の値をもつ。電離度は以下の式で表される。

$$\text{電離度}\ \alpha=\frac{\text{電離した溶質の物質量〔mol〕}}{\text{溶解した溶質の物質量〔mol〕}}$$

！注意 HNO_3, HCl, KOH, $NaOH$, $NaCl$, Na_2SO_4 などの強酸・強塩基・塩などは強電解質で，希薄水溶液中ではほとんど完全に電離している。したがって，電離度が与えられていない場合でも，$\alpha=1$(完全に電離)とみなして計算してよい。

酸の分子 — H+ — 酸の陰イオン

$$\text{電離度}\ \alpha=\frac{1}{5}=0.2$$

▲電離度

9 ▶ 電離度と水溶液中の溶質粒子の濃度

　電解質水溶液では，同じ濃度の非電解質水溶液に比べて，沸点上昇度・凝固点降下度・浸透圧が大きくなる。これは，電解質が水溶液中で電離して，溶質粒子の数が増し，全溶質粒子の濃度が大きくなるからである。

　例 c〔mol/L〕の $CaCl_2$ 水溶液中の $CaCl_2$ の電離度を α とすると，1 L 中での物質量は，

　　(電離した溶質の物質量) = (溶解した溶質の物質量)×(電離度)　より，

	$CaCl_2$	$\longrightarrow$	Ca^{2+}	+	$2Cl^-$	
電離前；	c		0		0	〔mol〕
変化量；	$-c\alpha$		$+c\alpha$		$+2c\alpha$	〔mol〕
電離後；	$c(1-\alpha)$		$c\alpha$		$2c\alpha$	〔mol〕〔計〕$c(1+2\alpha)$〔mol〕

　したがって，電離後の溶質粒子の総物質量は，$c(1+2\alpha)$〔mol〕となるので，全溶質粒子の濃度は，c〔mol/L〕から $c(1+2\alpha)$〔mol/L〕に増大する。

10 ▶ 電解質水溶液の沸点上昇・凝固点降下・浸透圧

　これまでの説明からわかるように，沸点上昇度・凝固点降下度・浸透圧は，基準にとる量が，溶媒 1 kg，溶液 1 L と異なるが，いずれも，一定量の溶媒や溶液中に溶けている溶質の物質量に比例する。

　しかし，これは非電解質水溶液の場合であって，電解質水溶液の場合は，上で見たように，電離により溶質粒子の総物質量が増し，全溶質粒子の濃度が増大するので，次のように考えなければならない。

　電解質水溶液の沸点上昇度・凝固点降下度・浸透圧は，一定量の溶媒や溶液中に溶けている溶質粒子(分子やイオン)の総物質量に比例する。

TYPE 055 沸点上昇と凝固点降下 〔難易度 **A**〕

溶液の質量モル濃度を求め，$\Delta t = km$ に代入せよ。

着眼 まず，溶液中の溶質の物質量を求め，その値を**溶媒 1 kg あたり**に**換算することで，質量モル濃度を求める**。たとえば，溶媒 W〔g〕に溶質 w〔g〕(分子量 M)が溶けていると，溶質の物質量は $\dfrac{w}{M}$〔mol〕だから，これを溶媒 1 kg あたりに換算すると，質量モル濃度 m が求められる。

$$m = \frac{w}{M}\,\text{〔mol〕} \div \frac{W}{1000}\,\text{〔kg〕} = \frac{1000w}{MW}\,\text{〔mol/kg〕}$$

!注意 温度の単位には，セルシウス温度〔℃〕や絶対温度〔K〕の両方が用いられるが，温度差の単位には，必ず〔K〕を用いること。

例 題 水溶液の沸点と凝固点

次の問いに答えよ。ただし，水のモル沸点上昇は 0.52 K·kg/mol，水のモル凝固点降下は 1.85 K·kg/mol とする。
(1) 質量パーセント濃度20%のグルコース(分子量は180)水溶液の沸点は何℃か。
(2) 水 250 g にグルコース(分子量は180) 5.40 g とスクロース(分子量は342) 6.84 g を溶かした水溶液の凝固点は何℃か。

解き方 (1) 20 % グルコース水溶液とは，水 80 g にグルコースが 20 g 溶けている水溶液のことだから，その質量モル濃度 m は，

$$m = \frac{20\,\text{g}}{180\,\text{g/mol}} \div \frac{80}{1000}\,\text{kg} = 1.388 \fallingdotseq 1.39\,\text{mol/kg}$$

沸点上昇度を Δt〔K〕とすると，$\Delta t = km$ より，

$$\Delta t = 0.52\,\text{K·kg/mol} \times 1.39\,\text{mol/kg} = 0.722 \fallingdotseq 0.72\,\text{K}$$

水の沸点は 100℃ だから，この水溶液の沸点は，$100 + 0.72 = 100.72$℃

(2) 各溶質の物質量の和をもとにして，混合水溶液の質量モル濃度を求める。

$$m = \left(\frac{5.40}{180} + \frac{6.84}{342} \right)\text{mol} \div \frac{250}{1000}\,\text{kg} = 0.20\,\text{mol/kg}$$

凝固点降下度を $\Delta t'$〔K〕とすると，

$$\Delta t' = 1.85\,\text{K·kg/mol} \times 0.20\,\text{mol/kg} = 0.37\,\text{K}$$

水の凝固点は 0℃ だから，混合水溶液の凝固点は，$0 - 0.37 = -0.37$℃

答 (1) 100.72℃　(2) −0.37℃

TYPE
055
056
057
058
059
060
061
062

沸点上昇・凝固点降下と溶質の分子量

難易度 **B**

溶液の質量モル濃度を求め，$\Delta t = km$ の式に代入せよ。

$$\Delta t = km = k\frac{1000w}{MW}$$

着眼 上式で，k はモル沸点上昇またはモル凝固点降下〔K·kg/mol〕，m は質量モル濃度〔mol/kg〕であり，w〔g〕の溶質（分子量 M）を W〔g〕の溶媒に溶かした溶液の質量モル濃度が $\dfrac{1000w}{MW}$〔mol/kg〕である。

このように，沸点上昇度や凝固点降下度から溶質の分子量を求める場合も，**溶媒 1 kg（＝1000 g）あたりに溶けている溶質の物質量，つまり，溶液の質量モル濃度を求めることが基本**となる。

例題 凝固点降下度から求める分子量

ある固体物質 0.50 g をショウノウ 20 g と混合した試料がある。これをガラス毛細管につめ，右図のような装置で融点を測ったら，170.7℃ を示した。この物質の分子量を求めよ。ただし，ショウノウの融点は 178.5℃，モル凝固点降下は 40 K·kg/mol とする。

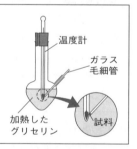

温度計
ガラス
毛細管
加熱した
グリセリン
試料

解き方 溶液の凝固点は純溶媒の凝固点よりも低くなる（**凝固点降下**）。これと同様に，混合物の固体の融点は純物質の固体の融点よりも低くなる（**融点降下**）。

この物質の分子量を M とおき，この混合物の質量モル濃度 m を求めると，

$$m = \frac{0.50\ \text{g}}{M\,\text{〔g/mol〕}} \div \frac{20}{1000}\ \text{kg} = \frac{0.50}{M} \times \frac{1000}{20} = \frac{25}{M}\ \text{〔mol/kg〕}$$

凝固点（融点）降下度を Δt〔K〕とおくと，$\Delta t = km$ の式に代入して，

$$(178.5 - 170.7)\text{K} = 40\ \text{K·kg/mol} \times \frac{25}{M}\ \text{〔mol/kg〕} \quad \therefore \quad M \fallingdotseq 128 \quad \boxed{\text{答}}\ 128$$

＋補足 楠（クスノキ）の木片から抽出される白色結晶で，防虫剤，香料などに使用される。

類題27 エタノール 250 g にショウノウ 19.0 g を溶かした溶液の沸点は 79.0℃ であった。このことからショウノウの分子量を求めよ。ただし，エタノールの沸点は 78.4℃，モル沸点上昇は 1.20 K·kg/mol とする。

（解答➡別冊 p.9）

CHAP.
4

5
希
薄
溶
液
の
性
質

TYPE
055
056
057
058
059
060
061
062

TYPE 057 冷却曲線による凝固点の測定

難易度 B

溶液の凝固点は，冷却曲線を書き，過冷却を補正してから求める。

着眼 液体の凝固点は右のような装置を利用して測定する。また，右下の図のように，液体などの温度が下がるようすを，時間の経過とともにグラフに表したものを**冷却曲線**という。

純溶媒を冷却していくと，凝固点に達しても凝固は起こらず，さらに液温が下がって凝固がはじまる（C点）。このように，凝固点以下であるのに液体のままで存在している状態（B → C）を**過冷却**という。C点からは急激に凝固が起こるため，多量の熱が発生して液温が上昇する（C → D）。やがて，凝固による発熱量と寒剤による吸熱量がつりあって，液温が一定に保たれる（D → E）。そして，E点を過ぎると，液体がなくなり固体だけとなり，再び温度が下がる。

一方，溶液を冷却する場合は，**過冷を脱した後，液温がしだいに下がりながら凝固が進んでいく**（D′ → E′ は

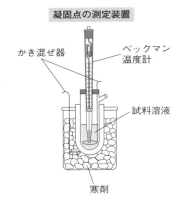

凝固点の測定装置

かき混ぜ器
ベックマン温度計
試料溶液
寒剤

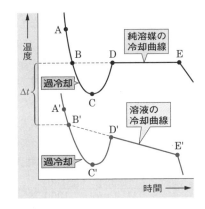

右下がりのグラフになる）。これは，溶液を凝固させても，**先に凝固するのは溶媒だけ**であり，残りの溶液はしだいに濃くなり，凝固点降下により，さらに液温が下がるためである（ただし，溶液が飽和濃度になると，溶質と溶媒が一緒に出る）。したがって，溶液を冷却しても過冷却がなかったとして，溶液中から固体が最初に析出したとみなせる温度は，直線 D′E′ を左に延長して求めた交点の B′ であり，これが**溶液の凝固点**である。

➕補足 凝固点の測定装置では試料溶液の入った試験管を，太い試験管の中に入れてある。これは，太い試験管の中の空気の断熱作用により，寒剤(水と食塩の混合物)による急激な冷却を防ぎつつ，過冷却の程度をできるだけ抑えるためである。

➕補足 過冷却はどうして起こるのか　液体が固体になるためには，分子が一定方向に規則的に配列する必要がある。冷却速度が速すぎたりすると，分子が乱雑な配列状態のまま温度だけが下がっていくので，液体の凝固点に達したとしても，固体になれずに液体のままで存在する状態(過冷却)が続くと考えられる。

例 題 　**水溶液の冷却曲線と溶質の分子量**

右図の曲線 A は純水の冷却曲線，曲線 B は水 100 g に非電解質 X 2.08 g を溶かした水溶液の冷却曲線である。これらをもとに，次の問いに答えよ。

(1) 曲線 B で，正しい凝固点を示す点は a 〜 e のうちどれか。

(2) 物質 X の分子量を求めよ。水のモル凝固点降下は 1.85 K·kg/mol とする。

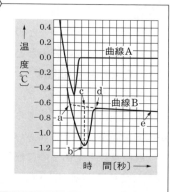

解き方 (1)　液体の温度変化を正確に測定するには，ふつうの温度計(0.1 K 目盛り)ではなく，0.01 K 目盛りをもつベックマン温度計(右図)を用いる。過冷却がなかったとしたときの理想的な水溶液の凝固点は，**問題図の右下がりの直線部分 de を左に延長して，もとの冷却曲線とぶつかった交点 a** である。

(2)　水溶液の凝固点は，グラフより−0.62℃だから，凝固点降下度 $\Delta t = 0.62$ K である。

水溶液の質量モル濃度 m は，物質 X の分子量を M とすると，

$$m = \frac{2.08\,\mathrm{g}}{M\,[\mathrm{g/mol}]} \div \frac{100}{1000}\,\mathrm{kg} = \frac{20.8}{M}\,[\mathrm{mol/kg}]$$

これを，**$\Delta t = km$** の式に代入すると，

$$0.62\,\mathrm{K} = 1.85\,\mathrm{K·kg/mol} \times \frac{20.8}{M}\,[\mathrm{mol/kg}]$$

$$\therefore\quad M = 62.0 \fallingdotseq 62$$

答 (1) a　(2) 62

➕補足 ベックマン温度計は，測定しようとする温度よりも 3 〜 4 K 高い温度の水に浸し，水銀柱が水銀だめに達したら，逆向きにして温度計を軽く振って，余分な水銀を水銀だめに分離してから使用する。

TYPE 058 電解質水溶液の沸点上昇・凝固点降下

難易度 **B**

電離式をもとに，電離後の溶質粒子(分子やイオン)の総物質量を計算する。

Q 着眼 電解質水溶液では，**溶質がイオンに電離する**ため，同じ濃度の非電解質水溶液に比べて溶質粒子の数が多くなる。つまり，電解質水溶液の沸点上昇度・凝固点降下度は，**電離したイオンと未電離の分子を合わせた，溶質粒子の総物質量に比例する。**

したがって，沸点上昇度・凝固点降下度を求めるとき，まず，溶質が非電解質か電解質かを区別し，電解質であれば電離式を書き，溶質粒子の総物質量を求める必要がある。

!注意 電解質水溶液の浸透圧も，同様に溶質粒子(分子やイオン)の総物質量に比例する。あとは公式 $\Pi V = nRT$ に代入すればよい。

TYPE

055
056
057
058
059
060
061
062

> **例題** 塩化カリウム水溶液の沸点上昇

塩化カリウム 0.20 mol を水 500 g に溶かした水溶液の沸点は何℃か。ただし，水のモル沸点上昇を 0.52 K·kg/mol とし，この水溶液中で塩化カリウムは完全に電離するものとする。

解き方 塩化カリウムは電解質だから，まず電離式を書き，**電離後の溶質粒子の総物質量が電離前の何倍になるか**を求める。電離前，電離後の溶質の物質量〔mol〕は，

$$KCl \longrightarrow K^+ + Cl^-$$

電離前；　0.20　　　　0　　　　0　　〔mol〕

電離後；　0　　　　0.20　　　0.20　〔mol〕

したがって，電離後の溶質粒子の総物質量は電離前の 2 倍となり，全溶質粒子の質量モル濃度も 2 倍となる。よって，$\Delta t = km$ より，

$$\Delta t = 0.52 \text{ K·kg/mol} \times \left(0.20 \times \frac{1000}{500}\right) \text{ mol/kg} \times 2 = 0.416 \text{ K}$$

求める水溶液の沸点は，$100 + 0.416 \fallingdotseq 100.42$℃

答 **100.42℃**

類題28 塩化ナトリウム 5.85 g を水 200 g に溶かした水溶液の沸点は何℃か。ただし，水のモル沸点上昇を 0.52 K·kg/mol，塩化ナトリウムの式量を 58.5 とし，この水溶液中で塩化ナトリウムは完全に電離するものとする。　　　(解答➡別冊 p.10)

水 100 g に塩化カルシウム 4.44 g を溶かした水溶液の凝固点は − 1.93℃ であった。水のモル凝固点降下を 1.85 K·kg/mol，塩化カルシウムの式量を 111 として，この水溶液中での塩化カルシウムの電離度を求めよ。

解き方 塩化カルシウムは電解質だから，まず，電離式を書き，**電離後の溶質粒子の総物質量が，電離前の何倍になるかを求める。**

溶けた塩化カルシウムの物質量を n〔mol〕，電離度を α とすると，

$$CaCl_2 \rightleftharpoons Ca^{2+} + 2Cl^-$$

電離前	n	0	0 〔mol〕
変化量	$-n\alpha$	$+n\alpha$	$+2n\alpha$ 〔mol〕
電離後	$n(1-\alpha)$	$n\alpha$	$2n\alpha$ 〔mol〕

電離後の溶質粒子の総物質量……$n(1+2\alpha)$〔mol〕

したがって，溶質粒子の総物質量はもとの $(1+2\alpha)$ 倍となり，質量モル濃度は，

$$\frac{\frac{4.44}{111}}{0.100} \times (1+2\alpha) = 0.40(1+2\alpha) \text{〔mol/kg〕}$$

水溶液の凝固点降下度は，**溶質粒子の総物質量に比例するから，** $\Delta t = km$ より，

$$1.93 \text{ K} = 1.85 \text{ K·kg/mol} \times |0.40 \times (1+2\alpha)| \text{〔mol/kg〕}$$
$$1+2\alpha = 2.608 \quad \therefore \quad \alpha = 0.804 \fallingdotseq 0.80$$

答 0.80

＋補足 本問のように，電解質水溶液の濃度が濃くなると，陽イオンと陰イオンの間にクーロン力がはたらき，個々のイオンが独立してふるまうことが困難になる。したがって，電離度が 1 より小さな値が得られることになる。

塩化カルシウムが水溶液中で完全に電離（$\alpha = 1$）したとすると，

$$CaCl_2 \longrightarrow Ca^{2+} + 2Cl^- \text{（粒子数は 3 倍）}$$

このときの水溶液の凝固点降下度 Δt〔K〕を求めると，

$$\Delta t = 1.85 \times \frac{4.44}{111} \times \frac{1000}{100} \times 3 = 2.22 \text{ K}$$

となり，問題文で与えられた実際の凝固点降下度 1.93 K よりも大きくなる。

類題29 50 g の水と 0.87 g の硫酸カリウムからなる水溶液の凝固点は − 0.50℃ であった。この水溶液中の硫酸カリウムの電離度を求めよ。また，この水溶液と同じ凝固点を示すグルコース水溶液をつくるには，水 500 g に何 g のグルコースを溶かせばよいか。水のモル凝固点降下は 1.85 K·kg/mol とし，硫酸カリウムの式量を 174，グルコースの分子量を 180 とする。

（解答➡別冊 p.10）

TYPE 059 酢酸の会合による凝固点降下

難易度 C

分子どうしが会合する場合，凝固点降下度は，会合によって減少した溶質粒子の総物質量に比例する。

着眼 酢酸は水のような極性溶媒に溶けると，その一部が電離する。

$$CH_3COOH \rightleftarrows CH_3COO^- + H^+$$

一方，酢酸はベンゼンのような無極性溶媒に溶けると，下図のように極性の強い−COOHどうしが水素結合によって集合し（＝**会合**という），その大部分が**二量体**を形成する。このとき，二量体を形成した割合を**会合度**という。

▲酢酸の二量体

例 題 酢酸の見かけの分子量と会合度

酢酸 CH_3COOH をベンゼン C_6H_6 に溶かすと，酢酸の一部は水素結合によって二量体を形成する。いま，ベンゼン $50\,g$ に酢酸 $1.2\,g$ を溶かした溶液の凝固点は $4.4℃$ であった。ベンゼンの凝固点を $5.5℃$，モル凝固点降下を $5.12\,K \cdot kg/mol$ として，ベンゼン溶液中での酢酸の会合度〔%〕を求めよ。原子量；$H = 1.0$，$C = 12$，$O = 16$

解き方 酢酸のベンゼン溶液の質量モル濃度 m は，酢酸 CH_3COOH の分子量が 60 より，

$$m = \frac{1.2\,g}{60\,g/mol} \div \frac{50}{1000}\,kg = 0.40\,mol/kg$$

ベンゼン溶液中で，酢酸2分子が会合して二量体をつくる割合（**会合度**）を β とすると，

$$2CH_3COOH \rightleftarrows (CH_3COOH)_2$$

会合前	0.40	0 〔mol/kg〕
変化量	-0.40β	$+0.40\beta \times \frac{1}{2}$ 〔mol/kg〕
会合後	$0.40(1-\beta)$	$0.40\beta \times \frac{1}{2}$ 〔mol/kg〕

酢酸はベンゼン溶液中では2分子が会合しているので，全溶質粒子の質量モル濃度は，

$$0.40(1-\beta) + 0.40 \times \frac{\beta}{2} = 0.40\left(1 - \frac{\beta}{2}\right) 〔mol/kg〕 になる。$$

$\Delta t = km$ より，

$$(5.5 - 4.4)\,K = 5.12\,K \cdot kg/mol \times 0.40\left(1 - \frac{\beta}{2}\right) 〔mol/kg〕$$

$$1 - \frac{\beta}{2} = 0.537 \quad \therefore \quad \beta = 0.926 \Rightarrow 92.6\% ≒ 93\%$$

答 93%

$$\Pi V = \frac{w}{M} RT \quad \text{または} \quad M = \frac{wRT}{\Pi V} \text{を利用せよ。}$$

着眼 希薄溶液の浸透圧 Π〔Pa〕は，溶質の種類に関係なく，溶液の体積 V〔L〕，溶質の総物質量 n〔mol〕，絶対温度 T〔K〕を用いて，

$$\Pi V = nRT \quad (R ; 気体定数)$$

で表される（**ファントホッフの法則**）。また，モル質量 M〔g/mol〕の溶質 w〔g〕の物質量は，$n = \dfrac{w}{M}$〔mol〕だから，上の関係式が得られる。

!注意 モル濃度 c〔mol/L〕と，絶対温度 T〔K〕がわかっている場合は，$\Pi = cRT$ を用いて計算してもよい。

例 題　溶液の浸透圧と溶質の分子量

次の問いに答えよ。気体定数；$R = 8.3 \times 10^3$ Pa·L/(K·mol)

(1) スクロース（分子量 = 342）0.684 g を水に溶かして 200 mL とした。この水溶液の 27℃ における浸透圧は何 Pa か。

(2) ある糖類 2.00 g を水に溶かして 100 mL の水溶液にした。この水溶液の浸透圧は 27℃ で 2.76×10^5 Pa であった。この糖類の分子量を求めよ。

解き方 (1) 気体定数の単位にそろえてから，$\Pi V = \dfrac{w}{M} RT$ の公式に各数値を代入する。

$$\Pi \text{〔Pa〕} \times \frac{200}{1000} \text{ L} = \frac{0.684 \text{ g}}{342 \text{ g/mol}} \times 8.3 \times 10^3 \text{ Pa·L/(K·mol)} \times 300 \text{ K}$$

$$\therefore \quad \Pi = 2.49 \times 10^4 \text{ Pa}$$

(2) 糖類のモル質量を M〔g/mol〕とし，単位に注意して公式に代入すると，

$$2.76 \times 10^5 \text{ Pa} \times \frac{100}{1000} \text{ L} = \frac{2.00 \text{ g}}{M \text{〔g/mol〕}} \times 8.3 \times 10^3 \text{ Pa·L/(K·mol)} \times 300 \text{ K}$$

$$\therefore \quad M = 180.4 \fallingdotseq 180 \text{ g/mol}$$

答 (1) 2.49×10^4 Pa　(2) 180

類題30 グルコース（分子量 = 180）とスクロース（分子量 = 342）の混合物 5.0 g を水に溶かし 1.0 L とした。この水溶液の浸透圧を測ったら，27℃ で 5.0×10^4 Pa を示した。この混合物中にはグルコースは何 g 含まれていたか。

気体定数；$R = 8.3 \times 10^3$ Pa·L/(K·mol)

（解答➡別冊 p.10）

TYPE 061　液柱の高さと浸透圧　難易度 B

液柱の圧力 (p) が溶液の浸透圧 (Π) とつり合う。
液柱の高さ〔cm〕× 溶液の密度〔g/cm³〕
＝ 水銀柱の高さ〔cm〕× 水銀の密度〔g/cm³〕

着眼　図のような装置に溶液を入れ，溶媒の液面とそろえておく。やがて，溶媒が溶液中へ浸透して液面差 h を生じる。このとき，**溶液柱の圧力 p と，この溶液の浸透圧 Π がつり合う。**

　さらに，この溶液柱の圧力を，密度を用いて水銀柱の圧力に換算したのち，$1.01×10^5\ \mathrm{Pa}=76\ \mathrm{cmHg}$ の関係式を用いて，圧力の単位を〔Pa〕に直すと，ファントホッフの公式 $\Pi V=nRT$ に代入できるので，浸透圧 Π が求まる。

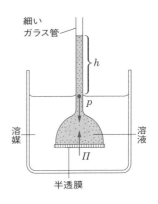

細い
ガラス管
h
p
溶媒　溶液
Π
半透膜

───〈 **例題** 　グルコース水溶液の液柱の高さ 〉───

　グルコース（分子量 = 180）0.36 g を含む水溶液 1.0 L を，27℃で上図のような装置で測定した場合，液柱の高さ h は何 cm になるか。水溶液，水銀の密度をそれぞれ $1.0\ \mathrm{g/cm^3}$，$13.6\ \mathrm{g/cm^3}$，気体定数を $R=8.3×10^3\ \mathrm{Pa·L/(K·mol)}$ とし，大気圧は $1.01×10^5\ \mathrm{Pa}=76\ \mathrm{cmHg}$ とする。

解き方　グルコース水溶液の浸透圧を Π〔Pa〕とすると，$\Pi V=nRT$ より，

$$\Pi×1.0=\frac{0.36}{180}×8.3×10^3×300$$

$$∴\quad \Pi=4.98×10^3\ \mathrm{Pa}$$

$1.01×10^5\ \mathrm{Pa}=76\ \mathrm{cmHg}$ より，

$$4.98×10^3\ \mathrm{Pa}×\frac{76}{1.01×10^5}\ \mathrm{cmHg/Pa}$$

$$=3.74\ \mathrm{cmHg}$$

水銀柱の圧力 3.74 cmHg を溶液柱（h〔cm〕）の圧力に換算すると，

$$3.74\ \mathrm{cm}×13.6\ \mathrm{g/cm^3}=h〔\mathrm{cm}〕×1.0\ \mathrm{g/cm^3}\quad ∴\quad h≒51\ \mathrm{cm}$$

答 51 cm

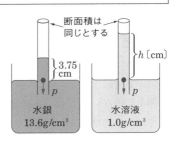

断面積は
同じとする

h〔cm〕

3.75 cm

p　p

水銀
13.6g/cm³

水溶液
1.0g/cm³

TYPE 062 蒸気圧降下（ラウールの法則）

難易度 **C**

希薄溶液の蒸気圧降下度 Δp は，次式で表される。

$$\Delta p = \frac{n}{N+n} p_0 \quad (p_0 : 純溶媒の蒸気圧)$$

🔍 着眼 ラウール（フランス）は，不揮発性の溶質 n〔mol〕を純溶媒 N〔mol〕に溶かした希薄溶液の蒸気圧と，純溶媒の蒸気圧との差(**蒸気圧降下度**)は，溶液中の溶質のモル分率に比例することを見い出した(**ラウールの法則**)。ただし，希薄溶液では $N \gg n$ で，$N+n \doteqdot N$ と近似できるので，

$\Delta p = \dfrac{n}{N} p_0$ と表すことができる。

水（分子量 18）180 g にグルコース（分子量 180）9.0 g を溶かした水溶液の蒸気圧降下度は，27℃の飽和水蒸気圧を 3.6×10^3 Pa とすると，次のようになる。

$$\Delta p = \frac{n}{N} p_0 = \frac{\dfrac{9.0}{180}}{\dfrac{180}{18}} \times 3.6 \times 10^3 = 18 \text{ Pa}$$

例題　蒸気圧降下による水の移動

ビーカー A に水 90 g にグルコース 0.010 mol を溶かした水溶液，ビーカー B に水 90 g に塩化ナトリウム 0.010 mol を溶かした水溶液を入れ，密閉後，十分な時間放置した。このときビーカー A ～ B 間を移動した水の質量は何 g か。

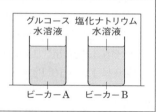

解き方 グルコースは非電解質で，水中でも溶質粒子の数は変化しないが，塩化ナトリウムは電解質で，$NaCl \longrightarrow Na^+ + Cl^-$ のように電離し，水中では溶質粒子の数が 2 倍になる。よって，蒸気圧降下度は容器 B のほうが大きくなる。

蒸気圧の高い A では，蒸発量＞凝縮量となり水が減少する。一方，蒸気圧の低い B では，蒸発量＜凝縮量となり水が増加する。結局，A と B の溶液の蒸気圧降下度 Δp が等しくなると，水の移動が止まり平衡状態となる。

A から B へ x〔g〕の水が移動したとすると，

$\dfrac{0.010}{\dfrac{90-x}{18}} = \dfrac{0.010 \times 2}{\dfrac{90+x}{18}}$ これを解くと，$x = 30$ g

答 30 g

40 次のア～オの物質 1 g を，それぞれ水 1 kg に溶かしたとき，沸点の最も高い水溶液と凝固点の最も高い水溶液はそれぞれどれか。

ア 塩化ナトリウム（式量 58.5）　　イ 塩化バリウム（式量 208）

ウ 尿素（分子量 60）　　エ エタノール（分子量 46）

オ グルコース（分子量 180）

➜ 055, 058

41 0.15 mol/kg のスクロース水溶液と，水 500 g にグルコース（分子量 = 180）を 18.0 g 溶かした水溶液がある。これらの水溶液と純水の蒸気圧曲線は，右図のようである。

(1) X, Y, Z は，それぞれ何の蒸気圧曲線か。

(2) x と y の温度差が 0.078 K とすると，y と z の温度差は何 K になるか。

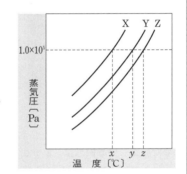

➜ 055

42 ベンゼン 100 g に酢酸 CH_3COOH 0.600 g を溶解した溶液の凝固点降下度は 0.26 K であった。原子量；H = 1.0, C = 12, O = 16

(1) ベンゼンのモル凝固点降下を 5.12 K·kg/mol として，ベンゼン中での酢酸の見かけの分子量を整数値で示せ。

(2) 酢酸の真の分子量（原子量から求めた分子量）と(1)の結果から，ベンゼン中の酢酸分子の状態を推定せよ。

➜ 056, 059

43 ある糖類 1.30 g を水 100 g に溶かした水溶液（密度を 1.0 g/mL とする）の浸透圧は，27℃で 9.2×10^4 Pa であった。

(1) この糖類の分子量はいくらか求めよ。

気体定数；$R = 8.3 \times 10^3$ Pa·L/(K·mol)

(2) この水溶液の凝固点降下度はいくらか。水のモル凝固点降下を 1.85 K·kg/mol とする。

➜ 055, 060

🔍ヒント **40** 塩化ナトリウムや塩化バリウムは強電解質で，すべて完全に電離すると考える。
41 蒸気圧降下により，溶液の蒸気圧曲線は，純水の蒸気圧曲線より下側にある。
43 (1) ファントホッフの公式を使うには，モル濃度が必要である。

44 グルコース（分子量＝180）0.36 g を水 100 g に溶かした水溶液がある。水のモル凝固点降下を 1.85 K·kg/mol として，次の問いに答えよ。

(1) この水溶液の凝固点を求めよ。

(2) この水溶液の浸透圧は，27℃で何 Pa か。ただし，溶解による体積変化はなかったものとする。気体定数；$R = 8.3 \times 10^3$ Pa·L/(K·mol)

TYPE
→ 055, 060

45 ナフタレン（分子量＝128）6.4 g をベンゼン 200 g に溶かした溶液をかき混ぜながら冷却したところ，凝固点は 4.25℃であった。この溶液にさらに，非電解質の物質 X 3.6 g を溶かすと，凝固点は 3.50℃を示した。純ベンゼンの凝固点を 5.50℃とする。

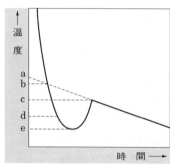

(1) 右図の冷却曲線から溶液の凝固点を求めた。正しい凝固点は，a ～ e のうちのどれか。

(2) ベンゼンのモル凝固点降下〔K·kg/mol〕を求めよ。

(3) 物質 X の分子量を求めよ。

→ 057

46 ヒトの血液の浸透圧は，37℃で 7.6×10⁵ Pa である。水に塩化ナトリウム（式量＝58.5）0.82 g とグルコース $C_6H_{12}O_6$（分子量＝180）を溶かして，ヒトの血液と同じ浸透圧の水溶液 100 mL（37℃）をつくるには，グルコース何 g が必要か。ただし，水溶液中では塩化ナトリウムは完全に電離するものとする。気体定数；$R = 8.3 \times 10^3$ Pa·L/(K·mol)

→ 060

47 右図に示す断面積 1.0 cm² の U 字管の中央部を半透膜で仕切り，左側に非電解質 X 0.20 g を溶かした水溶液 10 mL を，右側に純水 10 mL を入れる。27℃で一昼夜放置すると，両液面の差が 5.0 cm となった。

水溶液の密度を 1.0 g/cm³，水銀の密度を 13.6 g/cm³ とすると，X の分子量はいくらか。気体定数；$R = 8.3 \times 10^3$ Pa·L/(K·mol)，大気圧；1.0×10^5 Pa ＝ 76 cmHg

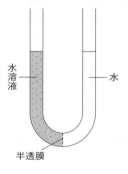

水溶液

水

半透膜

→ 061

ヒント **44** (2) ただし書きにより，水溶液の体積は 100 mL とみなせるから，質量モル濃度＝モル濃度として計算することができる。

化学反応とエネルギー

CHAP.

5

1

エンタルピーと熱化学反応式

TYPE

063
064
065
066
067
068

SECTION 1 エンタルピーと熱化学反応式

1 エンタルピー

物質が化学変化するとき，熱の出入りが伴うことが多い。

熱を発生する反応を**発熱反応**といい，熱を吸収する反応を**吸熱反応**という。

一定圧力下で行われる**定圧反応**の場合，反応に伴って出入りする熱量を特に**反応エンタルピー**といい，記号 ΔH〔単位；kJ/mol〕で表す。反応エンタルピーは次式で求められる。

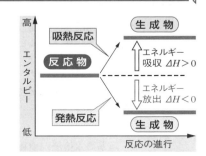

$$\Delta H = (生成物のエンタルピーの和) - (反応物のエンタルピーの和)$$

発熱反応($Q>0$)では，反応系のエンタルピーは減少するので $\Delta H<0$ になる。
吸熱反応($Q<0$)では，反応系のエンタルピーは増加するので $\Delta H>0$ になる。

熱量 Q と反応エンタルピー ΔH は大きさが等しく，符号が逆になる。

➕補足 定圧反応では，物質の内部エネルギーの変化に加えて，外部に対する体積変化による仕事の効果も考慮した**エンタルピー**(熱含量)で熱の出入りを考えていく必要がある。

2 熱化学反応式のつくり方

本書では表現を簡潔にするために，化学反応式に反応エンタルピー ΔH を書き加えた式を**熱化学反応式**と呼ぶことにする。

① **着目した物質の係数が 1 になるように化学反応式を書く。**(他の物質の係数が分数になっても構わない。)

$$C + O_2 \longrightarrow CO_2$$

② 化学反応式の最後に，反応エンタルピー ΔH(単位：kJ)を書き加える。
ただし，**発熱反応なら ΔH は－，吸熱反応なら ΔH は＋**(省略)をつける。

$$C + O_2 \longrightarrow CO_2 \quad \Delta H = -394 \text{ kJ}$$

③ 各化学式の後に物質の状態を(固)，(液)，(気)のように付記する。(状態が明らかな場合は省略可。)同素体の存在する物質ではその種類も区別する。

$$C(黒鉛) + O_2(気) \longrightarrow CO_2(気) \quad \Delta H = -394 \text{ kJ}$$

反応エンタルピーは，反応の種類により固有の名称で呼ばれるものがある。いずれも，着目する物質 1 mol あたりの熱量（単位；kJ/mol）で表される。

種類	内容	反応の例
燃焼エンタルピー	物質 1 mol が完全燃焼するときの反応エンタルピー	CH_4（気） $+ 2O_2$（気） $\longrightarrow$ CO_2（気） $+ 2H_2O$（液）　$\Delta H = -891$ kJ
生成エンタルピー	化合物 1 mol を成分元素の単体から生成するときの反応エンタルピー	H_2（気） $+ \dfrac{1}{2} O_2$（気） $\longrightarrow$ H_2O（液）　$\Delta H = -286$ kJ $2C$（黒鉛） $+ H_2$（気） $\longrightarrow$ C_2H_2（気）　$\Delta H = 227$ kJ
溶解エンタルピー	物質 1 mol が多量の水に溶解するときの反応エンタルピー	H_2SO_4（液） $+$ aq $\longrightarrow$ H_2SO_4aq　$\Delta H = -95$ kJ KNO_3（固） $+$ aq $\longrightarrow KNO_3$aq　$\Delta H = 35$ kJ
中和エンタルピー	酸・塩基の水溶液が中和して水 1 mol を生じるときの反応エンタルピー	HClaq $+$ NaOHaq $\longrightarrow$ NaClaq $+ H_2O$（液）　$\Delta H = -56.5$ kJ

＋補足 状態変化に伴う熱の出入りも熱化学反応式で表すことができる。

① 蒸発エンタルピー　**例** H_2O（液） $\longrightarrow$ H_2O（気）　$\Delta H = 44$ kJ（吸熱反応）

② 融解エンタルピー　**例** H_2O（固） $\longrightarrow$ H_2O（液）　$\Delta H = 6.0$ kJ（吸熱反応）

③ 昇華エンタルピー　**例** H_2O（固） $\longrightarrow$ H_2O（気）　$\Delta H = 51$ kJ（吸熱反応）

4 ヘスの法則

「反応エンタルピーは，反応前と反応後の物質の状態だけで決まり，反応の経路や方法には関係しない。」これを**ヘスの法則（総熱量保存の法則）**という。

例 二酸化炭素の生成

C（黒鉛） $+ O_2 \longrightarrow CO_2$　$\Delta H = -394$ kJ　　…①

$\begin{cases} C（黒鉛） + \dfrac{1}{2} O_2 \longrightarrow CO & \Delta H = -111 \text{ kJ} \quad …② \\ CO + \dfrac{1}{2} O_2 \longrightarrow CO_2 & \Delta H = -283 \text{ kJ} \quad …②' \end{cases}$

どちらの反応経路でも，「最初と最後の物質の状態が同じ」なので，ΔH の総和は -394 kJ で等しい。

＋補足 物質のもつエンタルピーの大小関係を図に表したものを**エンタルピー図（右図）**という。下向きへの反応が**発熱反応**（$\Delta H < 0$）を，上向きへの反応は**吸熱反応**（$\Delta H > 0$）を表す。

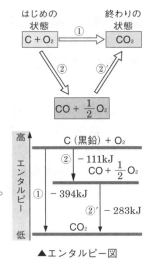

▲エンタルピー図

5 　熱化学反応式を用いた反応エンタルピーの計算方法

① 与えられた反応エンタルピーの内容を熱化学反応式で表す。

　（熱化学反応式の中では，ΔH の単位は kJ/mol ではなく kJ と書く。）

② 求める反応エンタルピーを x〔kJ/mol〕として，熱化学反応式で表す。

③ ①の反応式から必要な物質を選び出し，②の反応式を組み立てる。

④ ③で決めた計算方法に従い ΔH の部分も同様に計算して x を求める。

〔別解〕　反応に関係する全物質の生成エンタルピーがわかっている場合，次の公式が利用できる。

$$\begin{pmatrix}反応エンタルピー\\\Delta H\end{pmatrix} = \begin{pmatrix}生成物の生成エン\\タルピーの和\end{pmatrix} - \begin{pmatrix}反応物の生成エン\\タルピーの和\end{pmatrix}$$

ただし，単体の生成エンタルピーは定義により 0 とする。

6 　結合エンタルピー

気体分子内の共有結合 1 mol を切断してばらばらの原子にするのに必要なエネルギーを，その結合の**結合エンタルピー**（単位：**kJ/mol**）という。

例　H_2 分子内の H−H 結合 1 mol を切断するのに 436 kJ のエネルギーが必要である。このとき，H−Hの結合エンタルピーは 436 kJ/mol という。

　　H_2（気）　⟶　2H（気）
　　　　　　$\Delta H = 436$ kJ

2H（気）　⟶　H_2（気）　　$\Delta H = -436$ kJ

結合	結合エンタルピー〔kJ/mol〕	結合	結合エンタルピー〔kJ/mol〕
H−H	436	Cl−Cl	243
C−H	416	C＝O	804
C−C	370	O＝O	498
O−H	463	N≡N	945

▲結合エンタルピーの概数値

7 　結合エンタルピーと反応エンタルピー

反応に関係する各結合エンタルピーが与えられると，次の公式を利用して，反応エンタルピー（気体反応に限る）が求められる。

（反応エンタルピー）＝
（反応物の結合エンタルピーの和）
−（生成物の結合エンタルピーの和）

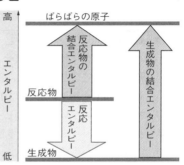

❗注意　生成エンタルピーを用いて ΔH を求める公式と結合エンタルピーを用いて ΔH を求める公式では，反応物と生成物の関係が逆になっていることに十分留意すること。

CHAP.
5

1 エンタルピーと熱化学反応式

TYPE
063
064
065
066
067
068

熱化学反応式中では，着目する物質の係数を 1 として，反応エンタルピー ΔH を最後に書き加える。

着眼 熱化学反応式は，化学反応式の最後に反応エンタルピー(25℃，1.0×10^5 Pa での値)を書き加えてつくる。

反応エンタルピーには，**発熱反応では ΔH は－，吸熱反応では ΔH は＋(省略)をつける**とともに，各化学式の後に物質の状態を付記する。

たとえば，メタン CH_4 の燃焼エンタルピーを表す熱化学反応式は，

$$CH_4(気) + 2O_2(気) \longrightarrow CO_2(気) + 2H_2O(液) \qquad \Delta H = -891 \text{ kJ}$$

のように表される。

最も重要なことは，**着目する物質が何であるかをしっかり見きわめ，その係数を 1 とする**ことである。

たとえば，水素 H_2 の燃焼エンタルピーを表す熱化学反応式は，水素 H_2 の係数が 1 となるように表すので，次のようになる。

$$H_2(気) + \frac{1}{2}O_2(気) \longrightarrow H_2O(液) \quad \Delta H = -286 \text{ kJ}$$

＋補足 物質の状態は，気体は(気)，液体は(液)，固体は(固)と表す。25℃，1.0×10^5 Pa でその状態が明らかなときは省略してもよい。特に，H_2O は(液)と(気)の区別をしっかりつけておく。なお，物質の燃焼で生じる水は，特に指示がない限り H_2O(液)とする。また，同素体をもつ単体では，同素体の種類を区別しなければならない。

$$C(黒鉛) + O_2(気) \longrightarrow CO_2(気) \quad \Delta H = -394 \text{ kJ}$$
$$C(ダイヤモンド) + O_2(気) \longrightarrow CO_2(気) \quad \Delta H = -395 \text{ kJ}$$

例題 熱化学反応式の記述

次の内容を熱化学反応式で表せ。原子量；C＝12，式量；NaOH＝40

(1) 黒鉛 1 g が完全燃焼すると，32.8 kJ の熱が発生する。

(2) 水素と塩素から塩化水素 0.10 mol をつくると，9.23 kJ の熱が発生する。

(3) アンモニアの生成エンタルピーは，－46 kJ/mol である。

(4) 水酸化ナトリウム 2.0 g を多量の水に溶かすと，2.3 kJ の熱が発生する。

(5) 1.0 mol/L の塩酸 500 mL と 0.20 mol/L の水酸化ナトリウム水溶液 1.0 L を混合すると，11.2 kJ の熱が発生する。

解き方 まず，着目する物質を見きわめ，その**物質1 mol**あたりの反応エンタルピーを求める。次に，熱化学反応式に書き加えるときは，着目する物質の係数が1になっているかを確かめ，発熱反応はΔHの符号が－であることに注意すること。

(1) 黒鉛 1 mol（= 12 g）あたりの発熱量に換算すると，

$$32.8 \text{ kJ} \times \frac{12 \text{ g}}{1 \text{ g}} = 393.6 \fallingdotseq 394 \text{ kJ}$$

$$\therefore \quad C(黒鉛) + O_2(気) \longrightarrow CO_2(気) \quad \Delta H = -394 \text{ kJ} \quad \cdots\cdots\cdots \boxed{答}$$

(2) 塩化水素 1 mol あたりの発熱量に換算すると，92.3 kJ

反応式 $H_2 + Cl_2 \longrightarrow 2HCl$ において，着目する物質 HCl の係数を1とする。

$$\frac{1}{2}H_2 + \frac{1}{2}Cl_2 \longrightarrow HCl \quad \text{この右辺に} \Delta H = -92.3 \text{ kJ を加える。}$$

$$\therefore \quad \frac{1}{2}H_2(気) + \frac{1}{2}Cl_2(気) \longrightarrow HCl(気) \quad \Delta H = -92.3 \text{ kJ} \quad \cdots\cdots \boxed{答}$$

(3) **生成エンタルピー**とは，化合物 1 mol をその成分元素の単体からつくるときの反応エンタルピーである。アンモニア NH_3 の成分元素は窒素と水素で，その単体は N_2, H_2 である。

反応式 $N_2 + 3H_2 \longrightarrow 2NH_3$ において，着目する物質 NH_3 の係数を1となるように変形し，右辺に $\Delta H = -46 \text{ kJ}$ を加える。

$$\therefore \quad \frac{1}{2}N_2(気) + \frac{3}{2}H_2(気) \longrightarrow NH_3(気) \quad \Delta H = -46 \text{ kJ} \quad \cdots\cdots \boxed{答}$$

(4) 水酸化ナトリウム NaOH 1 mol（= 40 g）あたりの発熱量に換算すると，

$$2.3 \text{ kJ} \times \frac{40 \text{ g}}{2.0 \text{ g}} = 46 \text{ kJ} \quad \text{よって，} \Delta H = -46 \text{ kJ/mol}$$

熱化学反応式では，多量の水は aq，水溶液は化学式 aq で表す。

$$\therefore \quad NaOH(固) + aq \longrightarrow NaOHaq \quad \Delta H = -46 \text{ kJ} \quad \cdots\cdots \boxed{答}$$

(5) 中和反応は，$H^+ + OH^- \longrightarrow H_2O$ で表される。

$$\qquad\qquad 0.50 \text{ mol} \qquad 0.20 \text{ mol} \qquad\qquad 0.20 \text{ mol}$$

OH^- の物質量のほうが少ないので，実際に中和反応して生成した H_2O は 0.20 mol である。H_2O 1 mol あたりの発熱量に換算すると，

$$11.2 \text{ kJ} \times \frac{1.0 \text{ mol}}{0.20 \text{ mol}} = 56.0 \text{ kJ} \quad \text{よって，} \Delta H = -56.0 \text{ kJ/mol}$$

$$\therefore \quad HClaq + NaOHaq \longrightarrow$$
$$\qquad\qquad NaClaq + H_2O(液) \quad \Delta H = -56.0 \text{ kJ} \quad \cdots\cdots \boxed{答}$$

＋補足 中和反応は，通常，酸・塩基ともに水溶液の状態で反応させている。

CHAP.
5

1 エンタルピーと熱化学反応式

TYPE
063
064
065
066
067
068

溶解エンタルピーの測定

難易度 **B**

発熱量 Q＝比熱 c×質量 m×温度変化 Δt で求める。

着眼 物質 1 g の温度を 1 K 上昇させるのに必要な熱量を**比熱**といい，単位は J/(g・K) を用いる。比熱を c〔J/(g・K)〕，物質の質量を m〔g〕，温度変化を Δt〔K〕とすると，このときの発熱量は次のようになる。

発熱量 Q〔J〕＝比熱 c〔J/(g・K)〕×質量 m〔g〕×温度変化 Δt〔K〕

＋補足 温度を表すときは単位〔℃〕を用いるが，温度差を表すときは単位〔K〕を用いる。

例題　溶解エンタルピーの測定

断熱容器に入れた水 48 g に水酸化ナトリウムの結晶 2.0 g を加え，撹拌（かくはん）しながら液温を測定したら，右図のようなグラフが得られた。

(1) この実験で発生した熱量は何 kJ か。（水溶液の比熱を 4.2 J/(g・K) とする。）

(2) 水酸化ナトリウムの水への溶解エンタルピーは何 kJ/mol か。式量；NaOH ＝ 40

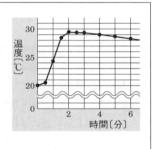

解き方 (1) A 点（$t=0$ 分）で溶解を開始し，B 点（$t=2$ 分）で溶解が終了している。しかし，**B 点の温度は真の最高温度ではない**。なぜなら，測定中の B 点ではすでに周囲への放冷が始まっているからである。そこで，放冷の始まっていない真の最高温度は，右図のように**放冷を示す直線 BD を左にのばして（外挿（がいそう）という）**，NaOH 投入時の $t=0$ 分と交わった C 点の温度である。

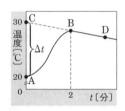

　　発熱量＝比熱×溶液の質量×温度変化　の関係より，

$$Q = 4.2 \text{ J/(g・K)} \times (48 + 2.0)\text{ g} \times (30 - 20)\text{ K} = 2100 \text{ J} = 2.1 \text{ kJ}$$

(2) NaOH のモル質量は 40 g/mol なので，(1)での発熱量を NaOH 1 mol あたりの発熱量に換算すると，

$$2.1 \times \frac{40}{2.0} = 42 \text{ kJ}$$

答 (1) 2.1 kJ　(2) −42 kJ/mol

類題31 常温で NaOH 4.0 g を水 200 g に溶かして水溶液をつくると，液温は何 K 上昇するか。ただし，水溶液の比熱を 4.2 J/(g・K) とし，NaOH の溶解エンタルピーを −44 kJ/mol とする。原子量；H ＝ 1.0，O ＝ 16，Na ＝ 23

（解答➡別冊 p.11）

TYPE **065** ヘスの法則（総熱量保存の法則）

難易度
A

反応エンタルピーは，反応前と反応後の物質の状態だけで決まり，反応の経路や方法には関係しない（ヘスの法則）。この法則に基づいて，熱化学反応式を四則計算できる。

着眼 熱化学反応式を用いた反応エンタルピーの計算は，次のような順序で行う。

① 与えられた反応エンタルピーの内容を，熱化学反応式で表す。
② 求める反応エンタルピーを x〔kJ/mol〕として，熱化学反応式で表す。
③ ①の反応式から，必要な物質を選び出し，②の反応式を組み立てる。
④ ③で決めた計算方法に従い，ΔH の部分も同様に計算して x を求める。

④のように ΔH の部分の計算ができるのは，ヘスの法則が成り立つからである。

TYPE

063
064
065
066
067
068

> **例 題** 熱化学反応式によるメタンの生成エンタルピーの算出

次の熱化学反応式を用いて，メタン CH_4 の生成エンタルピーを求めよ。

$$C(黒鉛) + O_2(気) \longrightarrow CO_2(気) \quad \Delta H = -394 \, kJ \quad \cdots\cdots\cdots\cdots ①$$

$$H_2(気) + \frac{1}{2}O_2(気) \longrightarrow H_2O(液) \quad \Delta H = -286 \, kJ \quad \cdots\cdots\cdots\cdots ②$$

$$CH_4(気) + 2O_2(気) \longrightarrow$$
$$CO_2(気) + 2H_2O(液) \quad \Delta H = -891 \, kJ \quad \cdots\cdots ③$$

解き方 メタン CH_4 の生成エンタルピーを x〔kJ/mol〕として，メタンの構成元素である炭素と水素の単体から，メタンが生成する反応を熱化学反応式で表すと，

$$C(黒鉛) + 2H_2(気) \longrightarrow CH_4(気) \quad \Delta H = x〔kJ〕\quad \cdots\cdots ④$$

④式の左辺の C（黒鉛）は，①式の左辺にある。 ⇨ ①式はそのまま
④式の左辺の $2H_2$（気）は，②式の左辺にある。 ⇨ ②式×2
④式の右辺の CH_4（気）は，③式の左辺にある。移項するときに符号が変わるので，あらかじめ③式に(-1)をかけておく。 ⇨ ③式×(-1)
以上より，④式は，①式＋（②式×2）－③式で求められる。
ΔH の部分にも同様の計算を行うと，x の値が求められる。

$$x = (-394) + (-286 \times 2) - (-891) = -75 \, kJ$$

答 $-75 \, kJ/mol$

151

　二酸化炭素，水（液体），およびメタノール（液体）CH_3OH の生成エンタルピーは，それぞれ $-394\,kJ/mol$，$-286\,kJ/mol$，および $-239\,kJ/mol$ である。これより，メタノール（液体）の燃焼エンタルピーを求めよ。

解き方 与えられた生成エンタルピーを表す熱化学反応式を書く。

$$C（黒鉛） + O_2（気） \longrightarrow CO_2（気）\quad \Delta H = -394\,kJ \quad\cdots\cdots\cdots① $$

$$H_2（気） + \frac{1}{2}O_2（気） \longrightarrow H_2O（液）\quad \Delta H = -286\,kJ \quad\cdots\cdots\cdots② $$

$$C（黒鉛） + 2H_2（気） + \frac{1}{2}O_2（気） \longrightarrow CH_3OH（液） $$

$$\Delta H = -239\,kJ \quad\cdots\cdots③$$

求めるメタノールの燃焼エンタルピーを $x〔kJ/mol〕$ とし，熱化学反応式で表すと，

$$CH_3OH（液） + \frac{3}{2}O_2（気） \longrightarrow CO_2（気） + 2H_2O（液）$$

$$\Delta H = x〔kJ〕 \quad\cdots\cdots④$$

④式の右辺の CO_2（気）は，①式の右辺にある。　⇨　①式はそのまま

④式の右辺の $2H_2O$（液）は，②式の右辺にある。　⇨　②式×2

④式の左辺の CH_3OH（液）は，③式の右辺にあり，移項するときに符号が変わるので，あらかじめ③式に (-1) をかけておく。　⇨　③式×(-1)

よって④式は，①式＋（②式×2）－③式で求められる。

ΔH の部分にも同様の計算を行うと，x の値が求められる。

$$x = (-394) + (-286×2) - (-239) = -727\,kJ \qquad\fbox{答} -727\,kJ/mol$$

〔別解〕　④式の反応に関係する全物質の生成エンタルピーがわかっているので，次の公式を利用すれば，反応エンタルピーが求められる。（単体の生成エンタルピーは 0 とする。）

$$\begin{pmatrix} 反応エンタルピー \\ \Delta H \end{pmatrix} = \begin{pmatrix} 生成物の生成エン \\ タルピーの和 \end{pmatrix} - \begin{pmatrix} 反応物の生成エン \\ タルピーの和 \end{pmatrix}$$

$\Delta H = \{(-394) + (-286×2)\} - \{(-239) + 0\} = -727\,kJ$

類題32 次の熱化学反応式を用いて，アンモニアの生成エンタルピーを求めよ。

$$4NH_3（気） + 3O_2（気） \longrightarrow 2N_2（気） + 6H_2O（液）\quad \Delta H = -1532\,kJ \quad\cdots① $$

$$H_2（気） + \frac{1}{2}O_2（気） \longrightarrow H_2O（液）\quad \Delta H = -286\,kJ \quad\cdots\cdots\cdots\cdots\cdots② $$

（解答➡別冊 p.11）

類題33 炭素（黒鉛），水素，アセチレン C_2H_2 の燃焼エンタルピーは，それぞれ $-394\,kJ/mol$，$-286\,kJ/mol$，$-1301\,kJ/mol$ である。これより，アセチレンの生成エンタルピーを求めよ。

（解答➡別冊 p.11）

TYPE 066 中和反応の発熱量の計算

難易度 A

中和反応の反応エンタルピーは，H^+（酸）の物質量と OH^-（塩基）の物質量のうち，少ないほうで決まる。

着眼 中和エンタルピーとは，酸の H^+ と塩基 OH^- が反応して水 H_2O **1 mol** を生じるときの反応エンタルピーである。強酸・強塩基の中和による中和エンタルピーは，酸・塩基の種類に関係なく，ほぼ一定の値を示す。

$$H^+aq + OH^-aq \longrightarrow H_2O（液） \quad \Delta H = -56.5 \text{ kJ}$$

ところで，加えた酸の H^+ の物質量と塩基の OH^- の物質量に過不足がある場合，**物質量の少ないほうが限定条件**となり，生成物の量が決定される。ゆえに，H^+ と OH^- の物質量をそれぞれ計算し，その**少ないほうの物質量**に**中和熱**（中和エンタルピーの符号を変えたもの）をかけて発熱量を求める。

例題 中和反応の発熱量

0.10 mol/L の水酸化ナトリウム水溶液 100 mL に，0.20 mol/L の塩酸 100 mL を加えて中和したときの発熱量を求めよ。ただし，強酸と強塩基の水溶液による中和エンタルピーは，−56.5 kJ/mol とする。

解き方 強酸・強塩基の水溶液の中和エンタルピーを表す熱化学反応式は，

$$H^+aq + OH^-aq \longrightarrow H_2O（液） \quad \Delta H = -56.5 \text{ kJ}$$

酸の出す H^+ と塩基の出す OH^- の物質量はそれぞれ次のようになる。

$$H^+ : 0.20 \times \frac{100}{1000} = 0.020 \text{ mol}$$

$$OH^- : 0.10 \times \frac{100}{1000} = 0.010 \text{ mol}$$

これより，OH^- **の物質量のほうが少ない。**OH^- がすべて中和されるため，中和反応で生じる H_2O は 0.010 mol である。

したがって，0.010 mol 分の中和反応による発熱量は，

$$56.5 \text{ kJ/mol} \times 0.010 \text{ mol} = 0.565 \fallingdotseq 0.57 \text{ kJ}$$

答 0.57 kJ

類題34 強酸と強塩基の水溶液による中和エンタルピーは −56.5 kJ/mol である。いま，0.20 mol/L の水酸化ナトリウム水溶液 100 mL と，0.20 mol/L 硫酸水溶液 100 mL を混合したときに発生する熱量は何 kJ か。

（解答➡別冊 p.11）

TYPE
063
064
065
066
067
068

$$\begin{pmatrix} 反応エンタル \\ ピー\, \Delta H \end{pmatrix} = (反応物の結合エンタルピーの総和) \\ - (生成物の結合エンタルピーの総和)$$

着眼 気体分子中の共有結合 **1 mol** を切断するのに必要なエネルギーを，その結合の結合エンタルピーといい，単位〔kJ/mol〕で表す。たとえば，H–H 結合の結合エンタルピーは 436 kJ/mol である。これは，1 mol の H–H 結合が切断されると 436 kJ に相当するエネルギーが吸収され，逆に，1 mol の H–H 結合が生成されると 436 kJ に相当するエネルギーが放出されることを示す。

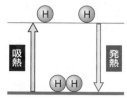

▲結合エンタルピーの意味

　結合エンタルピーを用いて，反応エンタルピーを求めるときは次のように考えるとよい。

① 反応物中のすべての結合を切断し，ばらばらの原子の状態とする。

② 原子間の結合を組み換え，生成物ができる。

エンタルピー図より，この反応の反応エンタルピーの矢印（⟹）は下向きなので，この反応は**発熱反応**（$\Delta H < 0$）である。このことを考慮すると，この反応の反応エンタルピーは次の公式で求められる。

$$\begin{pmatrix} 反応エンタルピー \\ \Delta H \end{pmatrix} = (反応物の結合エンタルピーの総和) \\ - (生成物の結合エンタルピーの総和)$$

また，上式を利用するには，各気体分子中にある共有結合の種類と数が必要となるので，**構造式を理解しておくこと**が必要となる。

➕補足 TYPE の関係式が使えるのは，反応物，生成物が共に気体の場合に限る。それは，(物質のもつエネルギー)≒(その物質の結合エンタルピーの総和)となるのは気体の場合だけであり，液体や固体物質では分子間力などの影響が無視できなくなるためである。

CHAP.
5

1 エンタルピーと熱化学反応式

TYPE

063
064
065
066
067
068

例 題 結合エンタルピーから反応エンタルピーの算出

H−H, O=O, O−H の各共有結合 1 mol を切断してばらばらの原子にするのに必要なエネルギー（結合エンタルピー）は，それぞれ，436 kJ/mol, 498 kJ/mol, 463 kJ/mol である。これらの値を用いて，次の反応の反応エンタルピーを求めよ。

$$H_2(気) + \frac{1}{2}O_2(気) \longrightarrow H_2O(気) \quad \Delta H = x (kJ)$$

解き方 〔1〕 エンタルピー図を利用して解く方法

エンタルピー図を用いて反応エンタルピーを求めるときは，反応物を一旦ばらばらの原子の状態にした後，各結合を組み換え，生成物ができると考える。この反応のエンタルピー図は右図のようになる。

エンタルピー図より，反応エンタルピー（ΔH）の大きさは，

$$\left(463 \times 2\right) - \left(436 + 498 \times \frac{1}{2}\right)$$

$$= 241 \text{ kJ}$$

反応エンタルピーの矢印（⟹）は下向きなので，この反応は発熱反応である。

よって，反応エンタルピーは−の符号をつけた−241 kJ/mol である。

〔2〕 反応エンタルピーを求める公式を利用する方法

各結合エンタルピーが与えられているので，次の公式が利用できる。

$$\binom{反応エンタルピー}{\Delta H} = (反応物の結合エンタルピーの総和) - (生成物の結合エンタルピーの総和)$$

$$\Delta H = \left(436 + 498 \times \frac{1}{2}\right) - (463 \times 2) = -241 \text{ kJ}$$

答 **−241 kJ/mol**

＋補足 H−H 結合を切断するのに必要なエネルギーのうち，0 K での値を**結合エネルギー**といい 432 kJ/mol である。一方，298 K での値を**結合エンタルピー**といい 436 kJ/mol であり，両者の値は少し異なる。

類題35 H−H, Cl−Cl, H−Cl の各結合の結合エンタルピーは，それぞれ 436 kJ/mol, 243 kJ/mol, 432 kJ/mol である。これらの値を用いて，次の反応の反応エンタルピーを求めよ。

$$H_2(気) + Cl_2(気) \longrightarrow 2HCl(気) \quad \Delta H = x (kJ)$$

（解答➡別冊 p.12）

右図の説明:

高 ← エンタルピー → 低

2H + O　　ばらばらの原子

$\left(436 + 498 \times \frac{1}{2}\right)$ kJ

$H_2 + \frac{1}{2}O_2$（反応物）

(463×2) kJ

反応エンタルピー

H_2O（気）（生成物）

$\binom{H_2O \text{ は構造式 } H-O-H \text{ だから, } H_2O}{1 \text{ mol 中には } O-H \text{ 結合が } 2 \text{ mol 含まれる}}$

> イオン結晶の格子エンタルピーは，既知の反応エンタルピーの値とヘスの法則を組み合わせて間接的に求める。

着眼 イオン結晶 1 mol を気体状のイオンに解離するのに必要なエネルギーを格子エンタルピーという。

イオン結晶の格子エンタルピーを直接測定するのは困難である。そこで，既知の反応エンタルピーの値とヘスの法則から間接的に求められる。

例 題　塩化ナトリウムの格子エンタルピー

次の各エネルギーを用いて，NaCl(固)の格子エンタルピー〔kJ/mol〕を求めよ。

① NaCl(固)の生成エンタルピー　；　$\Delta H = -411$ kJ/mol
② Na(固)の昇華エンタルピー　；　$\Delta H = 92$ kJ/mol
③ Cl–Cl の結合エンタルピー　；　$\Delta H = 244$ kJ/mol
④ Na(気)のイオン化エネルギー　；　$\Delta H = 496$ kJ/mol
⑤ Cl(気)の電子親和力　；　$\Delta H = -349$ kJ/mol

解き方 NaCl(固)の格子エンタルピーを表す熱化学反応式は次式で表される。

$$\text{NaCl(固)} \longrightarrow \text{Na}^+\text{(気)} + \text{Cl}^-\text{(気)} \quad \Delta H = x \text{〔kJ〕}$$

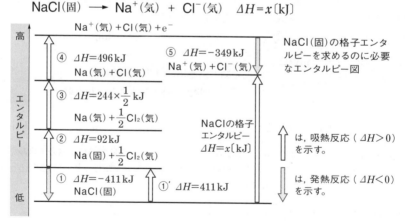

エンタルピー図より，NaCl(固)の格子エンタルピーは，

$$\text{NaCl(固)} \xrightarrow{①'} \text{Na, } \tfrac{1}{2}\text{Cl}_2 \text{ の単体} \xrightarrow{②,③} \text{Na, Cl の気体} \xrightarrow{④,⑤} \text{Na}^+\text{, Cl}^- \text{の気体}$$

という反応経路のエンタルピー変化 ΔH の総和と等しくなる。

∴　$x = 411 + 92 + 122 + 496 + (-349) = 772$ kJ

答 772 kJ/mol

■練習問題

解答➡別冊 p.35

48 塩化亜鉛 $ZnCl_2$ の生成エンタルピーは $-415\,kJ/mol$, 溶解エンタルピーは $-73\,kJ/mol$ である。また, 塩化水素 HCl の生成エンタルピーは $-92\,kJ/mol$, 溶解エンタルピーは $-75\,kJ/mol$ である。これらの値を用いて, 亜鉛 1 mol を希塩酸に溶かすときの変化を熱化学反応式で示せ。

➔ 065

49 二酸化炭素, 水(液), およびプロパン C_3H_8 の生成エンタルピーを $-394\,kJ/mol$, $-286\,kJ/mol$, $-106\,kJ/mol$ として, プロパンの燃焼エンタルピーを求めよ。また, 200 L の水の温度を 20℃ から 50℃ に上げるのに, 標準状態のプロパンが何 L 必要か。ただし, 水の比熱を $4.2\,J/(g \cdot K)$, 水の密度を $1.0\,g/cm^3$ とする。

➔ 064, 065

50 25℃ に保たれた右図のような保温容器がある。A には 0.10 mol/L の硫酸水溶液 1.0 L が入っている。B から固体の KOH 5.6 g を投入し, よくかき混ぜて温度計の目盛りが一定になるのを確認した。下式を用いて, 溶液の温度が何 K 上昇したかを計算せよ。ただし, KOH の式量は 56, 水溶液の比熱は $4.2\,J/(g \cdot K)$, 溶液の密度は $1.0\,g/cm^3$ とする。

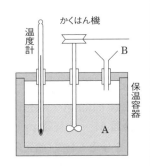

$$KOH(固) + aq \longrightarrow K^+aq + OH^-aq \quad \Delta H = -54.5\,kJ$$
$$H^+aq + OH^-aq \longrightarrow H_2O(液) \quad \Delta H = -56.5\,kJ$$

➔ 064, 066

51 アンモニアの合成反応は, $N_2 + 3H_2 \longrightarrow 2NH_3 \quad \Delta H = -92\,kJ$ と表される。$N \equiv N$ および $H-H$ の結合エンタルピーをそれぞれ $946\,kJ/mol$, $436\,kJ/mol$ として, アンモニア分子中の $N-H$ の結合エンタルピーを求めよ。

➔ 067

52 黒鉛の昇華エンタルピーを $715\,kJ/mol$, $H-H$ 結合の結合エンタルピーを $436\,kJ/mol$, $C-H$ 結合の結合エンタルピーを $416\,kJ/mol$ として, メタン CH_4 の生成エンタルピーは何 kJ/mol になるか。

➔ 067

🔎ヒント **50** 固体の KOH はまず水に溶解して熱を発生する。さらに, 硫酸と中和反応して熱を発生する。これらの発熱量の合計で溶液の温度が何 K 上昇するかを考えよ。

CHAP. 5

1 エンタルピーと熱化学反応式

TYPE
063
064
065
066
067
068

1 電池の原理

　酸化還元反応に伴って放出されるエネルギーを電気エネルギーに変換する装置を**電池**という。イオン化傾向(→p.162)の異なる 2 種類の金属(**電極**)を電解質水溶液に浸すと電池ができる。このとき，**イオン化傾向が大きいほうが負極**，**小さいほうが正極**となる。

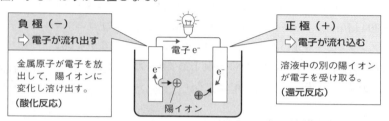

負極（－）
⇨ 電子が流れ出す
金属原子が電子を放出して，陽イオンに変化し溶け出す。(酸化反応)

電子 e^-

正極（＋）
⇨ 電子が流れ込む
溶液中の別の陽イオンが電子を受け取る。(還元反応)

e^-　　e^-

陽イオン

　電池の両電極間に生じる電位差(電圧)を，電池の**起電力**という。イオン化傾向の差が大きいほど起電力が大きい。

2 電池式と活物質

　電池の構成を表す化学式を**電池式**といい，次のように表される。

　　　(－)金属 M_1｜電解質 aq｜金属 M_2(＋)　（イオン化傾向 $M_1 > M_2$）

$\begin{cases} \text{負極で電子を与える物質(還元剤)…負極活物質という。} \\ \text{正極で電子を受け取る物質(酸化剤)…正極活物質という。} \end{cases}$

3 ダニエル電池

電池式；**(－)Zn｜$ZnSO_4$ aq｜$CuSO_4$ aq｜Cu(＋)**
起電力；1.1 V

$\begin{cases} \text{負極；Zn} \longrightarrow Zn^{2+} + 2e^- \quad \text{負極活物質；Zn} \\ \text{正極；} Cu^{2+} + 2e^- \longrightarrow Cu \quad \text{正極活物質} \\ \qquad\qquad\qquad\qquad\qquad\qquad ; Cu^{2+}(CuSO_4) \end{cases}$

・全体の反応；$Zn + Cu^{2+} \longrightarrow Zn^{2+} + Cu$

電池から電流を取り出すことを**放電**という。

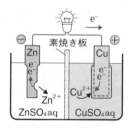

▲ダニエル電池

4 鉛蓄電池

電池式；**(－)Pb｜H_2SO_4 aq｜PbO_2(＋)**　起電力；2.0 V

$\begin{cases} \text{負極(－)；Pb} + SO_4{}^{2-} \longrightarrow PbSO_4 + 2e^- \\ \text{正極(＋)；} PbO_2 + 4H^+ + SO_4{}^{2-} + 2e^- \longrightarrow PbSO_4 + 2H_2O \end{cases}$

全体の反応；$Pb + PbO_2 + 2H_2SO_4 \underset{\text{充電}}{\overset{\text{放電}}{\rightleftarrows}} 2PbSO_4 + 2H_2O$

　鉛蓄電池を**放電**すると，両電極は水に不溶性の硫酸鉛（Ⅱ）$PbSO_4$でおおわれ，**希硫酸の濃度は減少し，起電力が次第に低下する**。そこで，放電と逆向きの電流を流すと逆反応が起こり，起電力が回復する。この操作を**充電**という。

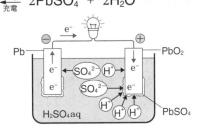

▲鉛蓄電池の放電

CHAP.
5

2 電池と電気分解

TYPE
069
070
071
072
073
074
075
076
077
078
079
080

5 ▶ 燃料電池

　物質を燃焼させて熱エネルギーを得るかわりに，直接電気エネルギーを取り出す装置を**燃料電池**という。たとえば，白金触媒をつけた多孔質の炭素板を電極，リン酸水溶液を電解液，負極活物質（還元剤）に水素，正極活物質（酸化剤）に酸素を用いたものが実用化されている。

電池式；$(-)H_2 \mid H_3PO_4\mathbf{aq} \mid O_2(+)$

起電力：1.2 V

$\begin{cases} \text{負極}(-)；H_2 \longrightarrow 2H^+ + 2e^- \\ \text{正極}(+)；O_2 + 4H^+ + 4e^- \longrightarrow 2H_2O \end{cases}$

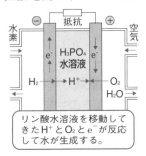

リン酸水溶液を移動してきたH^+とO_2とe^-が反応して水が生成する。

▲燃料電池のしくみ

6 ▶ 実用電池

一次電池…充電ができない，使い切りの電池。

二次電池…充電が可能で，繰り返し使える電池。**蓄電池**ともいう。

▼さまざまな実用電池

電池の名称		電池の構成			起電力〔V〕
		負極活物質	電解質	正極活物質	
一次電池	マンガン乾電池	Zn	$ZnCl_2$, NH_4Cl	MnO_2	1.5
	アルカリマンガン乾電池	Zn	KOH	MnO_2	1.5
	酸化銀電池	Zn	KOH	Ag_2O	1.55
	リチウム電池	Li	リチウム塩	MnO_2	3.0
	空気電池	Zn	KOH	O_2	1.65
二次電池	ニッケル・カドミウム電池	Cd	KOH	$NiO(OH)$	1.3
	ニッケル・水素電池	MH*	KOH	$NiO(OH)$	1.3
	リチウムイオン電池	Li^+を含む黒鉛	リチウム塩	$LiCoO_2$	4.0

＊MHは，条件により水素を吸収・放出する水素吸蔵合金である。

7 ▶ 電気分解とは

　電解質の水溶液や融解液に電極を入れて直流電流を通じると，電極上で化学変化が起こる。これを**電気分解（電解）**といい，電源の正極につないだ電極を**陽極**，負極につないだ電極を**陰極**という。たとえば，右図のように，塩化銅（Ⅱ）水溶液に炭素電極を入れて電気分解すると，陰極と陽極では，次の反応が起こる。

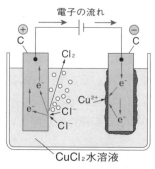

▲ $CuCl_2$ 水溶液の電気分解

$$\left[\begin{array}{l}\text{陰極；陽イオンが電極に引きつけられて，電} \\ \quad\quad\text{子を受け取る。銅が析出。}\end{array}\right.$$

$$Cu^{2+} + 2e^- \longrightarrow Cu\text{（還元反応）}$$

陽極；陰イオンが電極に引きつけられて，電子を放出する。塩素が発生。

$$2Cl^- \longrightarrow Cl_2 + 2e^-\text{（酸化反応）}$$

8 ▶ 電気分解における生成物

1 陰極での生成物　① **イオン化傾向が H^+ より小さい（Cu^{2+}，Ag^+ など）場合** ⇨ これらの陽イオンが還元され，金属が析出。

② **イオン化傾向が大きい（K^+，Na^+ など）場合** ⇨ 水分子（酸性溶液では H^+）が還元され，H_2 が発生。　$2H_2O + 2e^- \longrightarrow H_2\uparrow + 2OH^-$

➕補足 イオン化傾向が中程度の金属イオン（Zn^{2+}，Fe^{2+}，Ni^{2+} など）の場合，条件によっては H_2 の発生と金属の析出が同時に進行することがある。

2 陽極での生成物　① **極板が変化しない物質（Pt，C）の場合**

⇨ $\left[\begin{array}{l}\text{(a) ハロゲン化物イオンが存在するとき…ハロゲン化物イオンが酸化} \\ \quad\text{され，ハロゲンの単体（Cl_2，Br_2，I_2）を生成。} \\ \text{(b) SO_4^{2-}，NO_3^- などが存在するとき…水分子（塩基性溶液では} \\ \quad\text{OH^-）が酸化され O_2 が発生。　$2H_2O \longrightarrow O_2\uparrow + 4H^+ + 4e^-$}\end{array}\right.$

② **極板が変化する物質（Ag，Cu など）の場合** ⇨ 極板自身が陽イオンとなって溶け出す。**気体は発生しない。**　**例** $Cu \longrightarrow Cu^{2+} + 2e^-$

❗注意 おもな物質の電解生成物　（ ）は電極の物質，（ ）がないものは白金電極

電 解 液	陽 極	陰 極	電 解 液	陽 極	陰 極
HCl 水溶液	(C)Cl_2	H_2	Na_2SO_4 水溶液	O_2	H_2
H_2SO_4 水溶液	O_2	H_2	NaCl 水溶液	(C)Cl_2	H_2
NaOH 水溶液	O_2	H_2	$CuSO_4$ 水溶液	(Cu)Cu^{2+}	Cu

9 電気分解の法則

1 電気分解の法則（ファラデーの法則）

① 各電極で変化する物質の量は，通じた電気量に比例する。

② 同じ電気量で変化するイオンの物質量は，イオンの種類には関係なく，**イオンの価数に反比例する。**

2 電気量の単位

① **1 クーロン〔C〕**…1 アンペア〔A〕の電流が 1 秒間流れたときの電気量。

$$電気量〔C〕 = 電流〔A〕×時間〔s〕$$

② **ファラデー定数 F**…電子 1 mol がもつ電気量の大きさ。

$$F = 9.65×10^4 \text{ C/mol}$$

＋補足 i〔A〕の電流が t〔s〕間流れたときの電子の物質量は，次式の通り。

$$電子の物質量〔mol〕 = \frac{電気量}{ファラデー定数} = \frac{it〔C〕}{9.65×10^4 \text{ C/mol}}$$

3 電気分解における電気量と物質の変化量の関係

次のようなイオン反応式の係数比から読み取る。

例 $Cu^{2+} + \underline{2e^-} \longrightarrow \underline{Cu}$　　　　$2H_2O \longrightarrow 4H^+ + \underline{O_2}\uparrow + \underline{4e^-}$

　　　（1 mol）　$\left(\dfrac{1}{2} \text{ mol}\right)$　　　　　　　　　　　　$\left(\dfrac{1}{4} \text{ mol}\right)$　（1 mol）

10 電解槽と直列・並列接続

1 直列接続

右図のように，各電解槽を流れる電流はどこも同じである。したがって，**回路全体を流れる電気量もすべて等しい。**

$$電気量 \, Q_I = 電気量 \, Q_{II}$$

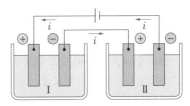

▲直列につないだ電解槽

2 並列接続

右図のように，各電解槽を流れる電流の和が，電源から流れ出た電流となる。したがって，**各電解槽を流れる電気量の和が全電気量と等しい。**

$$全電気量 \, Q = Q_I + Q_{II}$$

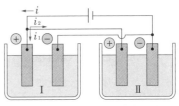

▲並列につないだ電解槽

！注意 通じた電気量の何％が目的とする電気分解に使われたかを表したものを**電流効率**という。特に指示がなければ，電流効率が 100％と考えて計算してよい。

11 アルミニウムの溶融塩電解 ——◀

アルミニウムは，ボーキサイトから取り出した酸化アルミニウム（アルミナ）に，融点降下剤として**氷晶石** Na_3AlF_6 を加え，炭素電極を用いて**溶融塩電解**によって得られる。

$$Al_2O_3 \longrightarrow 2Al^{3+} + 3O^{2-}$$
$$\left\{ \begin{array}{l} 陰極；Al^{3+} + 3e^- \longrightarrow Al \\ 陽極；C + O^{2-} \longrightarrow CO + 2e^- \end{array} \right.$$
$$C + 2O^{2-} \longrightarrow CO_2 + 4e^-$$

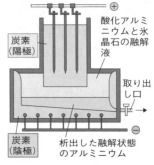

酸化アルミニウムと氷晶石の融解液

炭素（陽極）

取り出し口

炭素（陰極）　析出した融解状態のアルミニウム

▲アルミニウムの溶融塩電解

！注意 イオン化傾向の大きな Al^{3+} を含む水溶液を電気分解しても，H_2 しか発生しない。

12 銅の電解精錬 ————————◀

鉱石の黄銅鉱 $CuFeS_2$ を還元して，**粗銅**（Cu 約 99 %）をつくる。**陽極に粗銅，陰極に純銅**（Cu 約 99.99 %）を用い，硫酸酸性の $CuSO_4$ 水溶液を電気分解すると，各電極で次のような反応が起こる。

$$\left\{ \begin{array}{l} 陽極；Cu \longrightarrow Cu^{2+} + 2e^- （酸化） \\ 陰極；Cu^{2+} + 2e^- \longrightarrow Cu（還元） \\ 粗銅から溶解した Fe^{2+}, Ni^{2+} な \\ どは陰極には析出しない。 \end{array} \right.$$

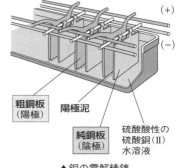

(+)
(−)

粗銅板（陽極）　陽極泥

純銅板（陰極）　硫酸酸性の硫酸銅(II)水溶液

▲銅の電解精錬

粗銅中の Ag, Au などはイオン化せず，陽極の下に**陽極泥**となり沈殿する。このように，電気分解によって純粋な金属を得る方法を**電解精錬**という。

13 金属のイオン化傾向とイオン化列 ————————◀

金属が水溶液中で陽イオンとなり溶け出す性質を，**金属のイオン化傾向**といい，金属をイオン化傾向の大きい順に並べたものを**イオン化列**という。

イオン化列	Li	K	Ca	Na	Mg	Al	Zn	Fe	Ni	Sn	Pb	(H)	Cu	Hg	Ag	Pt	Au
水との反応	常温の水と反応					熱水と反応	高温の水蒸気と反応		反応しない							
空気中での反応（常温）	内部まで酸化			表面に酸化被膜をつくる							酸化されない			
酸との反応	塩酸や希硫酸と反応して水素を発生									酸化力のある酸と反応				王水と反応	

TYPE 069 ダニエル電池

極板の質量は，負極では酸化反応が起こって減少，正極では還元反応が起こって増加する。

着眼 右図のような電池を，ダニエル電池という。

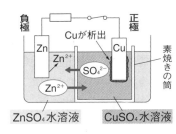

負極；$Zn \longrightarrow Zn^{2+} + 2e^-$
正極；$Cu^{2+} + 2e^- \longrightarrow Cu$

一般に，**イオン化傾向の大きい金属が負極**となり，酸化反応が起こる。**イオン化傾向の小さい金属が正極**となり，還元反応が起こる。したがって，負極にはより酸化されやすい金属，正極にはより還元されやすい金属を用いたほうが，電池の起電力は大きくなる。言いかえると，両電極の**イオン化傾向の差が大きいほど，電池の起電力は大きくなる。**例題では，ダニエル電池と同じしくみで，極板や電解液が異なるダニエル型電池を扱う。

例題 ダニエル型電池の負極の質量の増減

上図のような装置の一方の室に，1 mol/L の硝酸銀水溶液 500 mL と銀板を入れ，他方の室には 0.5 mol/L の硝酸亜鉛水溶液 500 mL と亜鉛板を入れて，ダニエル型電池をつくった。この両電極に豆電球をつなぎ，放電を続けた後，正極を取り出してその質量を測ると，放電前よりも 162 mg 質量が増加していた。このときの負極の質量の増減量を答えよ。原子量；$Zn = 65$，$Ag = 108$

解き方 このダニエル型電池では，以下のような反応が起こる。

負極；$Zn \longrightarrow Zn^{2+} + 2e^-$ ……①
正極；$Ag^+ + e^- \longrightarrow Ag$ ……②

①式より，**負極（亜鉛板）の質量は減少する**ことがわかる。②式より，流れた電子の物質量は，析出した Ag（モル質量 **108 g/mol**）の物質量と等しいので，

$$\frac{162 \times 10^{-3}\,g}{108\,g/mol} = 1.5 \times 10^{-3}\,mol$$

電子 2 mol が流れると，Zn 1 mol が溶けるから，溶けた Zn（原子量 = 65）の質量は，

$$1.5 \times 10^{-3}\,mol \times \frac{1}{2} \times 65\,g/mol \fallingdotseq 49 \times 10^{-3}\,g$$

答 49 mg の減少

TYPE 070 鉛蓄電池

難易度 **B**

流れた電子の物質量をつかむこと。希硫酸の濃度変化は，鉛蓄電池の放電反応を 1 つの反応式にまとめて考えよ。

着眼 鉛蓄電池は右図のように，**負極に鉛 Pb，正極に酸化鉛(Ⅳ)PbO₂** を，**電解液に希硫酸 H₂SO₄** を用いている。鉛蓄電池は，いったん起電力が低下しても，逆向きの電流を流すことによって起電力を回復させることができる。この操作を**充電**という。

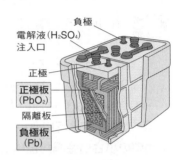

負極
電解液(H₂SO₄)
注入口
正極
正極板
(PbO₂)
隔離板
負極板
(Pb)

鉛蓄電池のように，充電によって繰り返し使用できる電池を，**二次電池(蓄電池)**という。これに対して，マンガン乾電池のように，充電できずに使いきりの電池を**一次電池**という。

また，鉛蓄電池の放電時の両極での変化は，それぞれ次のように表される。

$$\begin{cases} 負極；Pb + SO_4^{2-} \longrightarrow PbSO_4 + 2e^- \\ 正極；PbO_2 + 4H^+ + 2e^- + SO_4^{2-} \longrightarrow PbSO_4 + 2H_2O \end{cases}$$

上の 2 式を辺々加えて 1 つにまとめると，

$$Pb + PbO_2 + 2H_2SO_4 \xrightarrow{2e^-} \underset{(正極)}{PbSO_4} + \underset{(負極)}{PbSO_4} + 2H_2O$$

つまり，2 mol の電子が移動すると，負極では Pb 1 mol が PbSO₄ 1 mol に変化する一方，正極では PbO₂ 1 mol が PbSO₄ 1 mol に変化する。

また，電解液は，H₂SO₄ が 2 mol 消費され，H₂O が 2 mol 生成する。

したがって，鉛蓄電池を放電し続けると，**両極の質量は増加し，硫酸の濃度(密度)は減少する。**

＋補足 鉛蓄電池を充電するときは，直流電源と鉛蓄電池の同極どうしを接続すればよい。これは放電時に負極から電子が失われているので，起電力を回復するには，負極に電子を与える必要があるためである。充電時には，以下のような反応が起こる。

$$\begin{cases} 負極；PbSO_4 + 2e^- \longrightarrow Pb + SO_4^{2-} & (還元反応) \\ 正極；PbSO_4 + 2H_2O \longrightarrow PbO_2 + 4H^+ + 2e^- + SO_4^{2-} & (酸化反応) \end{cases}$$

例 題 鉛蓄電池における極板の質量，電解液の濃度変化

鉛蓄電池は，負極に鉛 Pb，正極に酸化鉛(Ⅳ) PbO₂，電解液に希硫酸を用いた実用的な二次電池である。放電前の希硫酸の質量パーセント濃度を 33 %，その質量を 1000 g とし，0.20 mol の電子が負極から正極へ移動したとする。原子量；H = 1.0, O = 16, S = 32, Pb = 207

(1) 負極，正極の質量は，それぞれ何 g 増減したか。
(2) 放電後の希硫酸の濃度は何%になるか。

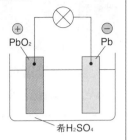

希 H₂SO₄

解き方 (1) 負極，正極の放電時の反応式は次の通り。

負極；$\underline{Pb} + SO_4^{2-} \longrightarrow \underline{PbSO_4} + \underline{2e^-}$
　　　1 mol (= 207 g)　　　1 mol (= 303 g)　**2 mol**

――――― **96 g 増加** ―――――

正極；$PbO_2 + 4H^+ + \underline{2e^-} + SO_4^{2-} \longrightarrow \underline{PbSO_4} + 2H_2O$
　　　1 mol (= 239 g)　**2 mol**　　　　　　　1 mol (= 303 g)

―――――――― **64 g 増加** ――――――――

反応式より，負極・正極ともに，極板の質量が 1 mol ずつ変化するのに，電子 2 mol が必要であることがわかる。よって，0.20 mol の電子が流れると，極板の質量が 0.10 mol ずつ変化するので，

負極；96 g × 0.10 = 9.6 g　増加する。
正極；64 g × 0.10 = 6.4 g　増加する。

(2) 希硫酸の濃度変化については，**正極と負極をあわせた反応式を利用する。**

$$Pb + PbO_2 + 2H_2SO_4 \xrightarrow{2e} 2PbSO_4 + 2H_2O$$

この電解液中に含まれる H₂SO₄ の質量は，1000 g × 0.33 = 330 g
上式より，**1 mol の電子が流れると，H₂SO₄(溶質) 1 mol が消費され，H₂O (溶媒) 1 mol が生成する。**

よって，放電後の希硫酸の質量パーセント濃度は，

$$\frac{溶質}{溶液} \times 100 = \frac{330\,g - 98\,g/mol \times 0.20\,mol}{1000\,g - 98\,g/mol \times 0.20\,mol + 18\,g/mol \times 0.20\,mol} \times 100$$

$$= 31.5 \fallingdotseq 32\,\%$$

答 (1) 負極；**9.6 g 増加**，正極；**6.4 g 増加**　(2) **32 %**

類題36 放電前に密度 1.24 g/cm³ であった希硫酸が，放電により，密度が 1.12 g/cm³ になった鉛蓄電池がある。この放電で移動した電子の物質量を求めよ。ただし，希硫酸の体積は，つねに 500 mL で変化しなかったものとする。原子量；H = 1.0, O = 16, S = 32, Pb = 207

（解答➡別冊 p.12）

TYPE

069
070
071
072
073
074
075
076
077
078
079
080

燃料電池

難易度 **B**

水素ー酸素型の燃料電池では，H_2 1 mol が完全に反応すると，2 mol の電子が移動する。

Q 着眼 燃料電池(水素ー酸素型)では，水素の燃焼で得られるエネルギーを熱エネルギーの形で得るかわりに，水素(還元剤)の酸化反応と，酸素(酸化剤)の還元反応をそれぞれ別の場所で行わせ，その間に継続的な電子の流れ(電流)を生み出し，効率よく電気エネルギーを取り出している。

すなわち，白金触媒をつけた多孔質の炭素電極の一方の電極に H_2 を，他方の電極に O_2 を一定の速度で吹きつけると，各電極では次のような反応が起こる。

〔負極での反応〕

H_2 が電子を放出する還元剤(負極活物質)としてはたらく。

$$H_2 \longrightarrow 2H^+ + 2e^- \text{(酸化反応)} \quad \cdots\cdots\cdots① $$

〔正極での反応〕

O_2 が電子を取り込む酸化剤(正極活物質)としてはたらく。

$$\frac{1}{2}O_2 + 2e^- + 2H^+ \longrightarrow H_2O \text{(還元反応)} \quad \cdots\cdots② $$

負極で生成した H^+ が電解液中を移動して正極で消費されるので，電解液の濃度は一定に保たれる。

また，①＋②より，$H_2 + \dfrac{1}{2}O_2 \xrightarrow{2e^-} H_2O$(液体)

これより，水素 1 mol と酸素 $\dfrac{1}{2}$ mol が完全に反応すると，取り出される電子は 2 mol である。

＋補足 燃料のもつ化学エネルギーを熱エネルギー $\longrightarrow$ 運動エネルギー $\longrightarrow$ 電気エネルギーと変換していく火力発電に比べて，燃料電池では，燃料のもつ化学エネルギーを直接電気エネルギーに変換している。燃料のもつ化学エネルギーのうち，電気エネルギーに変換された割合をエネルギー効率といい，火力発電が 25 ～ 35％であるのに対して，燃料電池では 40 ～ 45％と高くなる。

例 題　**水素－酸素型燃料電池の反応とエネルギー効率**

　電解液に水酸化カリウム水溶液を用いた，水素－酸素型の燃料電池がある。いま，0℃，1.01×10^5 Pa において，毎分あたり負極に水素 448 mL，正極に酸素 224 mL の割合で反応させた。次の問いに答えよ。

(1)　負極・正極で起こる変化を，電子 e^- を用いた反応式で示せ。

(2)　この電池を 1 時間運転したとき，得られる電気量は何 C か。電子 1 mol あたりの電気量を 9.65×10^4 C/mol とする。

(3)　放電時の平均電圧を 0.700 V とすると，電気エネルギー〔J〕＝電気量〔C〕×電圧〔V〕の関係より，(2)で得られた電気エネルギーは何 kJ か。

(4)　水素の燃焼エンタルピーを -286 kJ/mol として，この電池のエネルギー効率〔%〕を求めよ。

解き方　(1)　負極では，H_2 が電子を放出し，生じた H^+ が直ちに水酸化カリウム水溶液中の OH^- と反応して，H_2O が生成する。

$$H_2 + 2OH^- \longrightarrow 2H_2O + 2e^- \quad\cdots\cdots\cdots\cdots\cdots\cdots① $$

正極では，O_2 が電子を受け取り O^{2-} となり，直ちに水酸化カリウム水溶液中の H_2O と反応して OH^- となる（負極で消費された OH^- が再生される）。

$$O_2 + 4e^- + 2H_2O \longrightarrow 4OH^- \quad\cdots\cdots\cdots\cdots\cdots② $$

(2)　両極の反応を 1 つにまとめた反応式は，①×2＋②より，

$$2H_2 + O_2 \xrightarrow{4e^-} 2H_2O \quad\cdots\cdots\cdots\cdots\cdots\cdots\cdots③ $$

0℃，1.01×10^5 Pa で 448 mL の H_2 の物質量は，$\dfrac{448 \text{ mL}}{22400 \text{ mL/mol}} = 0.0200$ mol

③式より，**0.0200 mol の H_2 が反応すると，0.0400 mol の電子が移動する**から，この電池を 1 時間運転したときに得られる電気量は，

$$0.0400 \text{ mol/min} \times 60 \text{ min} \times 9.65 \times 10^4 \text{ C/mol} = 2.316 \times 10^5 \fallingdotseq 2.32 \times 10^5 \text{ C}$$

(3)　問題に与えられた公式を用いて電気エネルギーを求めると，

$$2.316 \times 10^5 \text{ C} \times 0.700 \text{ V} = 1.621 \times 10^5$$

$$1 \text{ kJ} = 1000 \text{ J より，} 1.621 \times 10^5 \text{ J} \fallingdotseq 162 \text{ kJ}$$

(4)　水素を燃焼して得られる熱エネルギーをすべて電気エネルギーに変換できれば，エネルギー効率は 100% である。1 時間で供給した H_2 の燃焼で得られるのは，

$$0.0200 \text{ mol/min} \times 60 \text{ min} \times 286 \text{ kJ/mol} = 343.2 \text{ kJ}$$

上で求めた熱エネルギーと(3)で求めた電気エネルギーより，

$$\frac{162.1}{343.2} \times 100 = 47.23 \fallingdotseq 47.2\%$$

答　(1)負極：①式，正極：②式　(2) 2.32×10^5 C　(3) 162 kJ　(4) 47.2%

（負極） $MH + OH^- \underset{\text{充電}}{\overset{\text{放電}}{\rightleftarrows}} M + H_2O + e^-$

（正極） $NiO(OH) + e^- + H_2O \underset{\text{充電}}{\overset{\text{放電}}{\rightleftarrows}} Ni(OH)_2 + OH^-$

（全体） $MH + NiO(OH) \underset{\text{充電}}{\overset{\text{放電}}{\rightleftarrows}} M + Ni(OH)_2$

🔍 **着眼** ニッケル・水素電池は，水素吸蔵合金(M)が水素を吸収・放出する性質を利用した**二次電池**である。**水素吸蔵合金に吸蔵された水素が負極活物質，酸化水酸化ニッケル(Ⅲ)が正極活物質**，電解液に濃い水酸化カリウム水溶液が用いられる。放電時，負極では M から放出された H 原子が酸化されて H^+ となるが，直ちに OH^- で中和されて H_2O になる。正極では $NiO(OH)$ が還元され，さらに H_2O と反応して，水酸化ニッケル(Ⅱ)を生成する。放電時には負極から正極へ OH^- が移動し，充電時には正極から負極へ OH^- が移動し，電解液の KOH 水溶液の濃度は変化しない。

───《 **例題** ニッケル・水素電池の電気量 》───

ニッケル・水素電池の放電・充電時の全反応は，次式で表される。

$NiO(OH) + MH \underset{\text{充電}}{\overset{\text{放電}}{\rightleftarrows}} Ni(OH)_2 + M$ （M：水素吸蔵合金）

完全に放電した状態で 6.7 kg の $Ni(OH)_2$ を用いたニッケル・水素電池がある。この電池が 1 回の充電で蓄えることができる最大の電気量は何 A・h か。ただし，1 A・h(アンペア時)とは，1A の電流が 1 時間流れたときの電気量である。式量；$Ni(OH)_2 = 93$，ファラデー定数；9.65×10^4 C/mol

解き方 充電すると，反応式の係数の比より，$Ni(OH)_2$ 1 mol から $NiO(OH)$ 1 mol が生成する。このとき，Ni の酸化数が +2 から +3 へと 1 増加するので，電子 1 mol が放出されていることになる。

$Ni(OH)_2$ 6.7 kg の物質量は，$\dfrac{6.7 \times 10^3 \text{ g}}{93 \text{ g/mol}} = 72.0$ mol

よって，充電により移動した電子 e^- の物質量も 72.0 mol である。

ファラデー定数 $F = 9.65 \times 10^4$ C/mol より，電子 e^- 72.0 mol のもつ電気量が x〔A・h〕に等しいとおけば，次式が成り立つ。

$72.0 \text{ mol} \times 9.65 \times 10^4 \text{ C/mol} = (x \times 3600)$〔s〕

∴ $x = 1930 \fallingdotseq 1.9 \times 10^3$ A・h

答 1.9×10^3 A・h

CHAP.
5

2
電池と電気分解

TYPE
069
070
071
072
073
074
075
076
077
078
079
080

TYPE 073 リチウムイオン電池

（負極）　$Li_xC_6 \underset{充電}{\overset{放電}{\rightleftharpoons}} C_6 + xLi^+ + xe^-$

（正極）　$Li_{(1-x)}CoO_2 + xLi^+ + xe^- \underset{充電}{\overset{放電}{\rightleftharpoons}} LiCoO_2$

結局，Li^+ が x〔mol〕移動すると，e^- も x〔mol〕移動する。

着眼 リチウムイオン電池は，負極に Li^+ を含む黒鉛（LiC_6），正極にコバルト酸リチウム $LiCoO_2$，電解液にリチウム塩を含む有機溶媒を用いた**二次電池**である。放電時，負極では黒鉛の層間から Li^+ が電解液中に放出され，正極では CoO_2 の層間に Li^+ が収容されて，$LiCoO_2$ になる。充電時にはこれと逆の

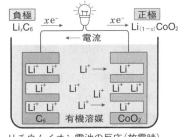

リチウムイオン電池の反応（放電時）

反応が起こる。この電池は Li^+ が負極と正極の間を往復するシンプルな構造のため，充電・放電の繰り返しにも強いという特徴がある。

＋補足　黒鉛は C 原子 6 個あたり最大 1 個まで Li^+ を収容できるので，負極は LiC_6 と表す。ただし，負極での黒鉛 C_6 に対する Li^+ の割合は整数では表せないので，その化学式は小数 x（$0<x<0.5$）を用いて Li_xC_6 と表す。正極でも同様である。

例題　リチウムイオン電池の計算

リチウムイオン電池を放電すると，負極・正極ではそれぞれ次の反応が起こる。

負極　$Li_xC_6 \longrightarrow C_6 + xLi^+ + xe^-$

正極　$Li_{(1-x)}CoO_2 + xLi^+ + xe^- \longrightarrow LiCoO_2$ 　　（ただし，$0<x<0.5$）

放電により負極活物質の質量が 20.7 mg 変化すれば，0.10 A の電流を何分間取り出すことができるか。原子量；$Li=6.9$，ファラデー定数 $F=9.65×10^4$ C/mol

解き方　負極の反応式より，Li^+ a〔mol〕が黒鉛の層間から抜け出せば，負極の質量が減少する。同時に a〔mol〕の電子が外部回路に流れることになる。

$$Li^+ の物質量 = \frac{0.0207\ g}{6.9\ g/mol} = 3.0×10^{-3}\ mol\ (= e^- の物質量)$$

$3.0×10^{-3}$ mol の電子のもつ電気量で 0.10 A の電流が x〔分間〕流れたとすると，ファラデー定数より，

$$3.0×10^{-3}\ mol×9.65×10^4\ C/mol = 0.10\ A×(x×60)\ 〔s〕$$

∴　$x = 48.2 ≒ 48$ 分

答 48分間

まず，電解槽に流れた電気量から，電子の物質量を求める。
次に，各電極での反応式を書き，係数比に着目する。

着眼 電解槽に流れた**電気量**は**電流値と時間の積**で求める。これを電子
1 mol のもつ電気量を表す**ファラデー定数 $F = 9.65 \times 10^4$ C/mol**
で割ると，電気分解に関係した電子の物質量がわかる。

$$電子の物質量〔mol〕= \frac{電流〔A〕× 時間〔s〕}{9.65 \times 10^4 \text{ C/mol}}$$

次に，各電極での反応式を書き，**目的物質と電子 e^- の係数比に着目**すれば，
その生成量が求められる。

例 題 電気分解の電気量と物質の生成量

硫酸銅(Ⅱ)水溶液に白金電極を浸し，1.0 A の直流電流を 32 分 10 秒間流して，
電気分解を行った。原子量；Cu = 64，ファラデー定数；$F = 9.65 \times 10^4$ C/mol
(1) 陰極で析出する物質は何 g か。
(2) 陽極で発生する気体の体積は，標準状態で何 L か。

解き方 (1) 流れた電気量は，Q〔C〕= 1.0 A × (32×60 + 10) s = 1930 C である。
電子 1 mol のもつ電気量は，ファラデー定数 $F = 9.65 \times 10^4$ C/mol だから，電気分
解に関係した電子の物質量は，

$$\frac{1930 \text{ C}}{9.65 \times 10^4 \text{ C/mol}} = 0.020 \text{ mol}$$

陰極の反応 $Cu^{2+} + 2e^- \longrightarrow Cu$ より，**電子 2 mol で Cu 1 mol が析出する。**

Cu の析出量；$0.020 \text{ mol} \times \frac{1}{2} \times 64 \text{ g/mol} = 0.64 \text{ g}$

(2) 陽極の反応 $2H_2O \longrightarrow 4H^+ + O_2 + 4e^-$ より，**電子 4 mol で O_2 1 mol
が発生する。**

O_2 の発生量；$0.020 \text{ mol} \times \frac{1}{4} \times 22.4 \text{ L/mol} = 0.112 \fallingdotseq 0.11 \text{ L}$

答 (1) 0.64 g (2) 0.11 L

類題37 陰極と陽極に炭素棒を用いて，塩化銅(Ⅱ)水溶液を電気分解したところ，
陰極に銅が 2.56 g 析出した。陽極で発生した塩素は標準状態で何 mL か。ただし，
塩素は水に溶けないものとする。原子量；Cu = 64.0

(解答➡別冊 p.12)

TYPE **075** 直列接続の電気分解

難易度 **B**

各電解槽に流れる電気量は，すべて同じである。

 複数の電解槽を直列につなぐと，どの電解槽にも同じ強さの電流が同じ時間だけ流れるので，**各電解槽を流れる電気量はすべて等しい**。

例題 **直列接続の電気分解**

電解槽 X, Y にそれぞれ 1 mol/L の硫酸銅(II)水溶液，硝酸銀水溶液を入れ，図のように電極を接続した。0.50 A の一定電流である時間電気分解を行うと，Y 槽の陰極の質量が 2.7 g 増加した。原子量：Cu = 64, Ag = 108, ファラデー定数；$F = 9.65 \times 10^4$ C/mol

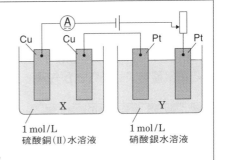

1 mol/L
硫酸銅(II)水溶液

1 mol/L
硝酸銀水溶液

(1) 電気分解した時間は何分何秒間か。

(2) X 槽の陽極での質量の変化を，増加・減少を含めて示せ。

(3) Y 槽で発生する気体の体積は，標準状態で何 L か。

解き方 直列接続の電解槽だから，X, Y 槽に流れる電気量は等しい。

(1) Y 槽の陰極では，$Ag^+ + e^- \longrightarrow Ag$ の反応が起こる。反応式より，析出した

Ag と反応した電子の物質量は等しく，$\dfrac{2.7 \text{ g}}{108 \text{ g/mol}} = 0.025$ mol

電気量 Q は，ファラデー定数 $F = 9.65 \times 10^4$ C/mol より，

$Q = 0.025$ mol $\times 9.65 \times 10^4$ C/mol $= 2412.5$ C

求める時間を t〔s〕とすると，**電気量〔C〕＝電流〔A〕×時間〔s〕**より，

0.50 A $\times t$〔s〕$= 2412.5$ C   ∴ $t = 4825$ s $= 80$ 分 25 秒

(2) X 槽の陰極では $Cu^{2+} + 2e^- \longrightarrow Cu$ のように銅が析出する一方，陽極では

$Cu \longrightarrow Cu^{2+} + 2e^-$ のように銅が溶解するから，

0.025 mol $\times \dfrac{1}{2} \times 64$ g/mol $= 0.80$ g（減少する）

(3) $2H_2O \longrightarrow 4H^+ + O_2 + 4e^-$ より，電子 4 mol で O_2 1 mol が発生する。

0.025 mol $\times \dfrac{1}{4} \times 22.4$ L/mol $= 0.14$ L

答 (1) 80 分 25 秒 (2) 0.80 g 減少 (3) 0.14 L

全電気量は，各電解槽に流れた電気量の和に等しい。

$$Q = Q_1 + Q_2 + \cdots \quad \left(\begin{array}{l} Q ; 全電気量 \\ Q_n ; 各電解槽に流れた電気量 \end{array} \right)$$

着眼 電解槽を並列につなぐと，電源を流れ出た全電流 I と各電解槽を流れる電流 i_1，$i_2 \cdots$ には，$I = i_1 + i_2 + \cdots$ という関係が成り立つ。このとき，各電解槽には同じ時間だけ電流が流れるので，並列接続では，全電気量は各電解槽を流れた電気量の和に等しい。この TYPE の問題では，**各電解槽を流れる電気量を求めることが先決**である。

例題　並列接続の電気分解

　右図のように 2 つの電解槽を並列につなぎ，A 槽に希硫酸，B 槽に硫酸銅(Ⅱ)水溶液を入れ，電極にいずれも白金 Pt を用い，0.40 A の電流で 48 分 15 秒間電解を行った。ファラデー定数；$F = 9.65 \times 10^4$ C/mol

(1)　回路全体を流れた電気量は何 C か。

(2)　A 槽の陰極に発生した気体の体積は，標準状態で89.6 mL であった。A 槽を流れた電気量は何 C か。

H₂SO₄水溶液

(3)　B 槽の陽極に発生した気体の体積は，標準状態で何 mL か。

B

(4)　B 槽の硫酸銅(Ⅱ)水溶液は，最初 0.40 mol/L で

CuSO₄水溶液

100 mL であったとすれば，電解後の硫酸銅(Ⅱ)水溶液の濃度は何 mol/L になるか。ただし，電解による水溶液の体積変化はなかったものとする。

解き方　(1)　この回路を流れた全電気量は，0.40 A の電流を 48 分 15 秒間流したのだから，**電気量〔C〕＝電流〔A〕×時間〔s〕**より，

$$0.40 \text{ A} \times (48 \times 60 + 15) \text{s} = 1158 \fallingdotseq 1.2 \times 10^3 \text{ C}$$

(2)　A 槽では，次のような変化が起こり，**陽極に O_2，陰極に H_2 が発生**する。

$$\begin{cases} 陽極 ; 2H_2O \longrightarrow 4H^+ + O_2 + 4e^- \\ 陰極 ; 2H^+ + 2e^- \longrightarrow H_2 \end{cases}$$

陰極では電子 2 mol で H_2 が 1 mol 発生するから，流れた電子の物質量は，

$$\frac{89.6\ \text{mL}}{22400\ \text{mL/mol}} \times 2 = 0.00800\ \text{mol}$$

ファラデー定数 $F = 9.65 \times 10^4$ C/mol より，A 槽に流れた電気量は，

$$0.00800\ \text{mol} \times 9.65 \times 10^4\ \text{C/mol} = 772\ \text{C}$$

(3) 全電気量は，各電解槽に流れた電気量の和に等しいので，

(B 槽に流れた電気量) = (全電気量) − (A 槽に流れた電気量) より，

$$1158\ \text{C} - 772\ \text{C} = 386\ \text{C}$$

B 槽の陽極では，SO_4^{2-} は電子を失いにくく，代わりに水分子が酸化される。

これより，B 槽(陽極)の反応式は，

$$2H_2O \longrightarrow 4H^+ + O_2 + 4e^-$$

よって，**電子 4 mol から O_2 1 mol が発生する**から，発生した O_2 の体積は，

$$\frac{386\ \text{C}}{9.65 \times 10^4\ \text{C/mol}} \times \frac{1}{4} \times 22400\ \text{mL/mol} = 22.4 \fallingdotseq 22\ \text{mL}$$

(4) B 槽の陰極では，$Cu^{2+} + 2e^- \longrightarrow Cu$ の反応により，

Cu^{2+} が $\dfrac{386}{9.65 \times 10^4} \times \dfrac{1}{2} = 0.0020$ mol 減少する。

電解後の $CuSO_4$ 水溶液に残った Cu^{2+} の物質量は，

$$0.40 \times \frac{100}{1000} - 0.0020 = 0.038\ \text{mol}$$

これが水溶液 100 mL 中に含まれるので，モル濃度は，

$$0.038\ \text{mol} \div \frac{100}{1000}\ \text{L} = 0.038 \times \frac{1000}{100} = 0.38\ \text{mol/L}$$

答 (1) 1.2×10^3 C (2) 772 C (3) 22 mL (4) 0.38 mol/L

類題38 硝酸銀水溶液の入った電解槽(I)と，硫酸ナトリウム水溶液の入った電解槽(II)を右図のように連結した。0.500 A の電流で 1 時間電気分解したところ，(I)槽の陰極が 0.432 g 増加した。原子量；Ag = 108，ファラデー定数；$F = 9.65 \times 10^4$ C/mol

(解答➡別冊 p.12)

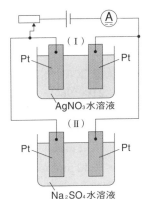

AgNO₃水溶液

Na₂SO₄水溶液

(1) 電源から流れ出た全電気量は何 C か。

(2) (I)槽を流れた電流の平均値は何 A か。

(3) (II)槽の陰極で発生した気体の体積は，標準状態で何 mL か。

(4) (I)槽の硝酸銀水溶液が，電気分解前に 0.200 mol/L で 100 mL あったとすれば，電気分解終了時における硝酸銀水溶液の濃度は何 mol/L となるか。ただし，電解による溶液の体積変化は無視する。

イオン交換膜を用いて NaCl 水溶液を電気分解すると, 陰極側で NaOH が得られる。

 塩化ナトリウム水溶液の電気分解では, 各電極で次の反応が起こる。

陽極; $2Cl^- \longrightarrow Cl_2 + 2e^-$

陰極; $2H_2O + 2e^- \longrightarrow H_2 + 2OH^-$

陽極付近では, 反応しなかった Na^+ が残り, 正電荷が過剰になる。一方, 陰極付近では, OH^- が生じて, 負電荷が過剰に

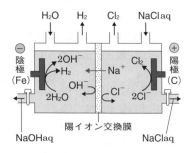

なる。**電荷のつりあいを保つため, イオンが溶液中を移動する。**

Na^+ は中央の陽イオン交換膜を通過できるが, Cl^- や OH^- は通過できない。したがって, **電気分解を続けると, 陰極側では Na^+ と OH^- の濃度が大きくなり, 高純度の NaOH が得られる**ことになる。

例 題 **イオン交換膜法で得られた NaOH 水溶液の濃度**

上図のような装置を用いて, 2.0 A の電流を 1 時間 36 分 30 秒間流して電気分解を行った。各電解槽の水溶液の体積は 100 L であるとして, 電気分解後に陰極側で得られる水酸化ナトリウム水溶液のモル濃度を求めよ。

ファラデー定数; $F = 9.65 \times 10^4$ C/mol

解き方 電気分解で流れた電子 e^- の物質量は,

$$\frac{2.0 \times (96 \times 60 + 30)\,\text{C}}{9.65 \times 10^4\,\text{C/mol}} = 0.12\,\text{mol}$$

陰極では, $2H_2O + 2e^- \longrightarrow H_2 + 2OH^-$ の反応が起こる。

2 mol　　**2 mol**　　**1 mol**　　**2 mol**

電子 e^- 0.12 mol が流れると, 生成する OH^- も 0.12 mol である。

この OH^- と陽極側から移動してきた Na^+ から NaOH 水溶液が得られる。

陰極側に生成した NaOH 0.12 mol が水溶液 100 L 中に含まれるから,

$$\text{モル濃度}; \frac{0.12\,\text{mol}}{100\,\text{L}} = 1.2 \times 10^{-3}\,\text{mol/L}$$

答 1.2×10^{-3} mol/L

TYPE 078 電極反応の途中変更

難易度 B

うすい金属塩水溶液の電解では，まず還元されやすい金属イオンが反応。途中で生成物の種類が変更される。

 着眼 たとえば，$Cu(NO_3)_2$ の水溶液を，白金電極を用いて電気分解する場合を考える。陽極では，最初から最後まで O_2 が発生するが，陰極では，**最初はイオン化傾向の小さな Cu^{2+} が反応し，途中から両極で水の電気分解が起こる**ことがある。よって，十分な濃度をもつ金属塩水溶液の場合は，途中で電極反応が変更することはないが，**うすい金属塩水溶液の場合は，電気分解を続けていくと，電極反応が途中で変更される**ので，注意が必要である。なお，電解液の濃度が与えられていない場合は，その電気分解に必要十分な濃度であると考えればよい。

例題 うすい硝酸銅(Ⅱ)水溶液の電気分解

0.020 mol/L 硝酸銅(Ⅱ)水溶液 500 mL を，両極とも白金電極を用いて 1.5 A の電流で 32 分 10 秒間，電気分解を行った。原子量；$Cu = 64$，ファラデー定数；$F = 9.65 \times 10^4$ C/mol

(1) 陰極に析出した物質の質量は何 g か。

(2) この電気分解で，陰極に発生した気体の体積は，標準状態で何 L か。

解き方 (1) 流れた電気量は，$1.5 \text{ A} \times (32 \times 60 + 10) \text{ s} = 2895 \text{ C}$ なので，

流れた電子の物質量は，$\dfrac{2895 \text{ C}}{9.65 \times 10^4 \text{ C/mol}} = 0.030 \text{ mol}$ である。

陰極での反応は，$Cu^{2+} + 2e^- \longrightarrow Cu$ より，もし，Cu^{2+} が十分にあれば，0.015 mol の Cu が析出するはずである。実際には，Cu^{2+} は $0.020 \text{ mol/L} \times \dfrac{500}{1000} \text{ L} = 0.010$ mol しかない。よって，析出する Cu は，$0.010 \text{ mol} \times 64 \text{ g/mol} = 0.64 \text{ g}$

(2) (1)より，Cu の析出に使われた電子の物質量は，$0.010 \text{ mol} \times 2 = 0.020 \text{ mol}$

Cu の析出後は，$2H^+ + 2e^- \longrightarrow H_2$ の反応が起こる。

(全電気量) = (Cu の析出に使われた電気量) + (H_2 の発生に使われた電気量) より，

H_2 の発生に使われる電子の物質量は，$0.030 \text{ mol} - 0.020 \text{ mol} = 0.010 \text{ mol}$

したがって，陰極に発生した H_2 の体積は，

$$0.010 \text{ mol} \times \frac{1}{2} \times 22.4 \text{ L/mol} = 0.112 \fallingdotseq 0.11 \text{ L}$$

答 (1) 0.64 g (2) 0.11 L

> アルミニウムの単体は溶融塩電解によってのみ得られる。
> 陽極では，炭素電極自身が消耗する。

着眼 イオン化傾向の大きな Al^{3+} の水溶液を電気分解しても，H_2 が発生するだけで Al の単体は得られない。そのため，工業的には，アルミナ Al_2O_3 を融解した氷晶石 Na_3AlF_6（融点降下剤）に加え，溶融塩電解により Al の単体を得ている。

高温状態の溶融塩電解では，通じた電気量の一部が発熱のために消費され，**電流効率はかなり低下する**。また，陽極では生成した O_2 がすぐに電極の C と反応し，CO や CO_2 となり**電極自身の消耗が起こる**。

例題 アルミニウムの生成に使われる電子と陽極の量

アルミニウムは，融解した氷晶石中にアルミナ Al_2O_3 を少しずつ加え，炭素を電極として電気分解してつくる。このとき，通じた電気量のうち，電気分解に使われた割合（電流効率）を 83% として，次の問いに答えよ。

原子量；$C = 12$，$Al = 27$

(1) アルミニウム 900 kg をつくるのに必要な電子の物質量を求めよ。

(2) 陽極で発生する気体は二酸化炭素のみであるとすると，消費された電極の炭素は何 kg か。

解き方 (1) 陰極での反応は，$Al^{3+} + 3e^- \longrightarrow Al$ であるから，Al **1 mol を生成**するには，**電子 3 mol を必要**とする。

Al（原子量 = 27）の 900 kg の物質量は，$\dfrac{900 \times 10^3\,\text{g}}{27\,\text{g/mol}}$ であるので，

必要な電子の物質量を $x\,[\text{mol}]$ とすると，電流効率が 83% だから，

$$x\,[\text{mol}] \times 0.83 = \dfrac{900 \times 10^3\,\text{g}}{27\,\text{g/mol}} \times 3 \quad \therefore \quad x = 1.20 \times 10^5 \fallingdotseq 1.2 \times 10^5\ \text{mol}$$

(2) 陽極での反応は，$C + 2O^{2-} \longrightarrow CO_2 + 4e^-$ なので，**電子 4 mol で C 1 mol** が二酸化炭素 CO_2 に変化する。

実際に電気分解に使われた電子の物質量は，(1)より 1.20×10^5 mol であるから，

$$1.20 \times 10^5\,\text{mol} \times \dfrac{1}{4} \times 12\,\text{g/mol} = 3.6 \times 10^5\,\text{g} = 3.6 \times 10^2\,\text{kg}$$

答 (1) 1.2×10^5 mol (2) 3.6×10^2 kg

TYPE 080 銅の電解精錬

難易度 **B**

陽極泥（Ag, Au の沈殿）の生成には，電子は使われない。
電子は，Cu, Zn, Fe などの溶解に使われる。

 着眼 硫酸銅（Ⅱ）水溶液を，粗銅を陽極に，純銅を陰極にして，低電圧で
電気分解すると，**陰極に純粋な銅だけが析出**する。このとき，陽極
では，Cu と不純物のうちの Zn, Fe などが溶解し，これらの溶解には電子
が必要である。一方，不純物のうち，Ag, Au は溶解せず，単体のまま**陽極
泥として沈殿**するので，これらは流れた電子の物質量には含めない。

例題　不純物の質量パーセントと電解精錬の終了時間

　銀だけを不純物として含む粗銅 10 g を陽極に，2 g の純銅を陰極として，硫
酸銅（Ⅱ）水溶液を用いて電気分解を行った。いま，低電圧で 268 mA の電流を
10 時間流して電気分解したところ，陽極の質量は 3.5 g だけ減少した。ファラ
デー定数 $F = 9.65 \times 10^4$ C/mol とする。原子量：Cu = 64, Ag = 108
(1) 粗銅中に含まれる銀の質量パーセントを求めよ。
(2) この電気分解が終了するのは，電気分解をはじめてから何時間後のことか。

解き方 (1)　陽極に流れた電子は $Cu \longrightarrow Cu^{2+} + 2e^-$ の反応のみに使われ，Ag
はイオン化せず，**陽極泥として単体のまま沈殿**する。流れた電子の物質量は，

$$\frac{0.268 \text{ A} \times (10 \times 3600) \text{ s}}{9.65 \times 10^4 \text{ C/mol}} = 0.0999 \text{ mol}$$

電子 2 mol で Cu 1 mol が溶解するから，溶解した Cu の質量は，

$$0.0999 \text{ mol} \times \frac{1}{2} \times 64 \text{ g/mol} = 3.19 \text{ g}$$

∴　粗銅中の銀の質量パーセント $= \dfrac{3.5 \text{ g} - 3.19 \text{ g}}{3.5 \text{ g}} \times 100 = 8.85 \fallingdotseq 8.9\%$

(2)　陽極の粗銅板がなくなると電気分解は終了する。粗銅中の Cu の物質量は，

$$\frac{10 \text{ g} \times \dfrac{100 - 8.85}{100}}{64 \text{ g/mol}} = 0.142 \text{ mol}$$

この Cu を溶解するのに必要な電子の物質量は 0.284 mol である。電気分解に必
要な時間を x〔時間〕とすると，

$$0.284 \text{ mol} \times 9.65 \times 10^4 \text{ C/mol} = 0.268 \text{ A} \times (x \times 3600) \text{〔s〕}$$

∴　$x = 28.4 \fallingdotseq 28$ 時間　　　　**答**　(1) 8.9 %　　(2) 28 時間後

TYPE
069
070
071
072
073
074
075
076
077
078
079
080

■練習問題

解答→別冊 p.36

必要な場合は，ファラデー定数を $F = 9.65 \times 10^4$ C/mol とする。

TYPE

53 図のように，電解槽の中央を陽イオン交換
膜で仕切り，陰極室に 0.10 mol/L の水酸化ナ
トリウム水溶液，陽極室に 1.0 mol/L の塩化ナ
トリウム水溶液を 500 mL ずつ入れ，1.0 A の
電流で，64 分 20 秒間電気分解を行った。ただし，
発生した気体は水に溶けないものとする。

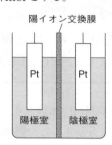

陽イオン交換膜

(1) 陽極で発生した気体は標準状態で何 L か。

(2) 陰極で生成した水酸化ナトリウムは何 g か。式量；NaOH = 40

→ 074,
077

54 硝酸銀水溶液の電解槽 A と，希薄な水
酸化ナトリウム水溶液の電解槽 B と，硫酸
ニッケル(II)水溶液の電解槽 C を図のよう
に接続する。電極にはいずれも白金を用いた。
この装置で 1 時間電気分解を行ったところ，

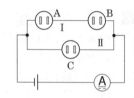

電解槽 B の両極から，標準状態で合計 672 mL の気体が発生した。また，
電流の強さは，図の電流計で 4.57 A であった。次の問いに小数第 2 位
までの数値で答えよ。原子量；Ni = 59，Ag = 108

(1) 電解槽 A の陰極に析出した金属の質量は何 g か。

(2) 回路 II に流れた電流の強さは平均何 A か。

(3) 電解槽 C の陽極で発生した気体の体積は標準状態で何 L か。

(4) 電解槽 C の陰極では，最初に金属の析出が，次いで気体が 224 mL
（標準状態）発生した。析出した金属の質量は何 g か。

→ 075,
076

55 希硫酸を含んだ硫酸銅(II)水溶液 1 L に，不純物として銀とニッ
ケルを含んだ粗銅を陽極，純銅を陰極として電気分解を行った。直流電
流を一定時間通じると，粗銅は 2.00 g 減少し，純銅は 1.92 g 増加した。
また，水溶液中の銅(II)イオンの濃度は 0.010 mol/L 減少していた。
水溶液中に溶け出したニッケルの質量と，陽極泥として沈殿した銀の質
量を求めよ。原子量；Ni = 59，Cu = 64，Ag = 108

→ 080

🔍ヒント 55 陽極では Cu と Ni の溶解に電子が使われる。

56 右図のように，3個の電解槽Ⅰ，Ⅱ，Ⅲにそれぞれ，希硫酸，食塩水，硫酸銅(Ⅱ)水溶液を入れる。電極ア，イ，ウ，オは白金板，エは炭素棒，カは銅板である。また，電極ウとエとの間

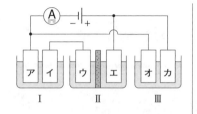

には多孔質の隔膜が置いてある。図のように電池をつないで，電流計で4.825 Aの電流を1時間流したところ，電極アから標準状態で1.12 Lの気体が発生した。

これについて，次の問いに答えよ。原子量；Cu = 63.5

(1) 電極イからは標準状態で何Lの気体が発生したか。

(2) 電解槽Ⅰ，Ⅱ，Ⅲにはそれぞれ何Cの電気量が流れたか。

(3) 電極カの質量は何g増加あるいは減少するか。

(4) 電解槽Ⅱの陰極側にある水溶液の全体積は0.50 Lであった。その50.0 mLを中和するのに1.00 mol/Lの塩酸が何mL必要か。　→ 075, 076

57 0.010 mol/Lの硝酸銅(Ⅱ)水溶液500 mLを，両極とも白金電極を用いて，1.2 Aの電流で16分5秒間電気分解を行った。これについて，次の問いに答えよ。ただし，電気分解の前後での水溶液の体積変化は無視できるものとする。原子量；H = 1.0，O = 16，Cu = 64

(1) 陽極で発生した酸素は何gか。

(2) 陰極では，最初に銅が析出し，次いで水素が発生する。析出した銅と発生した水素は，それぞれ何gか。　→ 078

58 アルミニウムの溶融塩電解を行ったところ，陽極に標準状態で2500 Lの気体が発生した。ガス分析の結果，この気体は一酸化炭素と二酸化炭素の混合物(物質量の比 = 2：3)であった。これについて，次の問いに答えよ。ただし，電気分解は電流効率*100％で行われたものとし，答えは有効数字3桁で記せ。原子量；Al = 27

(1) この電気分解において流れた電気量は何Cか。

(2) この電気分解で得られたアルミニウムは何kgか。　→ 079

*電流効率とは，通じた電気量に対する電気分解に使われた電気量の割合のことである。

ヒント　56 電解槽Ⅰと電解槽Ⅱは直列接続，これらと電解槽Ⅲは並列接続である。
　　　57 (2)　(全電気量) = (Cuの析出に使われた電気量) + (H₂の発生に使われた電気量)

6 | 反応速度と化学平衡

SECTION 1 反応速度

1 反応速度($\overline{v}$)の表し方

反応速度は，単位時間あたりの反応物の濃度の減少量または生成物の濃度の増加量で表す。いま，A ⟶ 2B の反応を考える。$t_1〔s〕$における A のモル濃度$[A]_1$ が $t_2〔s〕$では$[A]_2$まで減少したとすると，$t_1 \sim t_2$間における A の分解速度v_Aは，

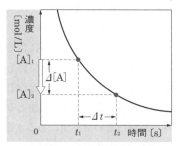

▲反応経過時間と濃度変化

$$v_A = -\frac{[A]_2 - [A]_1}{t_2 - t_1} = -\frac{\Delta[A]}{\Delta t}$$

B の生成速度v_Bは，反応式の係数より，v_Aの 2 倍になる。

2 反応速度式

A + B ⟶ C の反応において，A，B のモル濃度をそれぞれ$[A]$，$[B]$とする。A と B が衝突して C が生成するという単一の反応(**素反応**)としたとき，反応速度vは，$v = k[A][B]$で表される。この関係式を**反応速度式**という。kは**反応の種類と温度によって決まる比例定数で反応速度定数**という。

> **➕補足** 一定体積の容器に A が $m〔個〕$，B が $n〔個〕$あったとする。このとき，両粒子の衝突の組み合わせは$(m \times n)$通りある。A，B のモル濃度をそれぞれ$[A]$，$[B]$で表し，反応速度をv，比例定数をkとおくと，$v = k[A][B]$となる。

3 活性化エネルギー

反応が起こるためには，反応分子どうしが**ある一定以上のエネルギーをもって衝突する必要がある**。このとき必要なエネルギーを**活性化エネルギー**という。反応分子どうしが激しく衝突すると，その運動エネルギーを吸収して，エネルギーの高い不安定な状態となる。このような状態を**遷移状態(活性化状態)**という。遷移状態では，反応分子どうしが合体した反応中間体(**活性錯体**)ができており，この状態で，**原子の組み換えが行われる**と考えられる。このとき，吸収していた活性化エネルギーと反応エンタルピーの和に相当するエネルギーを放出して，新しい分子が生成される。

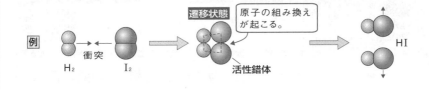

例　H₂ ← 衝突 I₂ → 遷移状態　原子の組み換えが起こる。　活性錯体 → HI

4　活性化エネルギーと反応熱

　活性化エネルギーは，反応の種類によってそれぞれ異なる。**活性化エネルギーが小さい反応ほど，反応速度は大きくなる。**逆に，活性化エネルギーが大きい反応ほど，反応速度は小さくなる。

5　反応速度を変える条件

1 濃度　反応が起こるためには，まず反応分子どうしが衝突する必要がある。この衝突のうち，ある一定の割合で反応が起こるとすると，**反応物の濃度が大きいほど，衝突回数が増え，反応速度は大きくなる。**

2 温度　個々の分子はすべて同じ速度で運動しているわけではなく，右図のような一定の速度分布をもつ。温度が高くなると$(T_1 \rightarrow T_2)$，活性化エネルギーを上回るエネルギーをもつ分子の割合が増加するので，

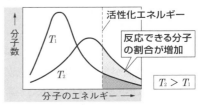

▲温度と分子のエネルギー分布

反応速度が大きくなる。一般に，「**反応速度は，温度が 10 K 上昇するごとに，2 ～ 4 倍になる**」ものが多い。

3 触媒　反応物に第 3 の物質を加えると，反応速度が変化することがあるが，その物質自身は変化しない。このような物質を触媒という。触媒は**活性化エネルギーを小さくして，反応を進みやすくする。**一方，触媒を用いても反応物と生成物のもつエネルギーは変化しないので，反応エンタルピーの大きさは変わらない。

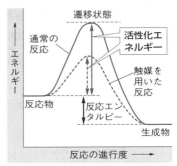

▲活性化エネルギーと触媒

➕補足) 触媒には，MnO_2，Pt のように固体で，その表面付近で反応物とは均一に混じり合わずにはたらく**不均一触媒**と，H^+，OH^-，Fe^{3+} のように，反応物と均一に混じり合ってはたらく**均一触媒**とがある。

TYPE 081 反応速度の表し方

難易度
B

> $A \longrightarrow 2B$ で表される反応において，時間 Δt の間に反応物 A の濃度が $\Delta[A]$ だけ減少し，同時に生成物 B の濃度が $\Delta[B]$ だけ増加したとき，その間の A の分解速度 v_A と，B の生成速度 v_B は，次の式で表される。
>
> $$v_A = -\frac{\Delta[A]}{\Delta t}, \quad v_B = \frac{\Delta[B]}{\Delta t} \qquad (\Delta は変化量を表す記号)$$

Q 着眼 $A \longrightarrow 2B$ の反応では，A の濃度が 1 mol/L 減少すると，B の濃度が 2 mol/L 増加する。したがって，$v_A : v_B = 1 : 2$（係数の比）が成

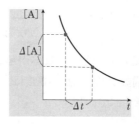
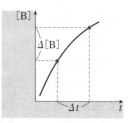

り立つ。このように，同じ反応であっても，どの物質に着目するかによって反応速度の値が変わるので，注意が必要である。

➕補足 反応速度を表す場合，反応が進行すると反応物は減少するので，$\Delta[A]$ は負になる。一方，Δt は常に正だから，v を正の値にするために全体に $-$（マイナス）をつけておく。

➕補足 一般に，反応速度 v は，反応式の係数が 1 の物質を基準とすることが多い。しかし，問題文にどの物質を基準にするかが指示されている場合はこの限りではない。

例 題 過酸化水素の分解速度

下の表は，過酸化水素の分解反応（$2H_2O_2 \longrightarrow 2H_2O + O_2$）を，温度を一定に保ちながら行ったときの実験データである。次の問いに答えよ。

(1) 表の空欄に適する数値を入れよ。

(2) この反応の反応速度式が $v = k[H_2O_2]$ で表されることを示せ。また，反応速度定数 k の値を求めよ。

(3) $t = 5$ min における H_2O_2 の分解速度と，O_2 の生成速度をそれぞれ求めよ。

時間 t 〔min〕	濃度 $[H_2O_2]$ 〔mol/L〕	反応速度 v〔mol/(L·min)〕	平均の濃度 $\overline{[H_2O_2]}$ 〔mol/L〕	$\dfrac{v}{\overline{[H_2O_2]}}$ 〔min^{-1}〕
0	2.41			
		0.124	(イ)	0.059
5	1.79			
		(ア)	1.55	0.062
10	1.31			
		0.068	1.14	(ウ)
15	0.97			

182

解き方 (1) (ア) $t = 5 \sim 10\,\mathrm{min}$ 間における H_2O_2 の分解速度 v は,

$$v = -\frac{\Delta[H_2O_2]}{\Delta t} = -\frac{c_2 - c_1}{t_2 - t_1} = -\frac{1.31 - 1.79}{10 - 5} = 0.096\,\mathrm{mol/(L \cdot min)}$$

(イ) $t = 0 \sim 5\,\mathrm{min}$ 間における H_2O_2 の濃度の平均値 $\overline{[H_2O_2]}$ は,

$$\overline{[H_2O_2]} = \frac{2.41 + 1.79}{2} = 2.10\,\mathrm{mol/L}$$

(ウ) $t = 10 \sim 15\,\mathrm{min}$ 間における反応速度 v と平均の濃度 $\overline{[H_2O_2]}$ との比を求めると,

$$k = \frac{v}{\overline{[H_2O_2]}} = \frac{0.068}{1.14} = 0.0596 \fallingdotseq 0.060\,\mathrm{min}^{-1}$$

(2) どの時間間隔をとっても, $\dfrac{v}{\overline{[H_2O_2]}}$ の値がほぼ一定なので, これを k とおくと, この反応は $v = k[H_2O_2]$ で表される**一次反応**であるといえる。

表の k の値を平均すると,

$$\frac{0.059 + 0.062 + 0.060}{3} = 0.0603 \fallingdotseq 0.060$$

$$\therefore \quad k = 0.060\,\mathrm{min}^{-1}$$

(3) この k の値を用いると, ある時刻 t, 濃度 $[H_2O_2]$ における瞬間の H_2O_2 の分解速度 $v_{H_2O_2}$ を求めることができる。

$$v_{H_2O_2} = 0.0603\,\mathrm{min}^{-1} \times 1.79\,\mathrm{mol/L} = 0.1079 \fallingdotseq 0.108\,\mathrm{mol/(L \cdot min)}$$

反応式の係数の比より, H_2O_2 の分解速度 $v_{H_2O_2}$ と O_2 の生成速度 v_{O_2} の間には, $v_{H_2O_2} : v_{O_2} = 2 : 1$ の関係があるので,

$$v_{O_2} = 0.1079 \times \frac{1}{2} = 0.05395 \fallingdotseq 0.0540\,\mathrm{mol/(L \cdot min)}$$

答 (1)(ア) 0.096 (イ) 2.10 (ウ) 0.060

(2) どの時間間隔においても k の値がほぼ一定なので, $v = k[H_2O_2]$ が成り立つ。 $k = 0.060\,\mathrm{min}^{-1}$

(3) H_2O_2 ; $1.08 \times 10^{-1}\,\mathrm{mol/(L \cdot min)}$, O_2 ; $5.40 \times 10^{-2}\,\mathrm{mol/(L \cdot min)}$

類題39 $A + B \longrightarrow C + D$ からなる反応の反応速度 v は, $v = k[A][B]$ の式で表されるものとする。A, B の最初の濃度(初濃度)は, それぞれ $1.20\,\mathrm{mol/L}$, $0.80\,\mathrm{mol/L}$ であったが, 一定時間が経過した後, A の濃度が $0.60\,\mathrm{mol/L}$ となっていた。このときの反応速度は, 最初の反応速度の何倍か。 (解答➡別冊 p.13)

類題40 体積 $2.0\,\mathrm{L}$ の容器に CO $2.0\,\mathrm{mol}$ と O_2 $1.0\,\mathrm{mol}$ を入れ, 温度一定のもとで, $2CO + O_2 \longrightarrow 2CO_2$ の反応を行ったところ, 20 秒後に全圧がはじめの 0.80 倍になった。この間の CO_2 の生成速度 $[\mathrm{mol/(L \cdot s)}]$ を求めよ。 (解答➡別冊 p.13)

① 反応速度 v と反応物 A と B の濃度 [A]，[B] の関係

  $v=k[A]^x[B]^y$ （$x+y$；反応の次数）

② 温度が 10 K 上昇すると反応速度が 2 倍になる反応に
おいて，10t〔K〕の温度上昇 ⟹ 反応速度は 2^t 倍

Q 着眼　A＋B ⟶ 2C の反応において，反応が右へ進行するには，A と B の衝突が起こる必要がある。このとき，反応物の濃度が大きいほど衝突回数も多くなるので，反応速度も大きくなる。

　この反応が 1 段階で進行する反応（素反応という）であるとき，**反応速度 v は反応物のモル濃度の積に比例する**ので，次式のように表される。

　　$v=k[A][B]$

　このような関係式を**反応速度式**という。この比例定数 k は反応の種類と温度によって決まる定数で**反応速度定数**という。k は，反応分子 A，B が衝突したときに反応する確率を表す数値と考えてよい。

　ところで，**多くの化学反応では温度が 10 K 上昇するごとに，k の値が 2～4 倍となるものが多い。**したがって，反応物の濃度が一定の場合でも，反応速度はもとの 2～4 倍と大きくなる。

➕**補足**　反応速度式が $v=[A]^x[B]^y$ で表されるとき，$x+y$ を反応の次数という。反応の次数は，たとえば，実験的に [B] を一定にして [A] を変えたとき，反応速度 v が [A] の何乗に比例するかを調べ，[A] についての反応の次数 x が決められる。

❗**注意**　1 つの反応式で表される反応でも，数段階に分かれて進行する反応を**多段階反応**という。この場合，各段階の反応（1 段階反応の場合はその反応自体が素反応である）のうち，最も遅い反応（**律速段階**）の反応速度が，全体の反応速度を決定する。

例　五酸化二窒素 N_2O_5 の分解反応　$2N_2O_5 \longrightarrow 4NO_2 + O_2$

　　第 1 段階；$N_2O_5 \longrightarrow N_2O_3 + O_2$（遅い）

　　第 2 段階；$N_2O_3 \longrightarrow NO_2 + NO$（速い）

　　第 3 段階；$N_2O_5 + NO \longrightarrow 3NO_2$（速い）

　このとき，第 1 段階の素反応が最も遅いため，全体の反応速度は第 1 段階の反応速度，つまり反応速度式 $v=k[N_2O_5]$ によって決定されてしまう。また，反応の次数は反応式の係数とは必ずしも一致せず，N_2O_5 の係数が 2 だから，この反応の反応速度式が $v=k[N_2O_5]^2$ であると考えるのは誤りである。

例 題 反応速度と濃度・温度の関係

$A + B \longrightarrow C$ となる反応がある。A と B の初濃度を変えて生成する C の濃度を測定し、反応速度を求めると右表のようになった。ただし、$[A]$, $[B]$ は mol/L で表した初濃度を、また、反応速度 v は反応開始直後の C の生成速度を mol/(L·s) で表したものとする。

実験	$[A]$	$[B]$	v
1	0.30	1.00	0.018
2	0.30	0.50	0.009
3	0.60	0.50	0.036

(1) この反応速度式は、次のア～オのどの式で表されるか。

ア $v = k[A]$ イ $v = k[A][B]$ ウ $v = k[A]^2[B]$

エ $v = k[A][B]^2$ オ $v = k[A]^2[B]^2$

(2) k の値はいくらか。有効数字 2 桁で、単位もつけて答えよ。

(3) この反応は、温度が 10 K 上がるごとに反応速度が 2 倍になった。温度が 20℃ から 100℃ に上昇すると、反応速度はもとの何倍になるか。

(4) $[A] = 0.50$ mol/L, $[B] = 1.50$ mol/L の条件で反応を開始した直後の、反応速度 v は何 mol/(L·s) か。

解き方 (1) 本問での反応速度は、単位時間あたりの生成物 C の増加量、すなわち C の**生成速度**で表されていることに留意する。

反応速度は、反応物 A, B の減少にともなって小さくなっていくが、反応開始直後の反応速度を考える限り、反応物の初濃度との関係だけを調べればよい。

実験 1, 2 より、$[A] = 0.30$（一定）で、$[B]$ が 2 倍 ⇨ v も 2 倍になっている。

⇨ v は $[B]$ の 1 乗に比例している。

実験 2, 3 より、$[B] = 0.50$（一定）で、$[A]$ が 2 倍 ⇨ v は 4 倍になっている。

⇨ v は $[A]$ の 2 乗に比例している。

したがって、v は $[A]^2$ と $[B]$ に比例している。 ∴ $v = k[A]^2[B]$

(2) $v = k[A]^2[B]$ に実験 1 の結果を代入すると、

0.018 mol/(L·s) $= k \times (0.30)^2 (\text{mol/L})^2 \times 1.00$ mol/L

∴ $k = 2.0 \times 10^{-1}$ L^2/(mol^2·s)

(3) 温度が 20℃ から 100℃ へと 80 K（10 K × 8）上昇すると、**TYPE** の②より、反応速度は $2^8 = 256$ 倍になる。

(4) (1)で求めた反応速度式と(2)で求めた k の値を使って、

$v = 2.0 \times 10^{-1}$ L^2/(mol^2·s) $\times (0.50)^2 (\text{mol/L})^2 \times 1.50$ mol/L

$= 7.5 \times 10^{-2}$ mol/(L·s)

答 (1)ウ (2) 2.0×10^{-1} L^2/(mol^2·s) (3) 256 倍 (4) 7.5×10^{-2} mol/(L·s)

活性化エネルギーと
反応エンタルピー

（反応エンタルピー ΔH）＝（生成物のもつエネルギー）
－（反応物のもつエネルギー）
反応エンタルピーの大きさは，触媒を用いても変わらない。

Q 着眼 化学反応は，反応する分子どうしが衝突して，エネルギーの高い不安定な**遷移状態（活性化状態）**となる必要がある。反応物を遷移状態にするのに必要な最小のエネルギーを**活性化エネルギー**という。たとえば，左下図は，$H_2 + I_2 \longrightarrow 2HI$の反応の進行に伴うエネルギー変化を示す。なお，遷移状態では，4個の原子がゆるく結合した状態で結合の組み換えが起こっていると考えられており，このような原子の集合体を**活性錯体**という。

➕補足 活性化エネルギーは，反応物から活性錯体1 molを生じるのに必要なエネルギーのことであり，その単位は〔kJ/mol〕で表される。

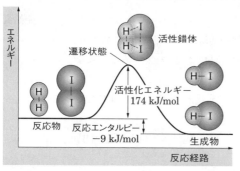

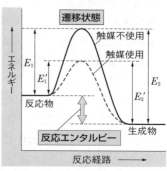

正反応は発熱反応なので，反応エンタルピー $\Delta H = -9$ kJ/mol である。

逆反応は吸熱反応なので，反応エンタルピー $\Delta H = 9$ kJ/mol である。

右上の図で，E_1，E_2は，それぞれ触媒を用いないときの正反応の活性化エネルギーと，逆反応の活性化エネルギーを表し，**これらの差が反応エンタルピー ΔH に等しい。**

触媒を用いたときは，右上の図の破線の曲線になり，正・逆反応の活性化エネルギーが減少して，それぞれ E_1'，E_2' となる。よって，その分だけ反応速度は大きくなる。しかし，**反応エンタルピー ΔH は変わらない。**

❗注意 $H_2 + I_2 \rightleftarrows 2HI$ のように，どちらの方向にも進む反応を**可逆反応**といい，$\rightleftarrows$ の記号で表す。右向きに進む反応を**正反応**，左向きに進む反応を**逆反応**という。
$CH_4 + 2O_2 \longrightarrow CO_2 + 2H_2O$ のように，一方向だけに進む反応を**不可逆反応**という。

例題 HI分解反応における活性化エネルギーと反応エンタルピー

右図は、$2HI \rightleftarrows H_2 + I_2$ の反応における反応の進行度とエネルギーの関係を表したものである。

これについて、次の問いに答えよ。

(1) 触媒を使用しない場合、この正反応の活性化エネルギーはいくらか。

(2) 白金触媒を使用した場合、この正反応の反応エンタルピーはいくらか。

(3) 触媒を使用しない場合、この逆反応の活性化エネルギーを求めよ。

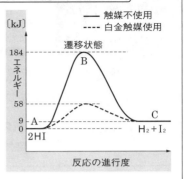

解き方 (1) 活性化エネルギーは、**反応物 A と遷移状態 B のエネルギー差**である。図より、反応物 A のエネルギーは 0 kJ、遷移状態 B のエネルギーは 184 kJ なので、触媒を使用しない場合、この正反応の活性化エネルギーは、

$$184\,kJ - 0\,kJ = 184\,kJ$$

(2) 白金触媒を使用したとき、この反応の活性化エネルギーは 58 kJ で、触媒を使用しないときと比べて小さくなる。

(反応エンタルピー ΔH）＝（生成物 C のもつエネルギー）－（反応物 A のもつエネルギー）で求められる。

すなわち、$\Delta H = 9\,kJ - 0\,kJ = 9\,kJ$

この値は、**触媒を使用しないときの反応エンタルピーと等しい。**

(3) **逆反応**とは、C から A への反応、つまり HI の生成反応のことである。

触媒を使用しない場合、この逆反応の活性化エネルギーは、生成物 C と遷移状態 B のエネルギー差である。

$$184\,kJ - 9\,kJ = 175\,kJ$$

答 (1) **184 kJ/mol** (2) **9 kJ/mol** (3) **175 kJ/mol**

注意 活性化エネルギーは、活性錯体 1 mol あたりを基準として表すという約束があるので、反応物 A や生成物 C の係数とは無関係で、単位〔kJ/mol〕で表されることに留意すること。

類題41 右図は、$A + B \rightleftarrows C$ の反応におけるエネルギー変化を表したものである。次の問いに答えよ。 （解答➡別冊 p.13）

(1) 正反応の活性化エネルギーを求めよ。

(2) 正反応の反応エンタルピーを求めよ。

(3) 逆反応の活性化エネルギーを求めよ。

(4) 逆反応の反応エンタルピーを求めよ。

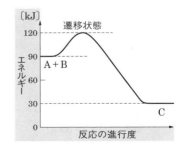

TYPE 084　アレニウスの式

 難易度 **C**

反応速度定数 k，絶対温度 T，活性化エネルギー E の間には，次の関係が成り立つ。この式をアレニウスの式という。

$$k = Ae^{-\frac{E}{RT}} \quad \begin{pmatrix} R；気体定数，A；比例定数，\\ e；自然対数の底 2.718\cdots \end{pmatrix}$$

着眼 上式から，活性化エネルギー E が大きいほど，k は小さくなり，絶対温度 T が高いほど，k は大きくなることがわかる。

上式の両辺の**自然対数**（e を底とする対数）をとると，次式が得られる。

$$\log_e k = -\frac{E}{RT} + \log_e A$$

$\log_e X = 2.3\log_{10} X$ の関係から，上式を**常用対数**（10 を底とする対数）に変換すると，

$$2.3\log_{10} k = -\frac{E}{RT} + 2.3\log_{10} A \quad \therefore \quad \boxed{\log_{10} k = -\frac{E}{2.3RT} + \log_{10} A}$$

この式を利用すると，異なる 2 つの温度での反応速度定数 k の値を求めると，この反応の 2 つの温度範囲での活性化エネルギー E が求められる。

例題　活性化エネルギーの算出

温度が 27℃ から 37℃ になると，反応速度が 3 倍になる反応がある。この反応の活性化エネルギーを求めよ。気体定数；$R = 8.3 \, \text{J/(K·mol)}$，$\log_{10} 3 = 0.48$

解き方 反応速度 v が 3 倍になるので，反応速度定数 k が 3 倍になると考える。

$$\log_{10} k = -\frac{E}{2.3R \times 300} + \log_{10} A \quad \cdots\cdots①$$

$$\log_{10} 3k = -\frac{E}{2.3R \times 310} + \log_{10} A \quad \cdots\cdots②$$

②－①より，

$$\log_{10} 3 = \frac{E}{2.3R}\left(\frac{1}{300} - \frac{1}{310}\right) = \frac{E}{2.3R}\left(\frac{310-300}{300 \times 310}\right)$$

$$10E = 0.48 \times 2.3 \times 8.3 \times 300 \times 310$$

$$E = 85217 \, \text{J} \fallingdotseq 85 \, \text{kJ}$$

答 85 kJ/mol

SECTION 2 化学平衡

1 化学平衡

　密閉容器中にH_2とI_2を入れ，約450℃に保つと，最初はHIの生成（正反応）の反応速度のほうが，HIの分解（逆反応）の反応速度よりも速いので，容器内では正反応のみが起こっているように見える。ところが，時間が経つと，正反応の速度と逆反応の速度が等しくなり，見かけ上，反応が停止したような状態になる。このような状態を**化学平衡の状態（平衡状態）**といい，このとき容器内では，反応物（H_2，I_2）と生成物（HI）がある一定の割合で共存した状態になっている。

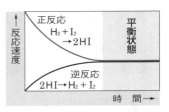
▲反応の速さと平衡状態

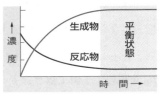
▲平衡状態の量的関係

注意 下図のように状態Ⅰ（H_2 1 mol，I_2 1 mol とする），状態Ⅱ（HI 2 mol とする）のどちらから反応を開始しても，同じ条件ならば，到達する平衡状態は全く同じである。たとえば約450℃で平衡状態に達したとき，どちらからでもH_2 0.20 mol，I_2 0.20 mol，HI 1.6 mol の割合になっている。

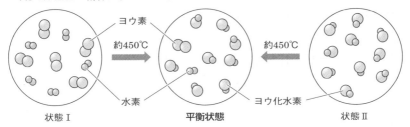

状態Ⅰ　　　　　　　　平衡状態　　　　　　　　状態Ⅱ

2 化学平衡の法則

　$aA + bB \rightleftarrows cC + dD$（$a$，$b$，$c$，$d$；係数）で表される可逆反応が，一定温度で平衡状態にあるとき，**生成物の濃度の積と反応物の濃度の積の比は一定**である。

　このような関係を**化学平衡の法則（質量作用の法則）**という。

$$\frac{[C]^c[D]^d}{[A]^a[B]^b}=\frac{k_1}{k_2}=K \quad （K；平衡定数）$$

注意 Kの値が大きいほど，平衡状態での生成物の濃度が反応物の濃度に比べて大きい。

3 ▶ 平衡定数

平衡定数はそれぞれの反応で固有の値をとる。**平衡定数は，濃度，圧力によらず一定で，温度によってのみ変化する。**

例 $H_2 + I_2 \rightleftarrows 2HI$ $N_2 + 3H_2 \rightleftarrows 2NH_3$

$$K = \frac{[HI]^2}{[H_2][I_2]} \qquad K = \frac{[NH_3]^2}{[N_2][H_2]^3}$$

⚠注意 平衡定数は反応物の濃度を分母に，生成物の濃度を分子に書く約束がある。

4 ▶ 圧平衡定数 K_p

気体の反応では，各成分気体について，気体の状態方程式が成り立つ。温度一定ならば，$P = \dfrac{n}{V}RT$ より，**分圧 p とモル濃度 $\dfrac{n}{V}$ は比例する。**

これより，モル濃度の代わりに成分気体 A，B，C，D の分圧 p_A，p_B，p_C，p_D を用いて平衡定数を表すことができる（次式）。

$$\frac{p_C{}^c \cdot p_D{}^d}{p_A{}^a \cdot p_B{}^b} = K_p \quad (K_p；圧平衡定数)$$

➕補足 モル濃度を用いて表した平衡定数は**濃度平衡定数 K_c** ともいい，圧平衡定数と区別する。

5 ▶ 平衡の移動

ある可逆反応が平衡状態にあるとき，外部から，濃度・温度・圧力を変化させると，その影響を打ち消す（緩和する）方向へ平衡が移動する。この原理を**ルシャトリエの原理（平衡移動の原理）**という。

この原理は，化学平衡だけでなく，気液平衡，溶解平衡など物理変化の平衡にも適用できる。

条件の変化		平衡移動の方向	例 $N_2 + 3H_2 \rightleftarrows 2NH_3$ $\Delta H = -92$ kJ
濃度	増加	濃度を減少させる方向	H_2 添加…右へ移動（H_2 濃度減少）
	減少	濃度を増加させる方向	NH_3 除去…右へ移動（NH_3 濃度増加）
圧力	増加	分子の総数を減少させる方向	加圧…右へ移動（分子の総数 4 → 2）
	減少	分子の総数を増加させる方向	減圧…左へ移動（分子の総数 2 → 4）
温度	上昇	吸熱反応の方向	加熱…左へ移動（吸熱）
	下降	発熱反応の方向	冷却…右へ移動（発熱）

⚠注意 触媒を用いると，平衡に達するまでの時間を短縮するが，平衡は移動しない。

⚠注意 $H_2 + I_2 \rightleftarrows 2HI$ のように，反応の前後で気体分子の数が変わらない反応では，圧力を変えても平衡は移動しない。

TYPE 085 平衡定数の計算

$$平衡定数 \ K = \frac{[C]^c[D]^d}{[A]^a[B]^b} \quad (a, \ b, \ c, \ d \ ; 反応式の係数)$$

着眼 平衡定数 K は,「可逆反応が平衡状態に到達したとき,**生成物の濃度の積と反応物の濃度の積の比は,温度が変わらなければ一定である。**」という化学平衡の法則に由来する。

この公式に代入する濃度は,平衡時のモル濃度であることに留意する。

また,平衡定数の式は**反応物の濃度を分母に,生成物の濃度を分子に書く**ことにも注意すること。

例題 平衡定数の計算

ある容器に酢酸 1.0 mol とエタノール 1.8 mol を加え,一定温度で反応させると,平衡時には酢酸が 0.20 mol に減少していた。なお,このときの反応式は以下のようになる。

$$CH_3COOH + C_2H_5OH \rightleftarrows CH_3COOC_2H_5 + H_2O$$

(1) 生成した酢酸エチル $CH_3COOC_2H_5$ の物質量は何 mol か。

(2) この反応の平衡定数 K はいくらか。

解き方 平衡定数の計算では,反応式を書き,平衡状態における各物質の物質量を求めることが先決である。

(1) 生成した酢酸エチルを x 〔mol〕とすると,化学反応式の係数より,反応した酢酸の物質量と,生成した酢酸エチルの物質量は等しいから,

$$CH_3COOH \quad + \quad C_2H_5OH \quad \rightleftarrows \quad CH_3COOC_2H_5 \quad + \quad H_2O$$

反応前	1.0	1.8	0	0 〔mol〕
変化量	$-x$	$-x$	$+x$	$+x$ 〔mol〕
平衡時	$1.0-x$	$1.8-x$	x	x 〔mol〕

$1.0-x=0.20$ mol より,$x=0.80$ mol

(2) 平衡時の各物質のモル濃度は,溶液の体積を V〔L〕とすると,

$$K = \frac{[CH_3COOC_2H_5][H_2O]}{[CH_3COOH][C_2H_5OH]} = \frac{\left(\dfrac{0.80}{V}\right)^2 〔mol/L〕^2}{\left(\dfrac{0.20}{V}\right)〔mol/L〕\left(\dfrac{1.0}{V}\right)〔mol/L〕} = 3.2 (単位なし)$$

答 (1) 0.80 mol (2) 3.2

　10 L の密閉容器に水素 2.0 mol，ヨウ素 2.0 mol を入れ，一定温度に保つと，ヨウ化水素 3.0 mol を生じ，①式が平衡状態になった。

$$H_2(気) + I_2(気) \rightleftharpoons 2HI(気) \quad \cdots\cdots\cdots\cdots\cdots\cdots\cdots\cdots ①$$

(1)　この温度における①式の平衡定数を求めよ。

(2)　1.0 L の密閉容器に，ヨウ化水素 2.0 mol を入れ(1)と同じ温度に保つと，何 mol の水素を生じて平衡に達するか。

解き方 (1)　ヨウ化水素が 3.0 mol 生じたので，化学反応式の係数の比より，平衡状態における各物質の物質量は次のようになる。

	H_2	+	I_2	$\rightleftharpoons$	2HI	
反応前	2.0		2.0		0	〔mol〕
変化量	−1.5		−1.5		3.0	〔mol〕
平衡時	**0.50**		**0.50**		**3.0**	〔mol〕

反応容器の体積は 10 L だから，各物質のモル濃度を平衡定数の式に代入して，

$$K = \frac{[HI]^2}{[H_2][I_2]} = \frac{\left(\frac{3.0}{10}\right)^2}{\left(\frac{0.50}{10}\right) \times \left(\frac{0.50}{10}\right)} = \frac{3.0^2}{0.50^2} = 36$$

(2)　H_2 が x〔mol〕生成したとすると，平衡時の各物質の物質量は次のようになる。

	2HI	$\rightleftharpoons$	H_2	+	I_2	
反応前	2.0		0		0	〔mol〕
変化量	$-2x$		x		x	〔mol〕
平衡時	**2.0−2x**		x		x	〔mol〕

反応容器の体積は 1.0 L だから，各物質のモル濃度を代入して，

$$K = \frac{[H_2][I_2]}{[HI]^2} = \frac{x^2}{(2.0-2x)^2} = \frac{1}{36} \quad \left(\begin{array}{l}\text{逆反応の平衡定数は,}\\\text{正反応の平衡定数の逆数に等しい。}\end{array}\right)$$

完全平方式なので，両辺の平方根をとると，

$$\frac{x}{2.0-2x} = \frac{1}{6}（負号は不適）\quad \therefore \quad 0<x<1 \text{ より，} x = 0.25 \text{ mol}$$

答 (1) 36　(2) **0.25 mol**

類題42　$CH_3COOH + C_2H_5OH \rightleftharpoons CH_3COOC_2H_5 + H_2O$ の反応の平衡定数を 4.0 とする。酢酸 2.0 mol，エタノール 1.0 mol，水 2.0 mol を混合して放置すると，何 mol の酢酸エチルを生じて，平衡に達するか。　　　　（解答➡別冊 p.14）

類題43　ある温度における $H_2 + I_2 \rightleftharpoons 2HI$ の反応の平衡定数を 16 とする。10 L の密閉容器に水素 1.0 mol，ヨウ素 1.0 mol を入れ平衡状態に到達したとき，ヨウ化水素は何 mol 生成しているか。　　　　（解答➡別冊 p.14）

TYPE 086 気体の解離度と平均分子量の関係

$A \rightleftarrows 2B$ の反応において，気体 A，B の分子量を M_A，M_B，混合気体の平均分子量を $\overline{M}$ とすると，

$$\overline{M} = M_A \times \frac{1-\alpha}{1+\alpha} + M_B \times \frac{2\alpha}{1+\alpha} \quad \left(\frac{1-\alpha}{1+\alpha}, \frac{2\alpha}{1+\alpha} ; \text{A, B の} \atop \text{モル分率} \right)$$

 着眼　$A \rightleftarrows 2B$ の可逆反応において，気体 A 1 mol のうち，α〔mol〕だけ解離して平衡状態になったとする。このとき，次の関係式が成り立つ。

	A	$\rightleftarrows$	2B	混合気体の全物質量
平衡時	$1-\alpha$		2α	$1+\alpha$ 〔mol〕

この関係と TYPE の式から，α が求められる。

$$A \text{ の解離度} = \frac{\text{解離した A の物質量 } \alpha \text{〔mol〕}}{\text{解離前の A の物質量 1 mol}} = \alpha \quad (0 < \alpha \leqq 1)$$

＋補足　ある物質が可逆的に分解することを解離といい，その割合を解離度という。

例題　N_2O_4 の解離度の算出

密閉容器に四酸化二窒素を入れて 20℃ に放置したところ，一部が二酸化窒素に解離して，$N_2O_4 \rightleftarrows 2NO_2$ のような平衡に達した。

この平衡混合気体の平均分子量を測定すると，73.6 であった。20℃ での四酸化二窒素の解離度を求めよ。原子量；N = 14，O = 16

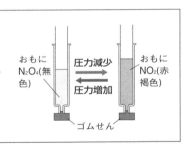

おもに N_2O_4(無色)　　圧力減少 ⇄ 圧力増加　　おもに NO_2(赤褐色)

ゴムせん

解き方　反応前の N_2O_4 の物質量が不明なので，仮に N_2O_4 を 1 mol 入れ，そのうち α〔mol〕だけが解離したとすると，

	N_2O_4	$\rightleftarrows$	$2NO_2$	混合気体の全物質量
平衡時	$1-\alpha$		2α	$1+\alpha$ 〔mol〕

N_2O_4，NO_2 の分子量は，それぞれ 92，46 である。これらの値を平均分子量 $\overline{M}$ と α の関係式（TYPE の式）に代入して解離度 α を求める。

$$92 \times \frac{(1-\alpha)\text{〔mol〕}}{(1+\alpha)\text{〔mol〕}} + 46 \times \frac{2\alpha\text{〔mol〕}}{(1+\alpha)\text{〔mol〕}} = 73.6$$

$$73.6\alpha = 18.4 \quad \therefore \quad \alpha = 0.25$$

答　0.25

TYPE 087　圧平衡定数 K_p と濃度平衡定数 K_c の関係

難易度 **B**

$$p_X V = nRT \ \Rightarrow \ p_X = \frac{n}{V}RT \ \Rightarrow \ p_X = [X]RT \ \text{と変形して},$$

p_X と $[X]$ の関係を求める。

(p_X；気体 X の分圧，$[X]$；気体 X のモル濃度)

着眼　$a\text{A} + b\text{B} \rightleftharpoons c\text{C} + d\text{D}$ の気体反応が平衡状態にあるとき，各成分気体の分圧を p_A, p_B, p_C, p_D，モル濃度を $[A]$, $[B]$, $[C]$, $[D]$ とすると，たとえば，成分気体 A については，$p_A = [A]RT$ の関係があるので

$$K_p = \frac{p_C^{\,c} \cdot p_D^{\,d}}{p_A^{\,a} \cdot p_B^{\,b}} = \frac{([C]RT)^c \cdot ([D]RT)^d}{([A]RT)^a \cdot ([B]RT)^b} = \frac{[C]^c[D]^d(RT)^{c+d}}{[A]^a[B]^b(RT)^{a+b}}$$

$$K_c = \frac{[C]^c[D]^d}{[A]^a[B]^b} \ \text{より}, \ \ K_p = K_c \cdot (RT)^{c+d-(a+b)}$$

─┤ **例 題** 濃度平衡定数と圧平衡定数の算出 ├─

1.0 L の密閉容器に 1.0 mol の N_2O_4 の気体を入れ 300 K に保つと，一部が NO_2 に解離して平衡状態に達した。気体定数；$R = 8.3 \times 10^3 \,\text{Pa·L/(K·mol)}$

(1) N_2O_4 の解離度を 0.20 として，この反応の濃度平衡定数 K_c を求めよ。

(2) (1)のとき，この反応の圧平衡定数 K_p を求めよ。

解き方 (1)　まず，平衡時の N_2O_4，NO_2 の物質量を求める。

	N_2O_4	$\rightleftharpoons$	$2NO_2$	
反応前	1.0		0	〔mol〕
変化量	-1.0×0.20		$+2 \times 1.0 \times 0.20$	〔mol〕
平衡時	**0.80**		**0.40**	〔mol〕

$$K_c = \frac{[NO_2]^2}{[N_2O_4]} = \frac{(0.40)^2}{0.80} = 0.20 \ \text{mol/L}$$

(2)　各成分気体 N_2O_4，NO_2 について，状態方程式が成り立つから，

$$p_{N_2O_4}v = n_{N_2O_4}RT \quad \therefore \quad p_{N_2O_4} = \frac{n_{N_2O_4}}{v}RT = [N_2O_4]RT$$

$$p_{NO_2}v = n_{NO_2}RT \quad \therefore \quad p_{NO_2} = \frac{n_{NO_2}}{v}RT = [NO_2]RT$$

これらを圧平衡定数 K_p の式に代入すると，

$$K_p = \frac{(p_{NO_2})^2}{p_{N_2O_4}} = \frac{[NO_2]^2(RT)^2}{[N_2O_4]RT} = K_cRT$$

$$= 0.20 \ \text{mol/L} \times 8.3 \times 10^3 \ \text{Pa·L/(K·mol)} \times 300 \ \text{K} \fallingdotseq 5.0 \times 10^5 \ \text{Pa}$$

答 (1) 0.20 mol/L　(2) 5.0×10^5 Pa

59 過酸化水素水に酸化マンガン（Ⅳ）を加えると，酸素が発生する。過酸化水素水の濃度と反応時間との関係を右図に示した。

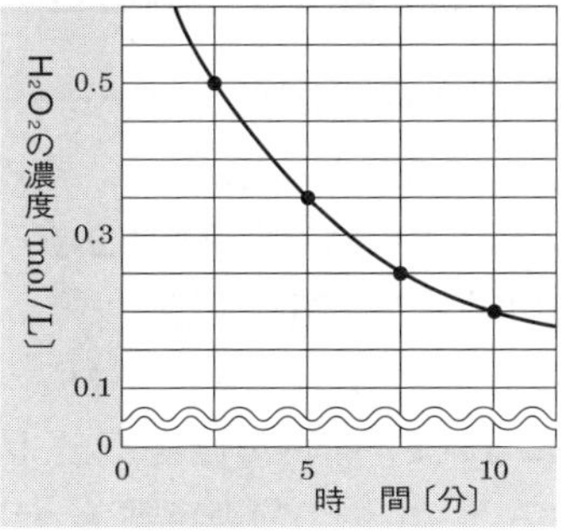

(1) 反応開始後 5 ～ 10 分の間の過酸化水素の分解速度を求めよ。

(2) (1)のとき，過酸化水素水を 0.50 L 用いたとすると，酸素の発生速度は何 mol/min か。

TYPE

→ 081

60 ある温度で気体分子 A，B から C を生成する反応において，A, B の初濃度〔mol/L〕と，反応初期の A の減少速度〔mol/(L·s)〕との関係を右表に示した。また，同じ温度で，A，B 各 1.0 mol/L で反応を開始し，

A の濃度	B の濃度	A の減少速度
1.0	2.0	7.80×10^{-7}
2.0	2.0	1.56×10^{-6}
4.0	1.0	1.56×10^{-6}

やがて A，B，C の濃度が 0.20，0.20，1.60 mol/L で一定となった。

(1) この反応の平衡定数 K の値を求めよ。

(2) 正反応の速度定数 k の値を求めよ。

(3) A，B ともに初濃度を 3.0 mol/L としたとき，反応初期の A の減少速度，および C の増加速度を求めよ。

→ 082,
085

TYPE

085
086
087

61 SO_2（気）+ NO_2（気）$\rightleftarrows$ SO_3（気）+ NO（気）の反応を 10 L の容器中で行うと，平衡状態では SO_2 8.0 mol，NO_2 1.0 mol，SO_3 6.0 mol，NO 4.0 mol の混合気体となった。この反応の平衡定数はいくらか。また，この状態で，NO_2 の量をさらに 1.0 mol 追加し，新たな平衡状態となったとき，容器中に存在する SO_3 は何 mol か。$\sqrt{22} = 4.7$

→ 085

62 $N_2O_4 \rightleftarrows 2NO_2$ と表せる平衡関係がある。いま，N_2O_4 0.50 mol を内容積 10 L の真空容器に入れ，67℃ に保ったところ，混合気体の全圧は 2.3×10^5 Pa を示した。この温度での N_2O_4 の解離度を求めよ。また，この平衡状態の混合気体の平均分子量を求めよ。原子量；N = 14，O = 16，気体定数；$R = 8.3 \times 10^3$ Pa·L/(K·mol)

→ 086

SECTION 3　電解質水溶液の平衡

1　電離平衡と電離定数

　酢酸のような弱酸を水に溶かすと，その一部しか電離せず，電離したイオンと未電離の分子との間で平衡が成立する。このような平衡を特に電離平衡といい，この平衡定数を電離定数という。

$$CH_3COOH \rightleftarrows CH_3COO^- + H^+$$

　この平衡について，酢酸の濃度 c〔mol/L〕，電離度 α とすると，酢酸の電離定数 K_a は，

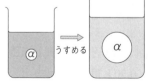

$$K_a = \frac{[CH_3COO^-][H^+]}{[CH_3COOH]} = \frac{c\alpha \cdot c\alpha}{c(1-\alpha)} = \frac{c\alpha^2}{1-\alpha}$$

　この関係を**オストワルトの希釈律**という。弱酸ではふつう $\alpha \ll 1$ なので，$1-\alpha \fallingdotseq 1$ とみなせる。よって，

弱酸を水でうすめると，電離度は大きくなる。

▲弱酸の濃度と電離度の関係

$$K_a = c\alpha^2, \quad \alpha = \sqrt{\frac{K_a}{c}}, \quad [H^+] = c\alpha = c\sqrt{\frac{K_a}{c}} = \sqrt{cK_a}$$

弱酸（弱塩基）では，酸（塩基）の濃度がうすくなるほど電離度は大きくなる。

2　緩衝液

　弱酸とその塩，または弱塩基とその塩の混合水溶液では，**少量の酸，塩基を加えても pH はほとんど変化しない**。このような水溶液を**緩衝液**という。

弱酸とその塩の混合水溶液	例 CH_3COOH ＋ CH_3COONa aq（pH 約 4.7）
弱塩基とその塩の混合水溶液	例 NH_3 ＋ NH_4Cl aq（pH 約 9.5）

　酢酸と酢酸ナトリウムの混合水溶液中には，酢酸分子 CH_3COOH と，酢酸ナトリウム CH_3COONa の電離によって生じた酢酸イオン CH_3COO^- が多量に存在している。

　この混合水溶液へ，少量の酸 H^+ を加えても，水溶液中の CH_3COO^- と反応し CH_3COOH が生成するので，H^+ はほとんど増加しない。また，少量の塩基 OH^- を加えても，水溶液中の CH_3COOH と中和して H_2O となるので，OH^- はほとんど増加しない。このようなはたらきを**緩衝作用**という。

酸を加える ➡ $CH_3COO^- + H^+ \longrightarrow CH_3COOH$ により，H^+ が増加しない。
塩基を加える ➡ $CH_3COOH + OH^- \longrightarrow CH_3COO^- + H_2O$ により，OH^- が増加しない。

CHAP.
6

3
電
解
質
水
溶
液
の
平
衡

TYPE
088
089
090
091
092
093
094
095
096
097
098
099
100

3 ▶ 緩衝液の pH の求め方

CH_3COOH と CH_3COONa の混合水溶液(緩衝液)の場合,水溶液中に CH_3COOH や CH_3COO^- が存在する限り,酢酸の電離平衡が成立するので次式が成り立つ。

$$K_a = \frac{[CH_3COO^-][H^+]}{[CH_3COOH]} \quad \Rightarrow \quad [H^+] = K_a \cdot \frac{[CH_3COOH]}{[CH_3COO^-]}$$

緩衝液の pH は,酸の K_a と加えた酸とその塩の混合比だけで決定される。

4 ▶ 塩の加水分解

塩が水と反応して,水溶液が酸性,塩基性を示す現象を**塩の加水分解**という。

弱酸と強塩基の塩…加水分解して塩基性を示す。　**例** CH_3COONa
強酸と弱塩基の塩…加水分解して酸性を示す。　**例** NH_4Cl

たとえば,酢酸ナトリウム CH_3COONa について,水溶液中では,

$$CH_3COO^- + H_2O \rightleftharpoons CH_3COOH + OH^-$$

のように加水分解が起こり,この平衡について次式が成り立つ。

$$K = \frac{[CH_3COOH][OH^-]}{[CH_3COO^-][H_2O]} \quad \Rightarrow \quad \frac{[CH_3COOH][OH^-]}{[CH_3COO^-]} = K_h$$

$[H_2O]$ はほぼ一定なので右のようになり,このときの平衡定数 K_h を**加水分解定数**といい,温度一定のもとで一定の値を示す。

5 ▶ 溶解平衡

結晶が存在する飽和溶液では,**溶解する速さと析出する速さが等しく,溶解も析出も起こっていないように見える。この状態を溶解平衡**という。

溶解平衡にある溶液に,同種類のイオンを加えると,そのイオンが減少する向きに平衡移動するため,溶解度が減少する。これを**共通イオン効果**という。

6 ▶ 溶解度積 K_{sp}

$AgCl$ のような水に溶けにくい塩を含む飽和水溶液では溶解平衡が成立し,温度一定のときには,**各イオンの濃度の積は一定の値をとる。この値をその塩の溶解度積 K_{sp}** という。

例 溶解平衡　$AgCl(固) \rightleftharpoons Ag^+aq + Cl^-aq$

溶解度積　$K_{sp} = [Ag^+][Cl^-] = 一定$

$\begin{pmatrix} Ag^+ \text{ 水溶液に} \\ Cl^- \text{ を加えたとき} \end{pmatrix}$　$[Ag^+][Cl^-] > K_{sp}$　$AgCl$ の沈殿が生じる
　　　　　　　　　　$[Ag^+][Cl^-] \leqq K_{sp}$　$AgCl$ の沈殿は生じない

弱酸の pH 計算

弱酸水溶液のモル濃度を c〔mol/L〕，電離度を α とする。

[1] 弱酸の濃度が比較的濃い場合。$1-\alpha \fallingdotseq 1$ と近似できる。

$\alpha = \sqrt{\dfrac{K_a}{c}}$ の近似式が適用できる。

[2] 弱酸の濃度が比較的うすい場合。$1-\alpha \fallingdotseq 1$ と近似できない。二次方程式 $c\alpha^2 + K_a\alpha - K_a = 0$ を解き α を求める。

Q 着眼　弱酸は，ふつう電離度 α が非常に小さく，水溶液中ではごく一部しか電離しない。たとえば，c〔mol/L〕の酢酸水溶液の酢酸の電離度を α とすると，次のような**電離平衡**の状態にある。

$$CH_3COOH \rightleftarrows CH_3COO^- + H^+$$

反応前	c	0	0　〔mol/L〕
変化量	$-c\alpha$	$+c\alpha$	$+c\alpha$　〔mol/L〕
平衡時	$c(1-\alpha)$	$c\alpha$	$c\alpha$　〔mol/L〕

よって，酢酸の電離定数を K_a とすると，

$$K_a = \frac{[CH_3COO^-][H^+]}{[CH_3COOH]} = \frac{c\alpha \cdot c\alpha}{c(1-\alpha)} = \frac{c\alpha^2}{1-\alpha} \quad \cdots\cdots①$$

[1]　弱酸の濃度が比較的濃い場合。$\alpha \ll 1$ なので，$1-\alpha \fallingdotseq 1$ と近似できる。

①式より，$K_a = c\alpha^2$　∴　$\alpha = \sqrt{\dfrac{K_a}{c}}$

これより，$[H^+] = c\alpha = c\sqrt{\dfrac{K_a}{c}} = \sqrt{cK_a}$

[2]　弱酸の濃度が比較的うすい場合。α は大きくなるので，$1-\alpha \fallingdotseq 1$ の近似は成立しない。①式を整理すると，

$$c\alpha^2 + K_a\alpha - K_a = 0 \quad \cdots\cdots②$$

②式から，二次方程式の解の公式を用いて α を求める必要がある。$\alpha > 0$ より，

$$\alpha = \frac{-K_a + \sqrt{K_a^2 + 4cK_a}}{2c}$$

これより，$[H^+] = c\alpha = \dfrac{-K_a + \sqrt{K_a^2 + 4cK_a}}{2}$

＋補足　通常，$\alpha > 0.05$ になると，$1-\alpha \fallingdotseq 1$ の近似は成立しないと考えてよい。

例 題　**異なる濃度の酢酸水溶液の pH**

次の各水溶液の pH を求めよ。酢酸の電離定数 $K_a = 2.0 \times 10^{-5}$ mol/L とする。
$\sqrt{2} = 1.41$, $\sqrt{3} = 1.73$, $\sqrt{5} = 2.24$, $\log_{10} 1.3 = 0.11$, $\log_{10} 2.0 = 0.30$,
$\log_{10} 3.0 = 0.48$

(1)　1.0×10^{-2} mol/L 酢酸水溶液の pH

(2)　1.0×10^{-3} mol/L 酢酸水溶液の pH

(3)　4.0×10^{-5} mol/L 酢酸水溶液の pH

解き方　(1)　弱酸の濃度が比較的濃い場合，弱酸の濃度 c と電離度 α の関係は，

$\alpha \ll 1$ なので，$1 - \alpha \fallingdotseq 1$ と近似が成り立つ。$\alpha = \sqrt{\dfrac{K_a}{c}}$ である。

よって，$[\mathrm{H^+}] = c\alpha = c\sqrt{\dfrac{K_a}{c}} = \sqrt{cK_a}$ の関係式が利用できる。

$$[\mathrm{H^+}] = \sqrt{1.0 \times 10^{-2} \times 2.0 \times 10^{-5}} = \sqrt{2.0 \times 10^{-7}} = 2^{\frac{1}{2}} \times 10^{-\frac{7}{2}} \text{ mol/L}$$

$\therefore$　$\mathrm{pH} = -\log_{10}(2^{\frac{1}{2}} \times 10^{-\frac{7}{2}}) = \dfrac{7}{2} - \dfrac{1}{2}\log_{10} 2 = 3.5 - 0.15 = 3.35 \fallingdotseq 3.4$

(2)　仮に，$1 - \alpha \fallingdotseq 1$ の近似が成り立つとして，α の値を求めてみると，

$$\alpha = \sqrt{\frac{K_a}{c}} = \sqrt{\frac{2.0 \times 10^{-5}}{1.0 \times 10^{-3}}} = \sqrt{2} \times 10^{-1} = 0.141$$

$\alpha > 0.05$ になると，$1 - \alpha \fallingdotseq 1$ の近似は成立しない。次の二次方程式

$c\alpha^2 + K_a\alpha - K_a = 0$ に，$c = 1.0 \times 10^{-3}$ mol/L，$K_a = 2.0 \times 10^{-5}$ mol/L を代入して，

$$1.0 \times 10^{-3}\alpha^2 + 2.0 \times 10^{-5}\alpha - 2.0 \times 10^{-5} = 0$$

$$50\alpha^2 + \alpha - 1 = 0$$

解の公式を用いて，$\alpha > 0$ より，

$$\alpha = \frac{-1 + \sqrt{201}}{100} \fallingdotseq \frac{-1 + 10\sqrt{2}}{100} \fallingdotseq 0.13$$

$$[\mathrm{H^+}] = c\alpha = 1.0 \times 10^{-3} \times 0.13 = 1.3 \times 10^{-4} \text{ mol/L}$$

$\therefore$　$\mathrm{pH} = -\log_{10}(1.3 \times 10^{-4}) = 4 - \log_{10} 1.3 = 4 - 0.11 = 3.89 \fallingdotseq 3.9$

(3)　酢酸の濃度が(2)よりもさらにうすいので，$1 - \alpha \fallingdotseq 1$ の近似は成立しない。

$c\alpha^2 + K_a\alpha - K_a = 0$ に，$c = 4.0 \times 10^{-5}$ mol/L，$K_a = 2.0 \times 10^{-5}$ mol/L を代入して，

$$4.0 \times 10^{-5}\alpha^2 + 2.0 \times 10^{-5}\alpha - 2.0 \times 10^{-5} = 0$$

$$2\alpha^2 + \alpha - 1 = 0 \qquad (2\alpha - 1)(\alpha + 1) = 0$$

$\alpha > 0$ より，$\alpha = \dfrac{1}{2}$，-1（不適）

$$[\mathrm{H^+}] = c\alpha = 4.0 \times 10^{-5} \times 0.50 = 2.0 \times 10^{-5} \text{ mol/L}$$

$\therefore$　$\mathrm{pH} = -\log_{10}(2.0 \times 10^{-5}) = 5 - \log_{10} 2 = 5 - 0.30 = 4.70 \fallingdotseq 4.7$

答　(1) **3.4**　(2) **3.9**　(3) **4.7**

CHAP.
6

3　電解質水溶液の平衡

TYPE
088
089
090
091
092
093
094
095
096
097
098
099
100

TYPE 089 弱塩基の pH 計算

難易度 B

$$[OH^-] = c\alpha = c\sqrt{\dfrac{K_b}{c}} = \sqrt{cK_b} \text{ を使え。}$$

（c；塩基のモル濃度，α；電離度，K_b；塩基の電離定数）

着眼 c〔mol/L〕のアンモニア水のアンモニアの電離度をαとすると，次のような電離平衡の状態にある。

$$NH_3 + H_2O \rightleftarrows NH_4^+ + OH^-$$

平衡時　$c(1-\alpha)$　　一定　　　$c\alpha$　　　$c\alpha$ 〔mol/L〕

よって，アンモニアの電離定数をK_bとすると，

$$K_b = \frac{[NH_4^+][OH^-]}{[NH_3]} = \frac{c\alpha \cdot c\alpha}{c(1-\alpha)} = \frac{c\alpha^2}{1-\alpha}$$

弱塩基の水溶液の濃度が比較的濃い場合，$\alpha \ll 1$ なので，$1-\alpha \fallingdotseq 1$ と近似できる。

弱酸の水溶液と同様に $[OH^-] = c\alpha = c\sqrt{\dfrac{K_b}{c}} = \sqrt{cK_b}$ を利用できる。

例題　アンモニア水の pH

0.23 mol/L のアンモニア水の pH を求めよ。ただし，NH_3 の電離定数 $K_b = 2.3 \times 10^{-5}$ mol/L, $\log_{10} 2.3 = 0.36$, 水のイオン積；$K_w = 1.0 \times 10^{-14}$ (mol/L)^2

解き方 アンモニアは弱塩基であり，その水溶液の濃度が比較的濃いので，$1-\alpha \fallingdotseq 1$ と近似できる。

$$K_b = c\alpha^2 \Rightarrow \alpha = \sqrt{\frac{K_b}{c}}, \quad [OH^-] = \sqrt{cK_b} \text{ を利用すると，}$$

$$[OH^-] = \sqrt{cK_b} = \sqrt{0.23 \times 2.3 \times 10^{-5}} = 2.3 \times 10^{-3} \text{ mol/L}$$

$K_w = [H^+][OH^-] = 1.0 \times 10^{-14}$ (mol/L)^2 より，

$$[H^+] = \frac{1.0 \times 10^{-14}}{2.3 \times 10^{-3}} = \frac{1}{2.3} \times 10^{-11} \text{ mol/L}$$

$$\therefore \quad pH = -\log_{10}[H^+] = -\log_{10}(2.3^{-1} \times 10^{-11}) = 11 + \log_{10} 2.3 = 11.36 \fallingdotseq 11.4$$

答 11.4

類題44 アンモニア水の電離平衡は次式で表される。$\log_{10} 2 = 0.30$, $\log_{10} 3 = 0.48$

$$NH_3 + H_2O \rightleftarrows NH_4^+ + OH^-$$

アンモニアの電離定数 $K_b = 1.8 \times 10^{-5}$ mol/L, 水のイオン積 $K_w = 1.0 \times 10^{-14}$ (mol/L)^2 として，0.020 mol/L のアンモニア水の pH を求めよ。　　　　　（解答➡別冊 p.14）

TYPE 090 極めてうすい酸の水溶液の pH

難易度 **C**

全水素イオン濃度$[H^+]_{total} = [H^+]_a + [H^+]_{H_2O}$ を求め、水のイオン積 $K_w = [H^+]_{total}[OH^-]_{total}$ の関係を利用する。

($[H^+]_a$；酸の電離による水素イオン濃度，$[H^+]_{H_2O}$；水の電離による水素イオン濃度）

着眼 極めてうすい酸の水溶液の pH を求める場合，酸の電離による$[H^+]_a$だけでなく，水の電離による$[H^+]_{H_2O}$も考慮しなければならない。これは，酸の濃度 c が極めてうすくなると（$c < 10^{-6}$ mol/L），水の電離平衡 $H_2O \rightleftarrows H^+ + OH^-$ が右方向へ移動して，酸の電離による$[H^+]_a$に比べて，水の電離による$[H^+]_{H_2O}$が大きくなり，無視できなくなるためである。したがって，極めてうすい酸の水溶液の pH は，

全水素イオン濃度$[H^+]_{total} = [H^+]_a + [H^+]_{H_2O}$ で求める必要がある。

例題 極めてうすい塩酸の pH

1.0×10^{-7} mol/L の塩酸の pH を求めよ。水のイオン積；$K_w = [H^+][OH^-]$ $= 1.0 \times 10^{-14}$ (mol/L)^2 (25℃)，$\sqrt{2} = 1.4$，$\sqrt{5} = 2.2$，$\log_{10} 2 = 0.30$，$\log_{10} 3 = 0.48$

解き方 塩酸は 1 価の強酸なので，水中では完全に電離し，$[H^+]_a = 1.0 \times 10^{-7}$ mol/L，$[H^+] < 10^{-6}$ mol/L なので，水の電離による H^+ も考慮する必要がある。

水の電離により生じた$[H^+]_{H_2O}$，$[OH^-]_{H_2O}$を，ともに x [mol/L] とおくと，

$$H_2O \rightleftarrows H^+ + OH^-$$

平衡時　一定　　　x　　　x [mol/L]

よって，$[H^+]_{total} = [H^+]_a + [H^+]_{H_2O} = (1.0 \times 10^{-7} + x)$ [mol/L]

$[OH^-]_{total} = [OH^-]_{H_2O} = x$ [mol/L] （OH^-は水の電離のみから生じる。）

これらを水のイオン積 $K_w = [H^+]_{total}[OH^-]_{total} = 1.0 \times 10^{-14}$ (mol/L)^2 へ代入する。

$$(1.0 \times 10^{-7} + x)x = 1.0 \times 10^{-14}$$

$$x^2 + 1.0 \times 10^{-7}x - 1.0 \times 10^{-14} = 0$$

$x > 0$ を考慮すると，$x = \dfrac{-1.0 \times 10^{-7} + \sqrt{1.0 \times 10^{-14} + 4.0 \times 10^{-14}}}{2}$

$$= \frac{-1.0 \times 10^{-7} + \sqrt{5} \times 10^{-7}}{2} = 0.6 \times 10^{-7} \text{ mol/L}$$

よって，$[H^+]_{total} = 1.0 \times 10^{-7} + 0.6 \times 10^{-7} = 1.6 \times 10^{-7} = 16 \times 10^{-8}$ mol/L

∴ $pH = -\log_{10}[H^+] = -\log_{10}(2^4 \times 10^{-8}) = 8 - 4\log_{10} 2 = 6.8$ **答** 6.8

緩衝液の pH

難易度 **B**

弱酸の電離平衡 HA $\rightleftarrows$ H$^+$ + A$^-$ を利用して,

$$K_a = \frac{[H^+][A^-]}{[HA]} \Rightarrow [H^+] = K_a \cdot \frac{[HA]}{[A^-]}$$ の関係を使え。

([HA]≒もとの酸の濃度, [A$^-$]≒溶かした塩の濃度)

Q 着眼 酢酸(弱酸)と酢酸ナトリウム(弱酸の塩)の混合溶液(緩衝液)中では,

$$\text{CH}_3\text{COOH} \rightleftarrows \text{CH}_3\text{COO}^- + \text{H}^+ \quad \cdots\cdots ①$$

のような電離平衡が成立している。

たとえば, 0.1 mol/L 酢酸水溶液では約 1% の酢酸分子が電離し平衡状態にある。ここへ酢酸ナトリウムを加えると, 酢酸ナトリウムは完全に電離して, 水溶液中には CH$_3$COO$^-$ が増加する。すると, ①式の平衡は大きく左へ移動し, **酢酸の電離はほぼ無視できる状態**となる。

a〔mol/L〕の酢酸水溶液 1 L に b〔mol〕の酢酸ナトリウムを溶かした溶液では,

〔CH$_3$COOH〕= a〔mol/L〕……もとの酢酸の濃度

〔CH$_3$COO$^-$〕= b〔mol/L〕……溶かした酢酸ナトリウムの濃度

これらを上の式に代入すれば, 酢酸の緩衝液の pH が求められる。

—< **例題** 酢酸とその塩の混合水溶液の pH >—

0.20 mol/L の酢酸水溶液 100 mL に 0.10 mol/L の酢酸ナトリウム水溶液 100 mL を混合した水溶液の pH を求めよ。

酢酸の電離定数;$K_a = 2.7 \times 10^{-5}$ mol/L, $\log_{10} 2 = 0.30$, $\log_{10} 2.7 = 0.43$

解き方 混合水溶液の体積が 2 倍になったので, 各濃度はもとの $\frac{1}{2}$ になる。また, 酢酸と酢酸ナトリウムの混合水溶液では, 酢酸の電離は無視できるから,

$$[\text{CH}_3\text{COOH}] \fallingdotseq 0.20 \text{ mol/L} \times \frac{1}{2} = 0.10 \text{ mol/L}$$

$$[\text{CH}_3\text{COO}^-] \fallingdotseq 0.10 \text{ mol/L} \times \frac{1}{2} = 0.050 \text{ mol/L}$$

$$[\text{H}^+] = K_a \frac{[\text{CH}_3\text{COOH}]}{[\text{CH}_3\text{COO}^-]} = 2.7 \times 10^{-5} \text{ mol/L} \times \frac{0.10 \text{ mol/L}}{0.050 \text{ mol/L}}$$

$$= 2.7 \times 2 \times 10^{-5} \text{ mol/L}$$

$\therefore$ pH $= -\log_{10}(2.7 \times 2 \times 10^{-5}) = 5 - \log_{10} 2.7 - \log_{10} 2 \fallingdotseq 4.3$ **答** 4.3

例 題 緩衝液の pH

酢酸の電離定数 $K_a = 2.7 \times 10^{-5}$ mol/L, $\log_{10} 2 = 0.30$, $\log_{10} 2.7 = 0.43$, $\log_{10} 3 = 0.48$ として，次の問いに答えよ。

(1) 1.0 mol/L の酢酸水溶液 100 mL と 1.0 mol/L の酢酸ナトリウム水溶液 200 mL を混合した水溶液の pH はいくらか。

(2) (1)でつくった水溶液に 0.020 mol の塩化水素を通じた。この水溶液の pH を求めよ。ただし，溶液の体積変化はないものとする。

(3) 酢酸と酢酸ナトリウムの混合水溶液の pH を 5.0 に調節したい。$\dfrac{酢酸}{酢酸ナトリウム}$ の混合比をいくらにすればよいか。

解き方 (1) 混合水溶液の体積は $100 + 200 = 300$ mL になったので，各濃度は，

$$[CH_3COOH] = 1.0 \text{ mol/L} \times \frac{100}{300} = \frac{1}{3} \text{ mol/L}$$

$$[CH_3COO^-] = 1.0 \text{ mol/L} \times \frac{200}{300} = \frac{2}{3} \text{ mol/L}$$

$$[H^+] = K_a \frac{[CH_3COOH]}{[CH_3COO^-]} = 2.7 \times 10^{-5} \times \frac{\dfrac{1}{3}}{\dfrac{2}{3}} = \frac{2.7}{2} \times 10^{-5} \text{ mol/L}$$

$$\therefore \quad pH = -\log_{10}(2.7 \times 2^{-1} \times 10^{-5}) = 5 - \log_{10} 2.7 + \log_{10} 2 = 4.87 \fallingdotseq 4.9$$

(2) (1)の混合水溶液中の CH_3COOH と CH_3COO^- の物質量はそれぞれ，

$$\frac{1}{3} \text{ mol/L} \times 0.30 \text{ L} = 0.10 \text{ mol}, \quad \frac{2}{3} \text{ mol/L} \times 0.30 \text{ L} = 0.20 \text{ mol}$$

塩化水素 HCl を通じると，(1)の混合水溶液では次の中和反応が起こる。

$$CH_3COO^- \quad + \quad H^+ \quad \longrightarrow \quad CH_3COOH$$

反応前	0.20	0.020(少)	0.10 〔mol〕
変化量	-0.020	-0.020	$+0.020$ 〔mol〕
反応後	**0.18**	**0**	**0.12** 〔mol〕

混合水溶液の体積(V)が同じ場合，モル濃度$\left(\dfrac{n}{V}\right)$と物質量($n$)の比は等しい。

$$[H^+] = K_a \frac{[CH_3COOH]}{[CH_3COO^-]} = 2.7 \times 10^{-5} \times \frac{0.12}{0.18} = \frac{2.7 \times 2}{3} \times 10^{-5} \text{ mol/L}$$

$$\therefore \quad pH = -\log_{10}(2.7 \times 2 \times 3^{-1} \times 10^{-5}) = 5 - \log_{10} 2.7 - \log_{10} 2 + \log_{10} 3 \fallingdotseq 4.8$$

(3) $[H^+] = 1.0 \times 10^{-5}$ mol/L, $K_a = 2.7 \times 10^{-5}$ mol/L を次式に代入すると，

$$\frac{[CH_3COOH]}{[CH_3COO^-]} = \frac{[H^+]}{K_a} = \frac{1.0 \times 10^{-5}}{2.7 \times 10^{-5}} = \frac{1.0}{2.7} \fallingdotseq 0.37$$

答 (1) 4.9　(2) 4.8　(3) 0.37

類題45 0.20 mol/L アンモニア水 100 mL に 0.10 mol/L 塩化アンモニウム水溶液 100 mL を混合した水溶液の pH を求めよ。アンモニアの電離定数；$K_b = 2.3 \times 10^{-5}$ mol/L, $\log_{10} 2 = 0.30$, $\log_{10} 2.3 = 0.36$, $\log_{10} 3 = 0.48$　(解答➡別冊 p.15)

TYPE
088
089
090
091
092
093
094
095
096
097
098
099
100

TYPE 092　塩の加水分解と pH

難易度 **C**

加水分解の程度を表す，加水分解定数 K_h を求めよ。

$$K_h = \frac{[CH_3COOH][OH^-]}{[CH_3COO^-]} = \frac{K_w}{K_a}$$

（K_w；水のイオン積，K_a；酢酸の電離定数）

🔍 着眼　弱酸と強塩基の中和で得られた c〔mol/L〕の酢酸ナトリウム水溶液の pH は，次のようにして求められる。

CH_3COONa は強電解質で，水に溶けると完全に電離する。このとき生成した Na^+ は水とは反応しないが，弱酸のイオンである CH_3COO^- の一部は，水分子と結びついて CH_3COOH になり，下の①式のような平衡状態になる。このとき生じた OH^- によって CH_3COONa 水溶液は弱塩基性を示す。

このような現象を**塩の加水分解**という。

ここで，CH_3COO^- が加水分解する割合を h（**加水分解度**という）とすると，平衡時には次のような関係が成り立つ。

$$CH_3COO^- + H_2O \rightleftharpoons CH_3COOH + OH^- \quad \cdots\cdots\cdots①$$

平衡時　$c(1-h)$　　　一定　　　　ch　　　ch〔mol/L〕

一方，加水分解の平衡定数を**加水分解定数** K_h といい，下の式で表される。この平衡は，ふつう大きく左にかたよっており，**h は 1 に比べて非常に小さい**。よって，$1-h \fallingdotseq 1$ で近似できる。

$$K_h = \frac{[CH_3COOH][OH^-]}{[CH_3COO^-]} = \frac{ch \cdot ch}{c(1-h)} = \frac{ch^2}{1-h} \fallingdotseq ch^2$$

$$\therefore \quad h = \sqrt{\frac{K_h}{c}} \quad \cdots\cdots\cdots\cdots\cdots\cdots\cdots\cdots\cdots\cdots\cdots\cdots\cdots\cdots\cdots\cdots②$$

①と②より，$[OH^-] = ch = \sqrt{cK_h}$ と求められる。

$[H^+] = \dfrac{K_w}{[OH^-]}$ の関係から pH が計算できる（$pOH = -\log_{10}[OH^-]$ より pOH を求め，**$pH + pOH = 14$** の関係から pH を求めてもよい）。

また，上の式の分母，分子に $[H^+]$ をかけ，さらに水のイオン積を K_w，酢酸の電離定数を K_a とすると，③式の関係が得られ，K_h を求めることができる。

$$K_h = \frac{[CH_3COOH]}{[CH_3COO^-]} \frac{[OH^-][H^+]}{[H^+]} = \frac{K_w}{K_a} \quad \cdots\cdots\cdots\cdots\cdots③$$

例　題 塩の加水分解と中和点における pH

0.10 mol/L 酢酸水溶液 10 mL に，0.10 mol/L 水酸化ナトリウム水溶液を 10 mL 加えて，ちょうど中和させた。次の問いに答えよ。ただし，酢酸の電離定数 $K_a = 2.0 \times 10^{-5}$ mol/L，水のイオン積 $K_w = 1.0 \times 10^{-14}$ $(\text{mol/L})^2$，また，$\log_{10} 2 = 0.30$ とする。

(1) この中和点における水酸化物イオン濃度を求めよ。

(2) この中和点における pH を求めよ。

解き方 (1) まず，中和点での CH_3COONa のモル濃度を求める。中和点では，CH_3COONa が 1.0×10^{-3} mol 生じ，これが水溶液 20 mL 中に含まれるから，

$$[CH_3COONa] = \frac{1.0 \times 10^{-3} \text{ mol}}{0.020 \text{ L}} = 5.0 \times 10^{-2} \text{ mol/L} \quad \cdots\cdots① $$

加水分解定数 K_h の値を，$K_h = \dfrac{K_w}{K_a}$ より求めると，

$$K_h = \frac{K_w}{K_a} = \frac{1.0 \times 10^{-14} (\text{mol/L})^2}{2.0 \times 10^{-5} \text{ mol/L}} = 5.0 \times 10^{-10} \text{ mol/L} \quad \cdots\cdots② $$

$[CH_3COONa] = [CH_3COO^-] = 5.0 \times 10^{-2}$ mol/L（①より）のうち，x〔mol/L〕だけが加水分解したとすると，

$$CH_3COO^- \;+\; H_2O \;\rightleftarrows\; CH_3COOH \;+\; OH^- $$

反応前	5.0×10^{-2}		0	0 〔mol/L〕
変化量	$-x$		$+x$	$+x$ 〔mol/L〕
平衡時	$5.0 \times 10^{-2}-x$		x	x 〔mol/L〕

$$K_h = \frac{[CH_3COOH][OH^-]}{[CH_3COO^-]} = \frac{x^2 (\text{mol/L})^2}{(5.0 \times 10^{-2}-x) \text{〔mol/L〕}} $$

x はきわめて小さいので，$(5.0 \times 10^{-2}-x) \fallingdotseq 5.0 \times 10^{-2}$ と近似できる。②より $K_h = 5.0 \times 10^{-10}$ mol/L なので，

$$\frac{x^2}{5.0 \times 10^{-2}} = 5.0 \times 10^{-10} \text{ mol/L} \;\Rightarrow\; x^2 = 25 \times 10^{-12} (\text{mol/L})^2 $$

$$\therefore\; x = [OH^-] = 5.0 \times 10^{-6} \text{ mol/L} \quad \cdots\cdots③ $$

〔③の別の求め方〕$[OH^-] = \sqrt{cK_h}$ より，

$$[OH^-] = \sqrt{5.0 \times 10^{-2} \text{ mol/L} \times 5.0 \times 10^{-10} \text{ mol/L}} = 5.0 \times 10^{-6} \text{ mol/L} $$

(2) (1)で求めた水酸化物イオン濃度から，水酸化物イオン指数 pOH を求めると，

$$pOH = -\log_{10}(5 \times 10^{-6}) = 6 - \log_{10} 5 = 6 - \log_{10} \frac{10}{2} = 6 - (1 - \log_{10} 2) = 5.3 $$

pH + pOH = 14 より，pH $= 14 - 5.3 = 8.7$

答 (1) 5.0×10^{-6} mol/L　(2) 8.7

TYPE 093 2種の弱酸の混合水溶液

難易度 C

各電離定数の式の$[H^+]$には，2種の酸から生じた全水素イオン濃度$[H^+]_t$の値を代入すること。

着眼 濃度c_Aの弱酸 HA（電離定数K_A）と濃度c_Bの弱酸 HB（電離定数K_B）を含む混合水溶液がある。この水溶液中での HA，HB の電離度をα，β（$\alpha \ll 1$，$\beta \ll 1$）とする。なお，**混合水溶液中では，HA と HB の電離で生じた H^+は全く区別できないことに留意すること。**

$$HA \rightleftarrows H^+ + A^- \qquad HB \rightleftarrows H^+ + B^-$$

平衡時　$c_A(1-\alpha)$　$c_A\alpha$　$c_A\alpha$　$c_B(1-\beta)$　$c_B\beta$　$c_B\beta$〔mol/L〕

よって，$[H^+]_t = (c_A\alpha + c_B\beta)$〔mol/L〕となる。また，$\alpha \ll 1$，$\beta \ll 1$より，

$$K_A = \frac{[H^+][A^-]}{[HA]} = \frac{[H^+]_t \cdot c_A\alpha}{c_A(1-\alpha)} = \alpha[H^+]_t \text{〔mol/L〕}$$

$$K_B = \frac{[H^+][B^-]}{[HB]} = \frac{[H^+]_t \cdot c_B\beta}{c_B(1-\beta)} = \beta[H^+]_t \text{〔mol/L〕}$$

$$\therefore \quad \frac{\alpha}{\beta} = \frac{K_A}{K_B} \quad \Rightarrow \quad \alpha : \beta = K_A : K_B \quad \text{（電離度の比）=（電離定数の比）}$$

例題　2種の弱酸の混合水溶液中の電離度

酢酸 0.10 mol と酪酸 0.20 mol を含む混合水溶液 1 L がある。酢酸の電離定数 $K_A = 2.0 \times 10^{-5}$ mol/L，酪酸の電離定数 $K_B = 1.5 \times 10^{-5}$ mol/L として，この混合水溶液中での酢酸の電離度αと酪酸の電離度βを求めよ。$\sqrt{2} = 1.41$，$\sqrt{5} = 2.25$

解き方 各値を電離定数K_A，K_Bの式に代入する。$1-\alpha \fallingdotseq 1$，$1-\beta \fallingdotseq 1$と近似する。

$$K_A = \frac{[H^+][A^-]}{[HA]} = \frac{[H^+]_t \cdot 0.10\alpha}{0.10(1-\alpha)} = [H^+]_t\alpha \text{〔mol/L〕} \quad \cdots\cdots ①$$

$$K_B = \frac{[H^+][B^-]}{[HB]} = \frac{[H^+]_t \cdot 0.20\beta}{0.20(1-\beta)} = [H^+]_t\beta \text{〔mol/L〕} \quad \cdots\cdots ②$$

$$\therefore \quad \frac{\beta}{\alpha} = \frac{K_B}{K_A} = \frac{1.5 \times 10^{-5}}{2.0 \times 10^{-5}} = \frac{3}{4} = 0.75 \quad \Rightarrow \quad \beta = 0.75\alpha \quad \cdots\cdots ③$$

また，$[H^+]_t = (0.10\alpha + 0.20\beta)$〔mol/L〕と③式を①式へ代入すると，

$$K_A = (0.10\alpha + 0.20 \times 0.75\alpha) \times \alpha = 0.25\alpha^2$$

$$2.0 \times 10^{-5} = 0.25\alpha^2 \qquad \alpha^2 = 8.0 \times 10^{-5}$$

$$\therefore \quad \alpha = 4\sqrt{5} \times 10^{-3} = 9.0 \times 10^{-3} \qquad \beta = 0.75 \times 9.0 \times 10^{-3} \fallingdotseq 6.8 \times 10^{-3}$$

答 $\alpha ; 9.0 \times 10^{-3}$，$\beta ; 6.8 \times 10^{-3}$

TYPE 094　難溶性塩の溶解度積　難易度 B

難溶性塩 AB の溶解度積 K_{sp} は，$AB \rightleftarrows A^+ + B^-$ のとき，$K_{sp} = [A^+][B^-]$ である。温度一定なら K_{sp} は一定値となる。

着眼 難溶性塩 AB の飽和水溶液中では，電離していない塩（沈殿）とわずかに電離したイオンとの間に，$AB \rightleftarrows A^+ + B^-$ のような溶解平衡が成立する。その平衡定数 K は，$K = \dfrac{[A^+][B^-]}{[AB(固)]}$ と表される。

[AB(固)]は固体のモル濃度で，常に一定とみなせるので，$K[AB(固)]$ も一定となり，次式が成り立つ。

$$[A^+][B^-] = K[AB(固)] = K_{sp} \cdots\cdots 塩 AB の溶解度積$$

[+補足] たとえば Ag^+ に Cl^- を加えていくと，はじめは$[Cl^-]$が小さいので$[Ag^+][Cl^-]$ $< K_{sp}$ のため沈殿しない。さらに Cl^- を加えていくと，$[Ag^+][Cl^-] > K_{sp}$ となり AgCl の沈殿が生成する。この後，Cl^- を加えても，沈殿が増えるだけで，K_{sp} は一定である。

例題　溶解度積と溶解度

20℃で塩化銀 AgCl は，水 100 mL に 1.41×10^{-6} mol まで溶ける。次の問いに答えよ。

(1) この温度での塩化銀の溶解度積を求めよ。

(2) 0.010 mol/L の塩酸中での塩化銀の溶解度は何 mol/L になるか。

解き方 (1) この AgCl 飽和水溶液のモル濃度は，

$$\frac{1.41 \times 10^{-6}\,\text{mol}}{0.10\,\text{L}} = 1.41 \times 10^{-5}\,\text{mol/L}$$

AgCl は水溶液中で，$AgCl \rightleftarrows Ag^+ + Cl^-$ とわずかに電離するので，

$$[Ag^+] = [Cl^-] = 1.41 \times 10^{-5}\,\text{mol/L}$$

$\therefore\ K_{sp} = [Ag^+][Cl^-] = (1.41 \times 10^{-5})^2\,(\text{mol/L})^2 \fallingdotseq 2.0 \times 10^{-10}\,(\text{mol/L})^2$

(2) 強酸である塩酸は完全に電離するので，$[H^+] = [Cl^-] = 0.010$ mol/L である。

一方，塩酸中での AgCl の溶解度を x〔mol/L〕とすると，$[Ag^+] = x$〔mol/L〕，

$[Cl^-] = (0.010 + x)$〔mol/L〕$\fallingdotseq 0.010$ mol/L （$x \ll 0.010$ のため）

K_{sp} は温度一定なら，溶液の pH にかかわらず一定なので，(1)の K_{sp} を用いて，

$$[Ag^+][Cl^-] = x\,[\text{mol/L}] \times 0.010\,\text{mol/L} = 2.0 \times 10^{-10}\,(\text{mol/L})^2$$

$\therefore\ x = 2.0 \times 10^{-8}\,\text{mol/L}$

答 (1) $2.0 \times 10^{-10}\,(\text{mol/L})^2$　(2) $2.0 \times 10^{-8}\,\text{mol/L}$

難溶性塩 AB（固）の溶解度積を K_{sp} とするとき，
$[A^+][B^-] > K_{sp}$…沈殿を生じる。
$[A^+][B^-] \leqq K_{sp}$…沈殿を生じない。

着眼 溶解度積 K_{sp} は，難溶性塩どうしの溶解度を比較するときの目安となる。K_{sp} の値が小さい塩ほど，水溶液中に存在できるイオン濃度が小さく，より沈殿しやすい。逆に，K_{sp} の値が大きい塩ほど沈殿しにくい。

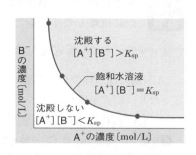

一般に，組成式 AB で表される難溶性塩について，溶液を混合した瞬間のイオン濃度の積 $[A^+][B^-]$ と，その塩の溶解度積 K_{sp} の大小関係から，上記のように沈殿生成の有無が判断できる。

例題 塩化銀の沈殿生成の判定

　1.0×10^{-4} mol/L 硝酸銀水溶液 100 mL に，1.0×10^{-4} mol/L 塩化ナトリウム水溶液 0.10 mL を加えたとき，塩化銀の沈殿が生じるかどうかを判断せよ。ただし，塩化銀 AgCl の溶解度積は 2.0×10^{-10} $(\text{mol/L})^2$ とし，溶液の混合による体積変化は無視できるものとする。

解き方 混合直後の $[Ag^+]$ と $[Cl^-]$ を求めると，

$$[Ag^+] = 1.0 \times 10^{-4} \text{ mol/L} \times \frac{100}{100.1} \fallingdotseq 1.0 \times 10^{-4} \text{ mol/L}$$

$$[Cl^-] = 1.0 \times 10^{-4} \text{ mol/L} \times \frac{0.10}{100.1} \fallingdotseq 1.0 \times 10^{-7} \text{ mol/L}$$

溶液を混合した直後のイオン濃度の積と溶解度積 K_{sp} を比較して，

> $[Ag^+][Cl^-] \geqq K_{sp}$ のとき　…　AgCl の沈殿を生じる
> $[Ag^+][Cl^-] < K_{sp}$ のとき　…　AgCl の沈殿は生じない

$$[Ag^+][Cl^-] = 1.0 \times 10^{-4} \text{ mol/L} \times 1.0 \times 10^{-7} \text{ mol/L}$$
$$= 1.0 \times 10^{-11} (\text{mol/L})^2 < K_{sp} (= 2.0 \times 10^{-10} (\text{mol/L})^2)$$

よって，塩化銀 AgCl の沈殿は生成しないことがわかる。　**答** 沈殿は生成しない。

TYPE 096 沈殿滴定(モール法)

難易度 **C**

> 指示薬にクロム酸イオン CrO_4^{2-} を用いた硝酸銀 $AgNO_3$ 水溶液による塩化物イオン Cl^- の定量法をモール法という。

🔍着眼 Cl^- と CrO_4^{2-} の混合水溶液に $AgNO_3$ の標準溶液を加えると，まず，溶解度の小さい**塩化銀 $AgCl$ の白色沈殿**を生じる。遅れて**クロム酸銀 Ag_2CrO_4 の赤褐色沈殿**が生成する。このとき $AgCl$ の**沈殿生成はほぼ終了**しており，この点を滴定の終点として，Cl^- の濃度が求まる。

◀例 題▶ モール法による Cl^- の定量

ある濃度の塩化ナトリウム水溶液 20 mL に指示薬として 1.0×10^{-5} mol のクロム酸カリウムを加え，4.0×10^{-2} mol/L 硝酸銀水溶液で滴定すると，まず塩化銀 $AgCl$ の白色沈殿が生成したが，5.0 mL を加えた時点でクロム酸銀 Ag_2CrO_4 の赤褐色沈殿が生成し始め，これを終点とした。$AgCl$ の溶解度積 $K_{sp} = 2.0 \times 10^{-10}$ (mol/L)^2，Ag_2CrO_4 の溶解度積 $K_{sp} = 4.0 \times 10^{-12}$ (mol/L)^3 とする。

(1) この塩化ナトリウム水溶液の濃度は何 mol/L か。

(2) この滴定の終点では，溶液中の $[Cl^-]$ はもとの何%になっているか。

◀解き方▶ (1) イオン反応式 $Ag^+ + Cl^- \longrightarrow AgCl$ の係数の比より，

滴定の終点では，(加えた Ag^+ の物質量)＝(溶液中の Cl^- の物質量)である。

NaCl 水溶液の濃度を x [mol/L] とおくと，

$$4.0 \times 10^{-2} \text{ mol/L} \times \frac{5.0}{1000} \text{ L} = x \text{ [mol/L]} \times \frac{20}{1000} \text{ L} \qquad x = 1.0 \times 10^{-2} \text{ mol/L}$$

(2) クロム酸銀 Ag_2CrO_4 が沈殿し始めたとき，$K_{sp} = [Ag^+]^2[CrO_4^{2-}] = 4.0 \times 10^{-12}$

が成立する。混合溶液の全体積は 25 mL であるから，

$$[CrO_4^{2-}] = \frac{1.0 \times 10^{-5} \text{ mol}}{0.025 \text{ L}} = 4.0 \times 10^{-4} \text{ mol/L}$$

$$[Ag^+]^2 = \frac{4.0 \times 10^{-12}}{4.0 \times 10^{-4}} = 1.0 \times 10^{-8} \text{ (mol/L)}^2 \quad \therefore \quad [Ag^+] = 1.0 \times 10^{-4} \text{ mol/L}$$

塩化銀 $AgCl$ は既に沈殿しているから，$K_{sp} = [Ag^+][Cl^-] = 2.0 \times 10^{-10}$ が成立する。

$$[Cl^-] = \frac{K_{sp}}{[Ag^+]} = \frac{2.0 \times 10^{-10}}{1.0 \times 10^{-4}} = 2.0 \times 10^{-6} \text{ mol/L}$$

Cl^- は $\dfrac{\text{滴定後の濃度}}{\text{滴定前の濃度}} = \dfrac{2.0 \times 10^{-6}}{1.0 \times 10^{-2}} \times 100 = 0.020\%$ に減少している。

答 (1) 1.0×10^{-2} mol/L (2) 0.020%

TYPE
088
089
090
091
092
093
094
095
096
097
098
099
100

硫化水素の電離平衡は，$H_2S \rightleftarrows 2H^+ + S^{2-}$……①

酸性…①式の平衡は左へ移動し，$[S^{2-}]$は小さくなる。

溶解度積 K_{sp} の小さな CuS，Ag_2S のみ沈殿する。

中・塩基性…①式の平衡は右へ移動し，$[S^{2-}]$は大きくなる。

溶解度積 K_{sp} のやや大きな FeS，ZnS も沈殿する。

Q 着眼 硫化物 MS のように，水に難溶性の塩は水にわずかに溶けて**溶解平衡**に達する。$MS(固) \rightleftarrows M^{2+}aq + S^{2-}aq$

$[M^{2+}][S^{2-}] = K_{sp}(一定)$ が成立し，K_{sp} を塩 MS の**溶解度積**という。

水溶液の pH により $[S^{2-}]$ を調節できるので，特定の金属イオンだけを硫化物として沈殿させることができる（**分別沈殿法**）。

─┤ **例 題** 硫化物の分別沈殿法 ├─

硫化水素水の電離平衡は，$H_2S \rightleftarrows 2H^+ + S^{2-}$ で表される。その電離定数 $K_a = 1.0 \times 10^{-21}$ mol/L，硫化水素水では $[H_2S] = 0.10$ mol/L とする。

(1) pH = 1.0 に調節した水溶液中での硫化物イオン濃度 $[S^{2-}]$ はいくらか。

(2) Cu^{2+} と Zn^{2+} を 0.010 mol/L 含む水溶液に硫化水素を十分に通して，CuS のみを沈殿させることができる $[S^{2-}]$ の範囲を不等号で示せ。ただし，CuS，ZnS の溶解度積 K_{sp} を 6.0×10^{-30} (mol/L)^2，2.0×10^{-18} (mol/L)^2 とする。

解き方 (1) pH = 1.0 のとき，$[H^+] = 1.0 \times 10^{-1}$ mol/L，題意より

$[H_2S] = 0.10$ mol/L を硫化水素の電離定数の式に代入して $[S^{2-}]$ を求める。

$$K = \frac{[H^+]^2[S^{2-}]}{[H_2S]} \Rightarrow [S^{2-}] = \frac{K \cdot [H_2S]}{[H^+]^2} = \frac{1.0 \times 10^{-21} \times 0.10}{(1.0 \times 10^{-1})^2}$$
$$= 1.0 \times 10^{-20} \text{ mol/L} \quad \text{……答}$$

(2) CuS が沈殿し始める $[S^{2-}]$ の下限は，

$[Cu^{2+}][S^{2-}] > 6.0 \times 10^{-30}$ より，$[S^{2-}] > \dfrac{6.0 \times 10^{-30}}{1.0 \times 10^{-2}} = 6.0 \times 10^{-28}$ mol/L

ZnS が沈殿し始める $[S^{2-}]$ の下限は，

$[Zn^{2+}][S^{2-}] > 2.0 \times 10^{-18}$ より，$[S^{2-}] > \dfrac{2.0 \times 10^{-18}}{1.0 \times 10^{-2}} = 2.0 \times 10^{-16}$ mol/L

よって，CuS のみが沈殿し，ZnS が沈殿しないための $[S^{2-}]$ の範囲は，

6.0×10^{-28} mol/L $< [S^{2-}] \leqq 2.0 \times 10^{-16}$ mol/L ……………………答

TYPE 098　溶解度積の応用

難易度 **C**

難溶性の塩 A_xB_y の飽和水溶液では，次の溶解平衡が成立する。

$$A_xB_y(固) \; \rightleftharpoons \; xA^{y+} \; + \; yB^{x-} \quad \cdots\cdots ①$$

塩 A_xB_y の溶解度積 $K_{sp} = [A^{y+}]^x[B^{x-}]^y \quad \cdots\cdots ②$

①式のイオンの係数が②式のイオン濃度の累乗となることに留意。

Q 着眼　塩化鉛(Ⅱ)$PbCl_2$ は水にわずかに溶けて次のような溶解平衡となる。

$$PbCl_2(固) \; \rightleftharpoons \; Pb^{2+} \; + \; 2Cl^-$$

$PbCl_2$ は水 1 L に 2.5×10^{-3} mol まで溶けるとすると，その飽和水溶液では，
$[Pb^{2+}] = 2.5 \times 10^{-3}$ mol/L，$[Cl^-] = 2.5 \times 10^{-3} \times 2 = 5.0 \times 10^{-3}$ mol/L である。

$PbCl_2$ の溶解度積 K_{sp} は，$K_{sp} = [Pb^{2+}][Cl^-]^2$ で表されるから，

$$K_{sp} = (2.5 \times 10^{-3}) \times (5.0 \times 10^{-3})^2 \fallingdotseq 6.3 \times 10^{-8} \, (mol/L)^3 \text{ と求められる。}$$

例題　金属水酸化物の沈殿生成条件

金属イオンの廃水処理では，塩基水溶液を加えて水酸化物として沈殿させる。
水酸化銅(Ⅱ)の溶解度積 K_{sp} を $6.0 \times 10^{-20} \, (mol/L)^3$ として次の問いに答えよ。

(1)　1.0×10^{-2} mol/L の Cu^{2+} 水溶液に NaOH 水溶液を加えていき，$Cu(OH)_2$ の沈殿が生成し始める pH を求めよ。$\log_{10} 2 = 0.30$，$\log_{10} 3 = 0.48$
　　ただし，NaOH 水溶液を加えることによる水溶液の体積変化は無視する。

(2)　さらに NaOH 水溶液を加えて $[OH^-] = 1.0 \times 10^{-5}$ mol/L にしたとき，溶液中に残っている Cu^{2+} のモル濃度を求めよ。水のイオン積：$K_w = 1.0 \times 10^{-14} \, (mol/L)^2$

解き方　水酸化銅(Ⅱ)$Cu(OH)_2$ が沈殿した水溶液は，$Cu(OH)_2$ の飽和水溶液であり，次の溶解平衡が成り立つ。　$Cu(OH)_2(固) \rightleftharpoons Cu^{2+} + 2OH^-$

(1)　$Cu(OH)_2$ の沈殿が生成し始めるときの $[OH^-]$ を $x \, [mol/L]$ とおくと，このとき，$[Cu^{2+}][OH^-]^2 = K_{sp}$ の関係が成り立つ。

$$1.0 \times 10^{-2} \times x^2 = 6.0 \times 10^{-20} \qquad x^2 = 6.0 \times 10^{-18} \, (mol/L)^2$$

$$x = [OH^-] = \sqrt{6} \times 10^{-9} \text{ mol/L}$$

$$\therefore \; pOH = -\log_{10}[OH^-] = -\log_{10}(2^{\frac{1}{2}} \times 3^{\frac{1}{2}} \times 10^{-9}) = 9 - \frac{1}{2}\log_{10} 2 - \frac{1}{2}\log_{10} 3 = 8.61$$

pH + pOH = 14 より，pH = $14 - 8.61 = 5.39 \fallingdotseq 5.4$ ・・・・・・・・・・・・・・・・・答

(2)　$Cu(OH)_2$ が沈殿した溶液中では，$Cu(OH)_2$ の溶解平衡が成り立つから，

$$K_{sp} = [Cu^{2+}][OH^-]^2 = 6.0 \times 10^{-20} \, (mol/L)^3 \text{ より，}$$

$$[Cu^{2+}] = \frac{6.0 \times 10^{-20}}{(1.0 \times 10^{-5})^2} = 6.0 \times 10^{-10} \text{ mol/L} \; \cdots\cdots\cdots\cdots\cdots\cdots\cdots\cdots 答$$

TYPE

088
089
090
091
092
093
094
095
096
097
098
099
100

TYPE **099** 分配平衡

難易度 **B**

> ある溶質の水，有機溶媒に対する濃度を C_1〔g/mL〕，C_2〔g/mL〕とすると，温度一定では，$\dfrac{C_2}{C_1}=K$（一定）となる。

Q 着眼 水と油のように，互いに溶け合わずに2層に分かれて存在する2液体に，他の溶質を加えて振り混ぜたとき，この溶質は両液層に一定の割合で分配され，平衡状態となる。この平衡を**分配平衡**といい，このとき，$K=\dfrac{C_2}{C_1}$ の関係が成立する。K が1より大きいとき，その溶質は水よりも有機溶媒に溶けやすい。たとえば，ヨウ素の水と四塩化炭素に対する K は 85（25℃）である。

有機溶媒
水

分液ろうと

例 題 分配平衡と抽出量

ある薬品の水とベンゼンに対する分配係数を 6.0 として，次の問いに答えよ。

(1) ある薬品 1.0 g を溶かした水溶液 100 mL にベンゼン 50 mL を加えて抽出操作を行った。ベンゼン層に抽出された薬品量〔g〕を求めよ。

(2) ある薬品 1.0 g を溶かした水溶液 100 mL にベンゼン 25 mL を加えて2回に分けて抽出操作を行った。ベンゼン層に抽出された全薬品量〔g〕を求めよ。

解き方 (1) ベンゼン層に抽出された薬品量を x〔g〕とすると，分配平衡のとき，この薬品の水層での濃度を c_1〔g/mL〕，ベンゼン層での濃度を c_2〔g/mL〕とすると，

$$K=\frac{c_2}{c_1}=\frac{\dfrac{x}{50}}{\dfrac{1.0-x}{100}}=6.0 \quad \therefore \quad x=\frac{3}{4}=0.75 \text{ g}$$

(2) 1回目の操作で，ベンゼン層に抽出された薬品量を y〔g〕とすると，

$$K=\frac{c_2}{c_1}=\frac{\dfrac{y}{25}}{\dfrac{1.0-y}{100}}=6.0 \quad \therefore \quad y=\frac{3}{5}=0.60 \text{ g}$$

2回目の操作で，ベンゼン層に抽出された薬品量を z〔g〕とすると，

$$K=\frac{c_2}{c_1}=\frac{\dfrac{z}{25}}{\dfrac{(1.0-0.60)-z}{100}}=6.0 \quad \therefore \quad z=0.24 \text{ g}$$

全抽出量は，$0.60+0.24=0.84$ g

答 (1) 0.75 g　(2) 0.84 g

TYPE 100　キレート滴定

難易度 C

多価の金属イオンと EDTA は 1 : 1（物質量の比）で安定なキレート錯体を形成する。

着眼 配位子のうち，配位結合する原子が 1 個のものを単座配位子，2 個以上のものを多座配位子という。金属イオンに多座配位子が配位結合してできた環状の錯体をキレート錯体という。エチレンジアミン四酢酸（以下，EDTA と略す）は 4 価の弱酸で 4 段階に電離する。

$$H_4Y \rightleftarrows 4H^+ + Y^{4-} \qquad (H_4Y ; EDTA)$$

pH ≒ 10 では，Y^{4-} の濃度が大きくなり，多価の金属イオンとはその価数に関係なく，1 : 1 の物質量の比で極めて安定なキレート錯体（右図）を形成する。この反応を利用した金属イオンの定量法をキレート滴定という。

▲ Ca^{2+} の EDTA キレート錯体
（←は配位結合を示す。）

例題　水中の Ca^{2+} と Mg^{2+} の定量の測定

試料水 50 mL に pH ≒ 10 の緩衝液 1 mL と BT 指示薬（自身は青色を示すが，金属イオンと結合すると赤色を呈する）を 1 ～ 2 滴加え，1.00×10^{-2} mol/L の EDTA 水溶液を滴下すると，7.50 mL を加えたとき，溶液の色が赤色から青色に変化した。これより，この試料水 1 L 中の Ca^{2+} と Mg^{2+} の総物質量を求めよ。

解き方

試料水 Ca^{2+}, Mg^{2+} → (BT 指示薬／緩衝液) → Ca^{2+}, Mg^{2+} BT 指示薬（赤色）→ (EDTA 水溶液) → Ca^{2+}EDTA Mg^{2+}EDTA（無色） ／ BT 指示薬（青色）

最初，Ca^{2+} と Mg^{2+} は BT 指示薬とキレート錯体を形成し，赤色を呈している。ここへ EDTA 水溶液を加えると，遊離の金属イオンに続いて，指示薬と結合していた Ca^{2+} や Mg^{2+} も安定度の大きい EDTA 錯体を形成するため，指示薬が遊離し，元の青色を示す。この時点がこのキレート滴定の終点となる。

試料水 50 mL 中の Ca^{2+} と Mg^{2+} の総物質量は，加えた EDTA の物質量に等しい。

$$1.00 \times 10^{-2} \text{ mol/L} \times \frac{7.50}{1000} \text{ L} = 7.50 \times 10^{-5} \text{ mol}$$

試料水 1 L あたりでは，7.50×10^{-5} mol $\times 20 = 1.50 \times 10^{-3}$ mol ……… **答**

TYPE
088
089
090
091
092
093
094
095
096
097
098
099
100

63 酢酸は水溶液中で一部が電離し，次の電離平衡が成立する。

$$CH_3COOH \rightleftarrows CH_3COO^- + H^+$$

酢酸の濃度と電離度の関係（右図）を
用いて，次の問いに答えよ。

(1) 0.050 mol/L の酢酸の pH を求め
よ。

(2) 0.050 mol/L の酢酸の電離度の値
を用いて，酢酸の電離定数を求めよ。

(3) 4.0×10^{-4} mol/L の酢酸の電離度
を求めよ。

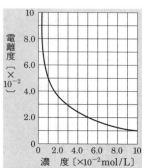

TYPE

→ 088

64 アンモニアは，水溶液中で次のような電離平衡が成立している。

$$NH_3 + H_2O \rightleftarrows NH_4^+ + OH^-$$

(1) アンモニアの電離定数 K_b を表す式を書け。

(2) アンモニア水の濃度を c 〔mol/L〕，電離度を α として，電離定数
K_b を c と α を用いて表せ。（α は 1 に比べて十分に小さいとする。）

(3) アンモニアの電離定数 $K_b = 2.0 \times 10^{-5}$ mol/L，$\log_{10} 2 = 0.30$ とし
て，次の問いに答えよ。

① 1.0×10^{-1} mol/L のアンモニア水の pH を小数第 1 位まで求めよ。

② 4.0×10^{-4} mol/L のアンモニア水の pH を小数第 1 位まで求めよ。

→ 089

65 0.10 mol/L の酢酸水溶液に同体積の 0.070 mol/L の酢酸ナトリ
ウム水溶液を加えた水溶液の pH はいくらか。ただし，酢酸の電離定
数を 2.8×10^{-5} mol/L，$\log_{10} 2 = 0.30$ とする。

→ 091

66 0.20 mol/L の塩化アンモニウム NH_4Cl 水溶液の pH を求めよ。
NH_3 の電離定数；$K_b = 1.8 \times 10^{-5}$ mol/L，$\log_{10} 2 = 0.30$，$\log_{10} 3 = 0.48$

→ 092

67 塩化銀は水溶液中で $AgCl(固) \rightleftarrows Ag^+ + Cl^-$ のような溶解
平衡となり，20℃での溶解度積 $K_{sp} = 1.8 \times 10^{-10}$ (mol/L)^2 である。

いま，1.0×10^{-3} mol/L 硝酸銀水溶液 10 mL に，1.0×10^{-3} mol/L
塩化ナトリウム水溶液を何 mL 加えたとき，塩化銀の沈殿が生成しは
じめるか。ただし，溶液の混合による体積変化は無視できるものとする。

→ 094, 095

7 無機物質と有機化合物

SECTION 1 無機物質の反応

1 気体の実験室的製法…少量の純粋な気体を得るための方法。────◁

① 水素　$Zn + H_2SO_4 \longrightarrow ZnSO_4 + H_2\uparrow$（希塩酸や鉄・アルミニウムなどでも水素発生）
　　　　亜鉛　　希硫酸

② 塩素　$4HCl + MnO_2 \xrightarrow{\text{加熱}} MnCl_2 + 2H_2O + Cl_2\uparrow$
　　　　濃塩酸　酸化マンガン(IV)

③ 酸素　$2H_2O_2 \longrightarrow 2H_2O + O_2\uparrow$　（触媒：MnO_2）
　　　　過酸化水素

④ 塩化水素　$NaCl + H_2SO_4 \xrightarrow{\text{加熱}} NaHSO_4 + HCl\uparrow$
　　　　　　塩化ナトリウム　濃硫酸（不揮発性）

⑤ アンモニア　$2NH_4Cl + Ca(OH)_2 \xrightarrow{\text{加熱}} CaCl_2 + 2H_2O + 2NH_3\uparrow$
　　　　　　　塩化アンモニウム　水酸化カルシウム

⑥ 一酸化窒素　$3Cu + 8HNO_3 \longrightarrow 3Cu(NO_3)_2 + 4H_2O + 2NO\uparrow$
　　　　　　　銅　　　希硝酸

⑦ 二酸化窒素　$Cu + 4HNO_3 \longrightarrow Cu(NO_3)_2 + 2H_2O + 2NO_2\uparrow$
　　　　　　　銅　　　濃硝酸

⑧ 二酸化硫黄　$Cu + 2H_2SO_4 \xrightarrow{\text{加熱}} CuSO_4 + 2H_2O + SO_2\uparrow$
　　　　　　　銅　　　濃硫酸

⑨ 二酸化炭素　$CaCO_3 + 2HCl \longrightarrow CaCl_2 + H_2O + CO_2\uparrow$
　　　　　　　炭酸カルシウム　希塩酸

⑩ 硫化水素　$FeS + H_2SO_4 \longrightarrow FeSO_4 + H_2S\uparrow$
　　　　　　硫化鉄(II)　　希硫酸

！注意 ①～③，⑥～⑧は酸化還元反応，④は不揮発性の酸と揮発性の酸の塩との反応，⑤，⑨，⑩は弱酸（弱塩基）の塩と強酸（強塩基）の反応である。

加熱が必要	加熱が不要

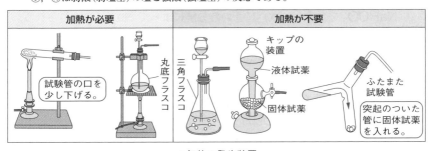

試験管の口を少し下げる。　丸底フラスコ　三角フラスコ　キップの装置　液体試薬　固体試薬　ふたまた試験管　突起のついた管に固体試薬を入れる。

▲気体の発生装置

2 **工業的製法**…効率よく大量の目的物を得るための方法。————◀

1 **接触法** 硫黄 S から二酸化硫黄 SO_2 を経て，三酸化硫黄 SO_3 をつくり，生じた SO_3 を濃硫酸に吸収させて**発煙硫酸**をつくる。この発煙硫酸を希硫酸でうすめて，**濃硫酸 H_2SO_4** を合成する方法を**接触法**という。

$$S + O_2 \longrightarrow SO_2 \qquad 2SO_2 + O_2 \longrightarrow 2SO_3 \text{（触媒；V_2O_5）}$$

$$SO_3 + H_2O \longrightarrow H_2SO_4$$

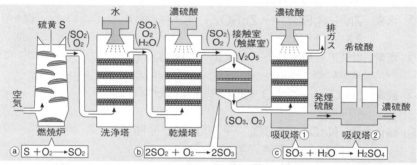

2 **ハーバー・ボッシュ法** 窒素 N_2 と水素 H_2 を，四酸化三鉄 Fe_3O_4 を主成分とした触媒と高温高圧下（500℃，$10^7 \sim 10^8$ Pa）で反応させ，アンモニアを得る方法を**ハーバー・ボッシュ法**という。

3 **オストワルト法** アンモニアと空気から一酸化窒素を経て，二酸化窒素を得る。この二酸化窒素を水に溶かし，**硝酸**を得る方法を**オストワルト法**という。

$$\begin{cases} 4NH_3 + 5O_2 \longrightarrow 4NO + 6H_2O \\ 2NO + O_2 \longrightarrow 2NO_2 \\ 3NO_2 + H_2O \longrightarrow 2HNO_3 + NO \end{cases}$$

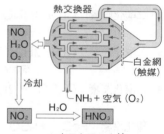

▲オストワルト法

4 **アンモニアソーダ法** NaCl と $CaCO_3$ を原料とし，Na_2CO_3 を合成する方法を**アンモニアソーダ法（ソルベー法）**という。まず，①の反応により $NaHCO_3$ を合成し，さらに②の熱分解によって Na_2CO_3 が得られる。③で発生した CO_2 や⑤で発生した NH_3 は①の反応に再利用される。

$$\begin{cases} NaCl + NH_3 + H_2O + CO_2 \longrightarrow NaHCO_3\downarrow + NH_4Cl & \cdots\cdots① \\ 2NaHCO_3 \longrightarrow Na_2CO_3 + H_2O + CO_2 & \cdots\cdots② \\ CaCO_3 \longrightarrow CaO + CO_2 & \cdots\cdots③ \\ CaO + H_2O \longrightarrow Ca(OH)_2 & \cdots\cdots④ \\ 2NH_4Cl + Ca(OH)_2 \longrightarrow CaCl_2 + 2H_2O + 2NH_3\uparrow & \cdots\cdots⑤ \end{cases}$$

TYPE 101 無機物質の純度

難易度 **B**

生成物の量から反応物の質量を求めて，

$$純度〔\%〕＝\frac{反応物の質量〔g〕}{混合物の質量〔g〕}×100$$

着眼 混合物がある条件のもとで化学変化を起こすとき，反応する物質と反応しない物質が混ざっている場合がある。どの物質が反応するかを確かめたうえで，**生じる物質の量(沈殿の質量や気体の体積など)から，実際に反応した物質の質量を逆算**し，上の式に代入して純度を求める。

!注意 反応する物質が 2 種類以上の場合もあるので，よく注意すること。

例題 炭酸カルシウムの純度

不純物として硫酸カルシウムを含む炭酸カルシウム 1.00 g をとり，十分量の塩酸を加えたら，二酸化炭素が標準状態で 190 mL 発生した。この炭酸カルシウムの純度は何%か($CaCO_3$ の式量は 100 とする)。

解き方 強酸の塩である硫酸カルシウム $CaSO_4$ に強酸 HCl を加えても反応は起こらない。しかし，**弱酸の塩である炭酸カルシウム $CaCO_3$ に強酸 HCl を加えると**次のような反応が起こり，**弱酸が遊離する。**

(弱酸の塩) ＋ (強酸) ⟶ (強酸の塩) ＋ (弱酸)

$CaCO_3$ ＋ 2HCl ⟶ $CaCl_2$ ＋ CO_2 ＋ H_2O

1 mol — **1 mol**

発生した CO_2 の物質量；$\dfrac{190 \text{ mL}}{22400 \text{ mL/mol}} = 8.482×10^{-3}$ mol

反応式の係数比より $CaCO_3$ 1 mol($= 100$ g)から，標準状態において CO_2 1 mol($= 22.4$ L $= 22400$ mL)が発生することがわかる。

CO_2 $8.482×10^{-3}$ mol を発生させるのに，必要な $CaCO_3$ の物質量も $8.482×10^{-3}$ mol であるので，反応した $CaCO_3$ の質量は，$8.482×10^{-3}$ mol $× 100$ g/mol $= 0.8482$ g

$CaCO_3$ の純度；$\dfrac{CaCO_3〔g〕}{混合物〔g〕} = \dfrac{0.8482}{1.00} × 100 ≒ 84.8\%$ **答 84.8%**

類題46 臭化カリウム KBr と塩化カリウム KCl の混合物 2.68 g を含む水溶液に十分な量の硝酸銀 $AgNO_3$ 水溶液を加えたところ，2 種類の沈殿があわせて 4.75 g 生じた。はじめの混合物中の臭化カリウムの物質量を求めよ。原子量；K = 39，Cl = 35.5，Br = 80，Ag = 108

(解答➡別冊 p.15)

CHAP. **7**

1 無機物質の反応

TYPE

101
102
103

工業的製法による質量計算

難易度 **A**

> 反応の途中で現れる化合物で，計算のうえで不必要なものは消去して，できるだけ簡単な式にまとめる。

着眼 工業的製法では，反応物がいくつかの段階を経て最終生成物となる場合が多い。よって，**反応物と最終生成物の関係だけを示す化学反応式を導く**ことにより，これらの物質間の量的関係がわかる。

例題　鉄の製錬における鉄の生成量

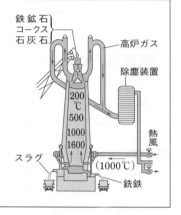

鉄の製錬では，高炉の中でコークス C が燃えて一酸化炭素 CO となり，鉄鉱石中の酸化鉄(Ⅲ)Fe_2O_3 が次のように還元されて鉄が生成する。

$$Fe_2O_3 + CO \longrightarrow 2FeO + CO_2 \cdots\cdots①$$
$$FeO + CO \longrightarrow Fe + CO_2 \cdots\cdots\cdots②$$

これらの反応が完全に進行したとして，1.0 t の鉄鉱石から何 t の鉄が得られるか。ただし，鉄鉱石中の Fe_2O_3 の含有率は 80 % とする。

原子量；O = 16，Fe = 56

解き方 反応物 Fe_2O_3 と，最終生成物 Fe との量的関係が知りたいので，**中間生成物の FeO は不要**である。よって，①＋②×2 を計算して，FeO を消去すると，

$$\underset{\textbf{1 mol}}{Fe_2O_3} + 3CO \longrightarrow \underset{\textbf{2 mol}}{2Fe} + 3CO_2 \cdots\cdots\cdots③$$

③より，Fe_2O_3（式量 160）1 mol から，Fe（原子量 56）2 mol が生成する。生成する Fe の質量を x〔t〕とすると，1.0 t = 1.0×10^6 g なので，

$$\frac{1.0 \times 10^6 \times 0.80 \text{ g}}{160 \text{ g/mol}} \times 2 = \frac{x \times 10^6 \text{〔g〕}}{56 \text{ g/mol}} \qquad \therefore \quad x = 0.56 \text{ t}$$

答 0.56 t

類題47 硝酸の製造過程は，次の①〜③で表される。50%硝酸を 1.0 t つくるのに必要なアンモニアは何 kg か。ただし，NH_3 はすべて HNO_3 に変化させるものとする。

原子量；H = 1.0，N = 14，O = 16 （解答➡別冊 p.15）

$$4NH_3 + 5O_2 \longrightarrow 4NO + 6H_2O \cdots\cdots\cdots\cdots①$$
$$2NO + O_2 \longrightarrow 2NO_2 \cdots\cdots\cdots\cdots\cdots\cdots②$$
$$3NO_2 + H_2O \longrightarrow 2HNO_3 + NO \cdots\cdots\cdots\cdots③$$

TYPE 103 反応物と最終生成物の量的関係

難易度 **A**

> 反応物中のある元素が，目的生成物にすべて含まれる場合，計算上，反応式は不要である。

着眼 化学反応式による計算では，化学反応式を正しくつくって解くのが原則だが，反応物中のある元素が目的生成物にすべて移行する場合，計算上は，化学反応式は不要である。この場合，**反応物と最終生成物との量的関係**をつかむことが重要である。

---**例題** 硫酸製造における純硫酸の生成量---

純度64%の硫黄鉱石1.0 kgを完全燃焼させて，二酸化硫黄を発生させた。この二酸化硫黄のすべてを酸化して三酸化硫黄に変え，これを水と反応させて硫酸を製造した。この反応で98%硫酸は何kgつくられるか。反応はすべて完全に進行したものとして考えよ。原子量；H = 1.0，O = 16，S = 32

解き方 硫黄鉱石中の硫黄から硫酸生成までの化学変化の流れは，S $\longrightarrow$ SO$_2$ $\longrightarrow$ SO$_3$ $\longrightarrow$ H$_2$SO$_4$ であり，各物質中で硫黄(S)がすべて硫酸に移行している。そこで，反応物と最終生成物の量的関係だけで考えていく。

反応経路……　　S$(\longrightarrow$ SO$_2$ $\longrightarrow$ SO$_3)$ $\longrightarrow$ H$_2$SO$_4$

物質量関係…… **1 mol**　　　　　　　　　　　　**1 mol**

硫黄 S と硫酸 H$_2$SO$_4$ のモル質量は，それぞれ 32 g/mol，98 g/mol である。得られる98%硫酸の質量を x〔kg〕とすると，

$$\frac{1.0 \times 10^3 \text{ g} \times 0.64}{32 \text{ g/mol}} = \frac{x \times 10^3 \text{〔g〕} \times 0.98}{98 \text{ g/mol}} \qquad \therefore \quad x = 2.0 \text{ kg}$$

答 2.0 kg

＋補足 硫酸製造の反応は，次のような段階的変化で示すことができる。

S + O$_2$ $\longrightarrow$ SO$_2$　　2SO$_2$ + O$_2$ $\longrightarrow$ 2SO$_3$　　SO$_3$ + H$_2$O $\longrightarrow$ H$_2$SO$_4$

これをまとめると，2S + 3O$_2$ + 2H$_2$O $\longrightarrow$ 2H$_2$SO$_4$　となる。

類題48 チオ硫酸ナトリウム Na$_2$S$_2$O$_3$ の製造過程は，次の①〜③で示される。チオ硫酸ナトリウム 2.0 t を得るには，硫黄が何 t 必要か。ただし，反応はすべて完全に進行したものとする。原子量；O = 16，Na = 23，S = 32　　　(解答➡別冊 p.15)

S + O$_2$ $\longrightarrow$ SO$_2$ ……………………………………………………①

2NaOH + SO$_2$ $\longrightarrow$ Na$_2$SO$_3$ + H$_2$O ……………………………②

Na$_2$SO$_3$ + S $\longrightarrow$ Na$_2$S$_2$O$_3$ ……………………………………③

68 硝酸カリウムと硝酸銀との混合粉末 4.50 g を水に溶かし，この水溶液に塩化ナトリウム水溶液を十分に加えたところ 2.87 g の塩化銀の沈殿が得られた。式量；$KNO_3 = 101$，$AgNO_3 = 170$，$AgCl = 143.5$

TYPE

(1) 沈殿が生成する変化を化学反応式で書け。

(2) はじめの混合粉末中の硝酸カリウムの質量は何 g か。

→ 101

69 大理石（主成分 $CaCO_3$）2.0 g を十分量の希塩酸に溶かしたところ，二酸化炭素が標準状態で 0.41 L 発生した。式量；$CaCO_3 = 100$

(1) 大理石と希塩酸が反応したときの化学反応式を書け。

(2) この大理石の純度は何％か。ただし，不純物は希塩酸とは反応しない。

→ 101

70 硫酸製造の反応は，次の化学反応式で表される。

$$4FeS_2 + 11O_2 \longrightarrow 2Fe_2O_3 + 8SO_2 \quad \cdots\cdots\cdots\cdots①$$
$$2SO_2 + O_2 \longrightarrow 2SO_3 \quad \cdots\cdots\cdots\cdots②$$
$$SO_3 + H_2O \longrightarrow H_2SO_4 \quad \cdots\cdots\cdots\cdots③$$

(1) 理論上，黄鉄鉱 FeS_2 から硫酸 1 mol をつくるのに，必要な酸素は何 mol になるか。

(2) 黄鉄鉱 1.0 kg から，98％硫酸何 kg が得られるか。ただし，黄鉄鉱中の FeS_2 の含有率は 78％とする。原子量；$H = 1.0$，$O = 16$，$S = 32$，$Fe = 56$

→ 102

71 酸化カルシウムに水を加え水酸化カルシウムの飽和水溶液を調製した後，十分な量の希硫酸を加えると硫酸カルシウムの沈殿が生成した。この反応は，次の化学反応式で表される。

$$CaO + H_2O \longrightarrow Ca(OH)_2 \quad \cdots\cdots\cdots\cdots①$$
$$Ca(OH)_2 + H_2SO_4 \longrightarrow CaSO_4 + 2H_2O \quad \cdots\cdots\cdots②$$

酸化カルシウムが 1.0 kg 存在するとき，硫酸カルシウム何 kg がつくられるか。ただし，反応は完全に進行したとする。式量；$CaO = 56$，$CaSO_4 = 136$

→ 103

♪-**ヒント** **70** ①～③式から SO_2 と SO_3 を消去して，まとめた式を考えよう。

1 有機化合物の構造決定

① 分離精製された試料の成分元素の種類を確認(**定性分析**)後,その各元素の質量を測定(**定量分析**)したりする一連の操作を**元素分析**という。

また,成分元素の質量比からその物質の**組成式**(**実験式**)が求められる。

② 分子量を測定し,組成式の式量と分子量の比較から**分子式**を求める。

③ 試料の化学的性質から官能基の種類を推定し,**示性式・構造式**が決まる。

▲示性式・構造式の決定

2 元素分析

高校で学習する有機化合物の多くは,**C・H・O**の3元素からできているので,その元素組成は,右図に示したような**元素分析装置**を使って調べる。

一定量の試料を酸素の気流中で酸化銅(Ⅱ)とともに完全燃焼させる。この場合,水と二酸化炭素が生じるが,**水は塩化カルシウムに**,

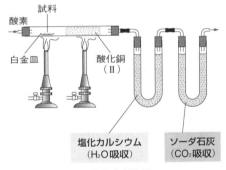

▲元素分析装置

二酸化炭素はソーダ石灰に吸収させて,その質量増加分から,**C・H**の質量を求める。直接定量できない**O**の質量は,化合物全体の質量から,**O**以外の全元素の質量を差し引けば求めることができる。

> **!注意** ソーダ石灰は水と二酸化炭素の両方を吸収するので,塩化カルシウムより先につないでしまうと,炭素と水素の質量を別々に求めることはできない。

例 C,H,Oからなる有機化合物 a〔g〕を元素分析したら,CO_2 が b〔g〕,H_2O が c〔g〕得られたとする。

$$\text{C の質量} = b \times \frac{C}{CO_2} = b \times \frac{12}{44} \text{〔g〕} \qquad \text{H の質量} = c \times \frac{2H}{H_2O} = c \times \frac{2}{18} \text{〔g〕}$$

$$\text{O の質量} = a - (\text{C の質量} + \text{H の質量})\text{〔g〕}$$

CHAP.
7

2 有機化合物の構造決定と反応

TYPE
104
105
106
107
108

3 組成式(実験式)の決定

元素分析の結果得られた**各成分元素の質量を原子量で割り，各原子数の比**を求める。この比を最も簡単な整数の比で示した化学式が**組成式(実験式)**となる。また，各元素の質量%を原子量で割り，その比から組成式を求めてもよい。

$$C\,の原子数：H\,の原子数：O\,の原子数$$

$$=\frac{C\,の質量}{12}：\frac{H\,の質量}{1.0}：\frac{O\,の質量}{16}$$

$$=\frac{C\,の質量\%}{12}：\frac{H\,の質量\%}{1.0}：\frac{O\,の質量\%}{16}$$

4 分子式の決定

組成式(実験式)は，分子中の原子数の比を示しているだけであるから，適当な方法で分子量を求め，組成式の式量と分子量から分子式を決定する。組成式の式量の整数倍が分子量に等しくなる。

$$分子式＝(組成式)_n \quad (n\,は整数)$$

!注意 **有機化合物の分子量算出** 気化しやすい物質は，気体の状態方程式(p.100)やその気体 1 mol の質量から求める。また，気化しにくい物質は，凝固点降下法(p.131)や浸透圧法が利用される。なお，酸性や塩基性の物質は，中和滴定法も用いられる。

5 不飽和結合への反応

炭素原子間に存在する二重結合や三重結合を**不飽和結合**という。不飽和結合をもつ化合物は水素やハロゲンなどと**付加反応を起こしやすい。**

例 **1-ブテンへの水素の付加反応**

$$CH_2＝CH－CH_2－CH_3 ＋ H_2 \longrightarrow CH_3－CH_2－CH_2－CH_3$$

1-ブチンへの水素の付加反応

$$CH≡C－CH_2－CH_3 ＋ 2H_2 \longrightarrow CH_3－CH_2－CH_2－CH_3$$

6 有機反応の収率

一般に，有機化合物の反応は副反応を伴うことが多く，原料物質がすべて製品化しない。原料物質がどのくらい製品化したかを次の式で**収率**として求める。

$$収率〔\%〕＝\frac{実際に得られた製品の量}{反応式により計算された製品の理論量}×100$$

例

ベンゼン $\xrightarrow[\text{ニトロ化}]{\text{HNO}_3}$ ニトロベンゼン $\xrightarrow[\text{還元}]{\text{Sn＋HCl}}$ アニリン
収率80%　　　　　　　収率70%

ベンゼン 1 mol からアニリンは 0.56 mol 生じるので，収率は 56%である。

CHAP.
7

2
有機化合物の構造決定と反応

TYPE

104
105
106
107
108

TYPE 104　燃焼生成物の質量からの組成式の決定

生成した CO_2 や H_2O の質量から，もとの試料中の C や H の質量を求め，原子数の比を次の式で求める。

$$C : H : O = \frac{C の質量}{12} : \frac{H の質量}{1.0} : \frac{O の質量}{16}$$

 着眼 有機化合物を完全燃焼させると，化合物中の炭素は CO_2 に，水素は H_2O に変化する。この場合，C と CO_2，H と H_2O の質量の比が常に一定となるので，CO_2 や H_2O の質量から化合物中の C や H の質量が求められる。また，O の質量は，（試料の全質量）−（C と H の質量の和）で求められる。

こうして求めた各元素の質量を，それぞれの原子量で割れば原子数の比が算出できる。これを最も簡単な整数の比で表せば，有機化合物の組成式（実験式）が得られる。

例題　燃焼生成物の質量からの組成式の決定

炭素，水素，酸素よりなる有機化合物 4.00 mg を完全燃焼させたら，水 2.40 mg，二酸化炭素 5.87 mg が得られた。この化合物の組成式を求めよ。原子量；H = 1.0, C = 12, O = 16

解き方 CO_2 の質量より C の質量，H_2O の質量より H の質量を求める。

$$C の質量 = CO_2 の質量 \times \frac{C}{CO_2} = 5.87 \times \frac{12}{44} \fallingdotseq 1.60 \text{ mg}$$

$$H の質量 = H_2O の質量 \times \frac{2H}{H_2O} = 2.40 \times \frac{2.0}{18} \fallingdotseq 0.27 \text{ mg}$$

$$O の質量 = 試料の全質量 − (C の質量 + H の質量)$$
$$= 4.00 − (1.60 + 0.27) = 2.13 \text{ mg}$$

これを各原子量で割って原子数の比（= 各元素の物質量の比）を求めると，

$$C : H : O = \frac{C の質量}{12} : \frac{H の質量}{1.0} : \frac{O の質量}{16}$$
$$= \frac{1.60}{12} : \frac{0.27}{1.0} : \frac{2.13}{16} \fallingdotseq 0.13 : 0.27 : 0.13 \fallingdotseq 1 : 2 : 1$$

したがって，組成式は CH_2O となる。　**答** CH_2O

注意 求めた原子数の比が小数の場合，整数に直すには，最も小さい数を 1 とおけばよい。

TYPE 105 組成式から決定する分子式

難易度 **A**

（分子式）＝（組成式）$_n$　　$n = \dfrac{\text{分子量}}{\text{組成式の式量}}$　を利用せよ。

着眼 組成式が同じでも，次のように分子式の異なる物質がある。たとえば

組成式 CH の場合，CH $\begin{cases} (CH)_2 \longrightarrow \text{分子式 } C_2H_2\text{（アセチレン）} \\ (CH)_6 \longrightarrow \text{分子式 } C_6H_6\text{（ベンゼン）} \end{cases}$

したがって，分子式を決定するには，$(CH)_n$ の n がいくらであるかを決める**必要がある。**そのために，適当な方法で分子量を測定し，その数値を組成式の式量で割り，n（整数）の値を求めればよい。

例題 組成式と分子量から分子式を求める

C, H, O からなる有機化合物 15.5 mg を完全燃焼させたら，CO_2 が 22.0 mg，H_2O が 13.5 mg 生じた。また，この化合物 2.49 g を水 200 mL に溶かすと，0.20 mol/L の水溶液になった。化合物の分子式を求めよ。原子量：H = 1.0，C = 12，O = 16

解き方 まず，C, H, O の各質量を求めて組成式をつくる。

$$C : 22.0 \times \frac{12}{44} = 6.0 \text{ mg} \qquad H : 13.5 \times \frac{2.0}{18} = 1.5 \text{ mg}$$

$$O : 15.5 - (6.0 + 1.5) = 8.0 \text{ mg}$$

各質量を原子量で割って，C, H, O の原子数の比を求めると（→TYPE 104），

$$C : H : O = \frac{6.0}{12} : \frac{1.5}{1.0} : \frac{8.0}{16} = 1 : 3 : 1 \qquad \therefore \quad \text{組成式} \cdots CH_3O$$

また，この化合物の分子量を M とすると，モル濃度を求める式より，

$$0.20 \text{ mol/L} = \frac{\dfrac{2.49 \text{ g}}{M}}{0.20 \text{ L}} \qquad \therefore \quad M = 62.2 \fallingdotseq 62$$

よって，$(CH_3O)_n = 62$ より，

$$n = \frac{\text{分子量}}{\text{組成式の式量}} = \frac{62}{31} = 2 \qquad \therefore \quad \text{分子式} \cdots C_2H_6O_2 \qquad \text{答} \; C_2H_6O_2$$

類題49 組成式が CH_2O で表される物質 32.4 g を，水 200 mL に溶かしたときのモル濃度は 0.90 mol/L であった。この物質の分子量および分子式を求めよ。原子量；H = 1.0，C = 12，O = 16

（解答➡別冊 p.16）

TYPE 106 燃焼反応式からの分子式の決定

難易度 **B**

炭化水素の分子式を C_mH_n とおき，燃焼反応式をつくれ。

$$C_mH_n + \left(m+\frac{n}{4}\right)O_2 \longrightarrow mCO_2 + \frac{n}{2}H_2O$$

🔍 **着眼** 上記の反応式は，ある炭化水素 C_mH_n 1 mol を完全燃焼させると，CO_2 m〔mol〕，H_2O $\frac{n}{2}$〔mol〕を生じ，燃焼に必要な O_2 が $\left(m+\frac{n}{4}\right)$〔mol〕であることを示す。**反応式の係数の比は，反応する気体の体積の比に等しいので，**炭化水素 1.0 L を完全燃焼させるには $\left(m+\frac{n}{4}\right)$〔L〕の O_2 が必要であり，このことから，炭化水素の分子式が求められる。

◆ **例題** 燃焼反応式からの分子式の決定 ▷

ある気体の炭化水素（炭素数 4 以下）1.0 L を完全燃焼させるのに，同温・同圧の酸素 6.0 L を必要とした。この炭化水素の分子式を答えよ。

解き方 炭化水素の分子式を C_mH_n とおき，その燃焼反応式をつくる。

$$C_mH_n + \left(m+\frac{n}{4}\right)O_2 \longrightarrow mCO_2 + \frac{n}{2}H_2O$$

反応式の（係数の比）＝気体の（体積の比）より，

炭化水素 1.0 L の完全燃焼には $\left(m+\frac{n}{4}\right)$〔L〕の O_2 が必要である。

$$m+\frac{n}{4}=6.0 \qquad \therefore \quad 4m+n=24 \quad （m，n は整数）$$

飽和炭化水素の一般式は C_mH_{2m+2} であることから，水素原子の数 $n \leqq 2m+2$ となるはずである。

$m=1$ のとき，$n=20$（H が多すぎる）

$m=2$ のとき，$n=16$（H が多すぎる）

$m=3$ のとき，$n=12$（H が多すぎる）

$m=4$ のとき，$n=8$（適する）

答 C_4H_8

類題50 ある気体の炭化水素 10 mL と酸素 100 mL との混合気体を完全燃焼後，得られた気体を乾燥させたら，体積は 85 mL になった。さらに，水酸化カリウム水溶液に通したのち乾燥すると，体積は 45 mL になった。この炭化水素の分子式を求めよ（気体の体積はすべて 20℃で測定したものとする）。

（解答➡別冊 p.16）

TYPE
104
105
106
107
108

TYPE 107 不飽和結合への付加反応

難易度 **B**

> 不飽和化合物に含まれる二重結合 1 個につき，H_2 や Br_2 が 1 分子の割合で付加する。また，三重結合 1 個につき，H_2 や Br_2 は 2 分子付加できる。

Q 着眼 　飽和炭化水素 C_nH_{2n+2} と比べたとき，化合物中の H の数が 2 つ減少するごとに，二重結合または環構造がそれぞれ 1 つずつ増える。二重結合および三重結合をもつ不飽和炭化水素は，H_2 や Br_2 と付加反応を行うから，環構造をもつ飽和炭化水素（シクロアルカン）と区別できる。

例 $CH_2 = CH_2 + H_2 \longrightarrow CH_3 - CH_3$

例題 C_5H_8 の二重結合数と構造式

　分子式が C_5H_8 である炭化水素 A がある。A の 0.51 g を四塩化炭素に溶かし，これに 0.50 mol/L の臭素－四塩化炭素溶液を加えたところ，15 mL で臭素の色が消えなくなった。原子量；H = 1.0，C = 12，Br = 80
(1) 炭化水素 A 1 分子中に含まれる二重結合の数はいくつか。
(2) 炭化水素 A の可能な構造式を 1 つ書け。

解き方 (1)　C_5 の飽和炭化水素の分子式 C_5H_{12} に比べて，H の数が 4 つ少ない。したがって，炭化水素 A には，① $C \equiv C$ 1 個，② $C = C$ 2 個，③ $C = C$ 1 個と環構造 1 個，または④環構造 2 個のいずれかの構造をもつ。

炭化水素 A（分子量 = 68）1 分子と反応する Br_2（分子量 = 160）を n〔個〕とすると，

$$\frac{0.51}{68} \text{ mol} \times n = 0.50 \times \frac{15}{1000} \text{ mol} \quad \therefore \quad n = 1$$

(2)　(1)より，A は $C = C$ 1 個と環 1 個をもつ構造と考えられる。

答 (1) 1 個　(2)

```
       CH₂
      /    \
   HC      CH₂
   ‖        |
   HC ―― CH₂
```

!注意 (2)三員環，四員環のシクロアルケンは不安定であるから，五員環のシクロペンテンを **答** とした。

類題51 エタン C_2H_6 とプロペン C_3H_6 の混合気体が標準状態で 56.0 L ある。次の問いに答えよ。

（解答➡別冊 p.16）

(1) この混合気体に水素を付加させたところ，標準状態に直して 33.6 L の水素が付加した。混合気体中のエタンとプロペンの体積の比を求めよ。
(2) この混合気体に臭素を付加させると，何 g が付加するか。原子量；Br = 80

有機反応の収率

$$収率〔\%〕= \frac{実際に得られた製品の量(収量)}{反応式から求めた製品の量(理論量)} \times 100$$

着眼 有機反応では，**反応に関係するのは官能基の部分だけ**である。化学反応式を書けば最も正確だが，**官能基中の特定の原子の物質量だけに着目する**と，反応式を書かなくても反応物(原料)と生成物(製品)との間の量的関係は直ちに求められる。その収率は，上記のように求める。

例題 アセトアニリド生成反応の収率

アニリンに無水酢酸を作用させて，アセトアニリドの結晶をつくった。次の問いに答えよ。

原子量：$H = 1.0$，$C = 12$，$N = 14$，$O = 16$

(1) アニリン 15.8 g からアセトアニリドをつくるのに，理論上何 g の無水酢酸が必要か。

(2) (1)の反応でアセトアニリドの結晶が 19.5 g 生成した。この反応の収率は何 % か。

無水酢酸 / 冷水 / アニリン / アセトアニリドの結晶

解き方 (1) この反応は，アミノ基の $-H$ をアセチル基 $-COCH_3$ で置換する反応で**アセチル化**とよばれる。その反応式は，

$$C_6H_5NH_2 + (CH_3CO)_2O \longrightarrow C_6H_5NHCOCH_3 + CH_3COOH$$

アニリン **1 mol** と無水酢酸 **1 mol** が反応するので，分子量は $C_6H_5NH_2 = 93$，$(CH_3CO)_2O = 102$ より，

$$\frac{15.8 \text{ g}}{93 \text{ g/mol}} \times 102 \text{ g/mol} = 17.3 \fallingdotseq 17 \text{ g}$$

(2) アニリン **1 mol** からアセトアニリド **1 mol** が生成する。収率を $x〔\%〕$ とすると，アセトアニリドの分子量は，$C_6H_5NHCOCH_3 = 135$ より，

$$\frac{15.8 \text{ g}}{93 \text{ g/mol}} \times 135 \text{ g/mol} \times \frac{x}{100} = 19.5 \text{ g} \quad \therefore \quad x = 85.0 \fallingdotseq 85 \%$$

答 (1) 17 g (2) 85 %

類題52 ベンゼン C_6H_6 62.4 g をニトロ化して得たニトロベンゼン $C_6H_5NO_2$ を，さらに還元すると，何 g のアニリン $C_6H_5NH_2$ が得られるか。ただし，各反応の収率をそれぞれ 70 % とする。原子量：$H = 1.0$，$C = 12$，$N = 14$，$O = 16$

(解答➡別冊 p.16)

CHAP.
7

2 有機化合物の構造決定と反応

TYPE
104
105
106
107
108

72 炭素・水素・酸素からなる
化合物 15.30 mg を図のような
装置で完全燃焼させると，吸収管
A は 9.18 mg，吸収管 B は 22.5
mg の質量増加があった。この
化合物は 1 価のカルボン酸であ
り，その 5.0 g を水に溶かして

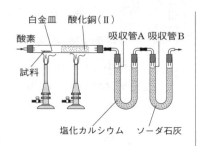

白金皿　酸化銅(Ⅱ)
酸素　　　　　　　吸収管A 吸収管B
試料
塩化カルシウム　ソーダ石灰

TYPE

→ **104,
105**

100 mL とした水溶液の 10 mL を中和するのに，1.0 mol/L の NaOH
水溶液 8.33 mL を要した。原子量；H = 1.0，C = 12，O = 16
(1) この有機化合物の組成式を求めよ。
(2) この有機化合物の示性式と名称をそれぞれ答えよ。

73 標準状態で気体状のある炭化水素 1.12 L をとり，その 7 倍の体
積の酸素中で完全燃焼させた。燃焼後の気体の体積は 6.72 L で，さら
に濃厚な NaOH 水溶液に通した後，体積を測ると 4.48 L になった。
この炭化水素の分子式を求めよ。ただし，気体の体積はすべて標準状態
で測定し，生成した水の体積は無視できるものとする。

→ **106**

74 エタンとエチレンの混合気体が
7.2 g ある。この混合気体にニッケル
を触媒として水素を付加させたら，要
した水素の体積は標準状態で 3.36 L で
あった。この混合気体中のエタンとエ
チレンの体積比を求めよ。原子量；H
= 1.0，C = 12

球入り
冷却器

水

エタノール
氷酢酸
濃硫酸

→ **107**

75 氷酢酸(示性式は酢酸と同じ)
6.0 g とエタノール 6.0 g との混合溶液
に濃硫酸を数滴加えて右図のように加
熱すると，酢酸エチル 6.6 g を生成した。
この反応の収率は何％か。原子量；H = 1.0，C = 12，O = 16

水浴

沸騰石

→ **108**

🔎**ヒント** 74 エタンは飽和炭化水素なので，水素とは付加反応は起こさない。

CHAP.
8

1
合成高分子化合物

TYPE
109
110
111
112
113

SECTION 1 合成高分子化合物

1 付加重合と縮合重合

1 付加重合 不飽和結合による付加反応が次々と起こる。

例 $nCH_2=CH_2 \longrightarrow \{CH_2-CH_2\}_n$
エチレン　　　　　　　ポリエチレン

$nCH_2=CHCl \longrightarrow \left[\begin{array}{c} CH_2-CH \\ | \\ Cl \end{array}\right]_n$
塩化ビニル　　　　　　　　　　　ポリ塩化ビニル

2 縮合重合 縮合反応（2分子が水分子などを失って結合）が次々と起こる。

例 $nHOOC-(CH_2)_4-COOH$ + $nH_2N-(CH_2)_6-NH_2$
　　アジピン酸　　　　　　　　　ヘキサメチレンジアミン

$\longrightarrow HO\{OC-(CH_2)_4-\underset{O}{\overset{\|}{C}}-\underset{H}{N}-(CH_2)_6-NH\}_n H$ + $(2n-1)H_2O$
　　　　　　　　　　　　　　　　　　　　ナイロン66

2 イオン交換樹脂

溶液中のイオンを別のイオンと交換するはたらきをもつ合成樹脂を**イオン交換樹脂**という。

1 陽イオン交換樹脂 分子中のカルボキシ基 $-COOH$ やスルホ基 $-SO_3H$ の部分から H^+ を生じ，他の陽イオン（Na^+ など）と交換される。

2 陰イオン交換樹脂 分子中のトリメチルアンモニウム基 $-N(CH_3)_3OH$ などから OH^- を生じ，他の陰イオン（Cl^- など）と交換される。

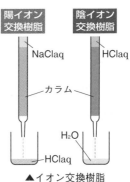

陽イオン
交換樹脂

陰イオン
交換樹脂

NaClaq

HClaq

カラム

H_2O

HClaq

▲イオン交換樹脂

3 ゴム

1 天然ゴム 主成分はイソプレンが付加重合した**ポリイソプレン**である。

$n \underset{\underset{CH_3}{|}}{CH_2=C-CH=CH_2} \longrightarrow \left[\begin{array}{c} CH_2-C=CH-CH_2 \\ | \\ CH_3 \end{array}\right]_n$
　イソプレン　　　　　　　　　ポリイソプレン（シス形）

2 合成ゴム 1,3-ブタジエンを付加重合した**ブタジエンゴム**や，1,3-ブタジエンとスチレンを共重合させた**スチレン-ブタジエンゴム（SBR）**などがある。

$n CH_2=CH-CH=CH_2 \longrightarrow \{CH_2-CH=CH-CH_2\}_n$
　1,3-ブタジエン　　　　　　　ブタジエンゴム（ポリブタジエン）

TYPE 109　単量体と重合度

難易度 **B**

> 単量体と重合体の関係を化学反応式で表し，その係数の比から物質量の関係をつかめ。

🔍 **着眼**　一般に，高分子化合物の構成単位となる低分子化合物を**単量体**(モノマー)，単量体が多数結合した高分子化合物を**重合体**(ポリマー)という。また，重合体をつくっている単量体の数を**重合度** n という。

$$重合度\ n = \frac{重合体の分子量}{単量体の式量}$$

高分子化合物の計算問題でも反応式を書き，**反応物と生成物の物質量の関係を確かめながら計算する**。たとえば，エチレンが付加重合する反応では，

$$n\,CH_2{=}CH_2 \longrightarrow \{CH_2{-}CH_2\}_n$$

エチレン 28 g $(= 1\ mol)$ から，$\frac{1}{n}$ 〔mol〕のポリエチレンが生じる。ポリエチレンのモル質量は $28n$〔g/mol〕だから，生じるポリエチレンの質量も 28 g である。

つまり，高分子の質量計算では，**物質量は $\frac{1}{n}$ になる代わりに，分子量が n 倍になる**ので，結局 n の値がいくらであってもかまわない。

例題　ナイロン 66 の分子量，アミド結合数，生成量

ヘキサメチレンジアミン $H_2N{-}(CH_2)_6{-}NH_2$ とアジピン酸 $HOOC{-}(CH_2)_4{-}COOH$ を縮合重合させて得られるナイロン 66 について次の問いに答えよ。
原子量；$H = 1.0,\ C = 12,\ N = 14,\ O = 16$，気体定数 $R = 8.3 \times 10^3\ Pa{\cdot}L/(K{\cdot}mol)$

(1)　あるナイロン 66　1.0 g を 100 mL の溶媒に溶かし，この溶液の浸透圧を 27℃で測定したら，$3.0 \times 10^2\ Pa$ を示した。①このナイロン 66 の分子量を求めよ。②このナイロン 1 分子中には，アミド結合は何個含まれるか。ただし，高分子の末端の構造は考慮しないものとする。

(2)　別のナイロン 66 の分子量は 9.1×10^3 であった。これより，このナイロン 1 分子中にはアミド結合は何個含まれるか。ただし，高分子の末端の $-NH_2$ と $-COOH$ の構造を考慮するものとする。

(3)　ヘキサメチレンジアミン 100 g とアジピン酸 100 g から得られるナイロン 66 は何 g か。ただし，高分子の末端の構造は考慮しないものとし，重合反応は完全に進行するものとする。

解き方 ヘキサメチレンジアミンとアジピン酸から，ナイロン 66 の生成する反応式は，次のように表される。

$$n\,H_2N-(CH_2)_6-NH_2 + n\,HOOC-(CH_2)_4-COOH$$
$$\longrightarrow H + HN-(CH_2)_6-NHCO-(CH_2)_4-CO + _n OH + (2n-1)H_2O$$

(1) ① ナイロン 66 の分子量を M とすると，浸透圧の公式 $\Pi V = \dfrac{w}{M}RT$ より，

$$3.0 \times 10^2\,Pa \times \frac{100}{1000}\,L = \frac{1.0\,g}{M\,[g/mol]} \times 8.3 \times 10^3\,Pa \cdot L/(K \cdot mol) \times 300\,K$$

$$\therefore \quad M = 8.3 \times 10^4$$

② 高分子の末端の $-H$，$-OH$ を考慮すると，ナイロン 66 の分子量は **$226n+$ 18** である。題意より，高分子の末端の構造は考慮しなくてよいので，ナイロン 66 の分子量は $226n$ として計算してよい。

$$226n = 8.3 \times 10^4 \quad \therefore \quad n = 367.2 \doteqdot 367$$

1 分子中に含まれるアミド結合の数は，脱離した水分子 $2n$ 個に等しい。

$$\therefore \quad \text{アミド結合の数は，} 367 \times 2 = 734 \doteqdot 7.3 \times 10^2 \text{ 個}$$

(2) 高分子の末端の $-H$，$-OH$ を考慮すると，ナイロン 66 の分子量は **$226n+18$** である。

$$226n + 18 = 9.1 \times 10^3 \quad \therefore \quad n = 40.1 \doteqdot 40$$

1 分子中に含まれるアミド結合の数は，脱離した水分子 $(2n-1)$ 個に等しい。

$$\therefore \quad \text{アミド結合の数は，} 40 \times 2 - 1 = 79 \text{ 個}$$

(3) アジピン酸とヘキサメチレンジアミンの物質量を比較し，物質量の少ないほうがすべて反応する。

分子量は，$H_2N(CH_2)_6 NH_2 = 116$，$HOOC(CH_2)_4COOH = 146$ より，

$$\text{ヘキサメチレンジアミンの物質量；} \frac{100}{116} = 0.8620 \text{ mol}$$

$$\text{アジピン酸の物質量；} \frac{100}{146} = 0.6849 \text{ mol}$$

アジピン酸の物質量のほうが少ないので，単量体は 0.6849 mol ずつ反応する。
反応式より，単量体が $n\,[mol]$ ずつ反応すると，ナイロン 66（分子量 $226n$）が 1 mol 生成するから，生成するナイロン 66 の質量は，

$$0.6849 \text{ mol} \times \frac{1}{n} \times 226n\,[g/mol] = 154.7 \doteqdot 155 \text{ g}$$

答 (1)① 8.3×10^4　② 7.3×10^2 個　(2) 79 個　(3) 155 g

類題53 分子量 9.6×10^4 のポリエチレンテレフタラートの 1 分子中には何個のエステル結合が含まれるか。原子量；H = 1.0，C = 12，O = 16 とする。ただし，高分子の末端の $-H$，$-OH$ の構造は考慮しないものとする。

（解答➡別冊 p.17）

CHAP.
8

1
合成高分子化合物

TYPE
109
110
111
112
113

イオン交換樹脂に関する計算

陽イオン交換樹脂の H^+ と他の陽イオンとの交換は，
$H^+ : Na^+ = 1 : 1$，$H^+ : Ca^{2+} = 2 : 1$ の割合で起こる。

Q着眼 水に不溶で，しかも分子中に他のイオンと交換できる強い極性基をもった合成樹脂を**イオン交換樹脂**という。陽イオン交換樹脂は，分子中に強酸性のスルホ基 $-SO_3H$ などをもつ。

$$R-SO_3H + Na^+ \rightleftharpoons R-SO_3Na + H^+$$
$$2R-SO_3H + Ca^{2+} \rightleftharpoons (R-SO_3)_2Ca + 2H^+$$

このとき，$H^+ : Na^+ = 1 : 1$，$H^+ : Ca^{2+} = 2 : 1$ の割合で交換され，流出液は酸性を示す（R は樹脂の炭化水素基を示す）。

一方，**陰イオン交換樹脂**は，分子中に強塩基性のトリメチルアンモニウム基 $-N^+(CH_3)_3OH^-$ などをもつ。

$$R-N^+(CH_3)_3OH^- + Cl^- \rightleftharpoons R-N^+(CH_3)_3Cl^- + OH^-$$

このとき，$OH^- : Cl^- = 1 : 1$ の割合で交換され，流出液は塩基性を示す。

この 2 種類の樹脂をほぼ等量ずつ混合したものに，塩の水溶液を加えると，**陽イオンは H^+ と，陰イオンは OH^- とそれぞれ交換**され，直ちに中和されて，流出液に**純水（脱イオン水）**を得ることができる。

例題 1価の陽イオンどうしのイオン交換

ある濃度の NaCl 水溶液 20 mL を，陽イオン交換樹脂に通し，その後，蒸留水で完全に洗浄した。両方の流出液を合わせて 0.010 mol/L の NaOH 水溶液で滴定したら 30 mL 必要であった。この NaCl 水溶液のモル濃度を求めよ。

解き方 $R-SO_3H + NaCl \rightleftharpoons R-SO_3Na + HCl$

H^+ と Na^+ はともに 1 価の陽イオンだから，**交換割合は $1 : 1$** である。また，流出液の HCl と加えた NaOH とは，$HCl + NaOH \longrightarrow NaCl + H_2O$ のように中和する。つまり，（NaCl の物質量）＝（HCl の物質量）＝（NaOH の物質量）の関係が成立するので，NaCl 水溶液のモル濃度を x〔mol/L〕とすると，

$$x \times \frac{20}{1000} \text{〔mol〕} = 0.010 \times \frac{30}{1000} \text{ mol} \quad \therefore \quad x = 0.015 \text{ mol/L}$$

答 1.5×10^{-2} mol/L

セルロースに関する計算

示性式 $[C_6H_7O_2(OH)_3]_n$ で反応式をつくって考えよ。

着眼 セルロースを無水酢酸および濃硫酸（触媒）と反応させると，セルロース分子中の $-OH$ のすべてがアセチル化され，**トリアセチルセルロース** $[C_6H_7O_2(OCOCH_3)_3]_n$ になる。これを部分的に加水分解すると，アセトンに可溶な**ジアセチルセルロース** $[C_6H_7O_2(OH)(OCOCH_3)_2]_n$ になる。この アセトン溶液（紡糸液）を右図のように細孔から温かい空気中に押し出し延伸すると，**アセテート繊維**が得られる。

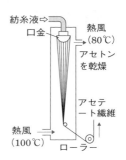

紡糸液⇨
口金
熱風（80℃）
アセトンを乾燥
アセテート繊維
熱風（100℃）
ローラー

CHAP.
8

1

合成高分子化合物

TYPE

109
110
111
112
113

例題 セルロースのアセチル化（および加水分解）

(1) セルロース 324 g を完全にアセチル化してトリアセチルセルロースにするには，無水酢酸は最低何 g 必要か。原子量；H = 1.0，C = 12，O = 16

(2) (1)で生じたトリアセチルセルロースを部分的に加水分解すると，アセトンに可溶なジアセチルセルロースは何 g 得られるか。

解き方 セルロースの分子式は $(C_6H_{10}O_5)_n$ で表され，そのグルコース単位には，官能基として，3 個のヒドロキシ基を含むので，**示性式**では $[C_6H_7O_2(OH)_3]_n$。

(1) セルロースと無水酢酸との反応（アセチル化）の反応式は，

$$[C_6H_7O_2(OH)_3]_n + 3n(CH_3CO)_2O$$
$$\longrightarrow [C_6H_7O_2(OCOCH_3)_3]_n + 3n\, CH_3COOH$$

セルロース 1 mol を完全にアセチル化するには，無水酢酸 $3n$ [mol] が必要である。分子量は，$[C_6H_7O_2(OH)_3]_n = 162n$，$(CH_3CO)_2O = 102$ より，

$$必要な無水酢酸の質量；\frac{324}{162n} \times 3n \times 102 = 612\ \text{g}$$

(2) $[C_6H_7O_2(OCOCH_3)_3]_n + n\, H_2O$
$$\longrightarrow [C_6H_7O_2(OH)(OCOCH_3)_2]_n + n\, CH_3COOH$$

(1)，(2)の化学反応式の係数より，セルロース 1 mol からジアセチルセルロース（分子量 $246n$）1 mol を生成する。得られるジアセチルセルロースを x [g]とすると，

$$\frac{324}{162n} = \frac{x}{246n} \qquad \therefore\quad x = 492\ \text{g}$$

答 (1) 612 g (2) 492 g

TYPE 112　ビニロンに関する問題　難易度 B

ポリビニルアルコール（PVA）をホルムアルデヒドと反応させてビニロンが生成する。このとき分子量が増加して質量は増加するが，PVA とビニロンの物質量は変化しない。

着眼　ポリビニルアルコールは親水基の−OH を多くもち水に溶けやすい。そこで，−OH をホルムアルデヒドと反応（アセタール化）させ，−OH の数を減らすと，水に不溶性の繊維ビニロンが得られる。ビニロンには，親水性の−OH がかなり残っているので，適度な吸湿性と，分子間の水素結合によって，強度の大きな繊維となる。

例 題　ビニロンの生成と質量変化

紡糸したポリビニルアルコール（PVA）100 g にホルムアルデヒド水溶液を反応させてアセタール化すると，生成したビニロンの質量は 4.5 g 増加した。このビニロンはもとの PVA の−OH の何％がアセタール化されたものか。原子量；H = 1.0，C = 12，O = 16

解き方　仮に，PVA の−OH の 100％がホルムアルデヒド HCHO でアセタール化されたとすると，その反応式は次式のように表せる。

$$\left[\!\!\begin{array}{c} CH_2-CH-CH_2-CH \\ \ \ \ \ \ | \ \ \ \ \ \ \ \ \ \ \ \ \ \ \ | \\ \ \ \ \ OH \ \ \ \ \ \ \ \ \ \ OH \end{array}\!\!\right]_n \xrightarrow[\text{アセタール化}]{n\text{HCHO}} \left[\!\!\begin{array}{c} CH_2-CH-CH_2-CH \\ \ \ \ \ \ | \ \ \ \ \ \ \ \ \ \ \ \ \ \ \ | \\ \ \ \ \ O-CH_2-O \end{array}\!\!\right]_n$$

　　　　　　式量 88　　　　　　　　　　　　　　　　式量 100

反応前の PVA の分子量は $88n$，反応後のビニロンの分子量は $100n$ である。

PVA の−OH を 100％アセタール化して生じるビニロンの質量を x〔g〕とすると，PVA がビニロンに変化しても，分子の総数，つまり物質量は変化しないから，次式が成り立つ。

$$\frac{100}{88n} = \frac{x}{100n} \qquad \therefore \quad x = 113.63 \fallingdotseq 113.6\ \text{g}$$

アセタール化された−OH の割合は，このときの質量増加量に比例するから，

$$\therefore \quad \frac{4.5}{13.6} \times 100 = 33.0 \fallingdotseq 33\%$$

答 33％

類題54　ポリビニルアルコール 100 g にホルムアルデヒドを反応させて，分子中の−OH の 40％をアセタール化した。得られたビニロンの質量は何 g か。原子量；H = 1.0，C = 12，O = 16

（解答➡別冊 p.17）

TYPE 113 共重合体の組成の推定 難易度 B

共重合体の組成を求めるには，一方の構成成分だけに含まれる元素の質量百分率に着目せよ。

🔍着眼 2種類以上の単量体が重合する反応を共重合といい，生成物を共重合体という。たとえば，1,3-ブタジエンとスチレンの混合物を共重合させて得られる**スチレン-ブタジエンゴム(SBR)**は，混合するスチレンの割合が多くなるほど強度が大きくなる反面，弾性は弱くなる。このように，**混合する単量体の割合によって，共重合体の性質が変わる。**

$$\left\{ CH_2-CH=CH-CH_2 \right\}_x \left\{ CH_2-CH \right\}_y$$ スチレン-ブタジエンゴム (SBR)

----《 **例 題** アクリロニトリル-ブタジエンゴムの組成 》----

窒素の含有率が10.5%のアクリロニトリル-ブタジエンゴム(NBR)がある。このNBR中の1,3-ブタジエンとアクリロニトリルの物質量の比を求めよ。原子量；H = 1.0, C = 12, N = 14

解き方 NBR中のアクリロニトリルのモル分率をxとおくと，1,3-ブタジエンのモル分率は$1-x$となる。よって，NBRの単位構造は，

$$\left\{ CH_2-CH=CH-CH_2 \right\}_{1-x} \left\{ \begin{array}{c} CH_2-CH \\ | \\ CN \end{array} \right\}_x$$ と表される。

（式量 54） （式量 53）

共重合体中の**窒素はすべてアクリロニトリルに由来し，**窒素の質量が分子全体の質量の10.5%を占めるから，

$$\frac{14x}{54(1-x)+53x} \times 100 = 10.5 \qquad \therefore \quad x = 0.401 \fallingdotseq 0.40$$

1,3-ブタジエン：アクリロニトリル = 0.60：0.40 = 3：2

答 3：2

TYPE
109
110
111
112
113

類題55 スチレン(分子量104)と1,3-ブタジエン(分子量54)の共重合で得たスチレン-ブタジエンゴム(SBR)10 gに，十分量の臭素を加えて反応させると，20 gの臭素(分子量160)が消費された。このSBR中のスチレンと1,3-ブタジエンの物質量の比を1：xとし，xの値を有効数字2桁で答えよ。 （解答➡別冊 p.17）

SECTION 2 天然高分子化合物

1 油脂のけん化

　油脂は，高級脂肪酸 RCOOH（R は炭化水素基）とグリセリン $C_3H_5(OH)_3$ のエステルである。油脂を塩基で加水分解することを**けん化**という。

$$(RCOO)_3C_3H_5 + 3NaOH \longrightarrow C_3H_5(OH)_3 + 3RCOONa（セッケン）$$

　油脂 1 mol のけん化に必要な塩基は，油脂の種類に関係なく，つねに **3 mol** である。油脂の平均分子量は，一定質量の油脂をけん化するのに必要な NaOH の質量で比較できる。この値が大きいほど，一定質量中に含まれる油脂の物質量が多く，油脂の平均分子量は小さくなる。

2 油脂の C＝C 結合の数

　油脂中の炭素原子間の二重結合の数は，一定質量の油脂に付加するヨウ素 I_2 の質量で比較できる。この値が大きいほど，油脂中の炭素原子間の二重結合の数が多い。

3 アミノ酸の電離平衡

　アミノ酸は，塩基性の $-NH_2$ と酸性の $-COOH$ を同一の分子中にもっており，結晶あるいは中性の水溶液中では，H^+ が $-COOH$ から $-NH_2$ に移った**双性イオン** $R-CH(NH_3)^+COO^-$ の構造をとっている。ここへ酸 H^+ を加えると，双性イオンは H^+ を受け取って陽イオンへと変化する。一方，塩基 OH^- を加えると，双性イオンは H^+ を放出して陰イオンへと変化する。

$$\underset{\substack{| \\ NH_3^+ \\ \text{陽イオン（酸性）}}}{R-CH-COOH} \underset{H^+}{\overset{OH^-}{\rightleftharpoons}} \underset{\substack{| \\ NH_3^+ \\ \text{双性イオン（中性）}}}{R-CH-COO^-} \underset{H^+}{\overset{OH^-}{\rightleftharpoons}} \underset{\substack{| \\ NH_2 \\ \text{陰イオン（塩基性）}}}{R-CH-COO^-}$$

　アミノ酸全体の電荷が 0 になるときの pH をアミノ酸の**等電点**という。この pH で直流電圧を加えても，そのアミノ酸はどちらの電極へも移動しない。

4 糖類の定量

　スクロース以外の二糖類と単糖類は，水溶液中でホルミル基などをもつ構造に変化するので**還元性**を示す。よって，フェーリング液中の Cu^{2+} を還元して酸化銅（I）の赤色沈殿を生じる。このとき，糖自身はカルボン酸へ変化する。

$$R-CHO + 2Cu^{2+} + 5OH^- \longrightarrow R-COO^- + Cu_2O\downarrow + 3H_2O$$

　上式から，**還元糖 1 mol** から **Cu_2O 1 mol** が生成することがわかる。

TYPE 114　油脂に関する計算

難易度 **B**

① 油脂 **1 mol** のけん化には NaOH はつねに **3 mol** 必要。

② 油脂中の $>$C＝C$<$ **1 mol** につき I₂ **1 mol** が付加。

着眼　上記の関係は，次のような化学反応式で表すことができる。

①　$(RCOO)_3C_3H_5 + 3NaOH \longrightarrow 3RCOONa + C_3H_5(OH)_3$

②

$$\cdots\overset{\overset{\displaystyle H}{|}}{C}=\overset{\overset{\displaystyle H}{|}}{C}\cdots + I_2 \longrightarrow \cdots\overset{\overset{\displaystyle H}{|}}{\underset{\underset{\displaystyle I}{|}}{C}}-\overset{\overset{\displaystyle H}{|}}{\underset{\underset{\displaystyle I}{|}}{C}}\cdots$$

①より，油脂の分子量を求めることができる。

②より，油脂中の炭素原子間の二重結合の数がわかる。

CHAP.
8

2

天然高分子化合物

例題　油脂の分子量，構成脂肪酸の決定

　ある1種類の脂肪酸からなる油脂43.9 gをけん化するのに，水酸化ナトリウム0.15 molを要した。これについて，次の問いに答えよ。

原子量；H＝1.0，C＝12，O＝16

(1)　この油脂の分子量を求めよ。

(2)　この油脂を構成する脂肪酸の示性式を書け。

油脂
エタノール
NaOHaq

湯

解き方　(1)　油脂 **1 mol** は NaOH **3 mol** と反応。油脂の分子量を M とすると，

油脂：NaOH = 1 mol : 3 mol $= \dfrac{43.9\,\text{g}}{M\,(\text{g/mol})} : 0.15\,\text{mol}$

$M = 878\,\text{g/mol}$　⇨　分子量は 878

(2)　この油脂の示性式は，$(RCOO)_3C_3H_5$ で表される。その炭化水素基（R−）の分子量を x とおくと，$(x+44)\times 3 + 41 = 878$　∴　$x = 235$

ここで，R（炭化水素基）を $C_nH_{2n+1}-$，$C_nH_{2n-1}-$，$C_nH_{2n-3}-$ とおくと，

①　$C_nH_{2n+1}- = 235$ のとき，$n \fallingdotseq 16.7$（不適）

②　$C_nH_{2n-1}- = 235$ のとき，$n \fallingdotseq 16.9$（不適）

③　$C_nH_{2n-3}- = 235$ のとき，$n = 17$（適）

したがって，③の R は $C_{17}H_{31}-$ となり，この油脂を構成する脂肪酸の示性式は，$C_{17}H_{31}COOH$（リノール酸）となる。

答　(1) 878　(2) $C_{17}H_{31}COOH$

TYPE

114
115
116
117
118
119
120

ステアリン酸 $C_{17}H_{35}COOH$ とオレイン酸 $C_{17}H_{33}COOH$ が物質量の比 1：2 で構成された油脂について，次の問いに答えよ。原子量；$H=1.0$，$C=12$，$O=16$，$Na=23$，$I=127$

(1) この油脂の分子量を求めよ。

(2) この油脂 100 g を完全にけん化するのに必要な水酸化ナトリウムの質量は何 g か。

(3) この油脂 100 g に付加するヨウ素の質量は最大何 g か。

解き方 (1) 油脂は，グリセリンと高級脂肪酸がエステル結合した化合物である。

$$
\begin{array}{l}
CH_2-OH \\
CH-OH \quad + \quad 3R-COOH \quad \longrightarrow \quad
\end{array}
\begin{array}{l}
CH_2-OCO-R \\
CH-OCO-R \quad + \quad 3H_2O \\
CH_2-OCO-R
\end{array}
$$

グリセリン　　　　高級脂肪酸　　　　　　　　油脂

この油脂の示性式は $C_3H_5(OCOC_{17}H_{35})(OCOC_{17}H_{33})_2$，分子式は $C_{57}H_{106}O_6$ である。

この油脂の分子量は $(12\times57)+(1.0\times106)+(16\times6)=886$ である。

(2) **油脂 1 mol をけん化するには，NaOH 3 mol が必要であるから，**
必要な NaOH の質量を x〔g〕とすると，NaOH のモル質量は 40 g/mol より，

$$\frac{100}{886}\times3=\frac{x}{40} \qquad \therefore \quad x=13.5\fallingdotseq14\,g$$

(3) オレイン酸 $C_{17}H_{33}COOH$ は，同じ炭素数の飽和脂肪酸のステアリン酸 $C_{17}H_{35}COOH$ よりも H 原子が 2 個少ない。つまり，1 分子中に C＝C 結合を 1 個もつ。

したがって，この油脂 1 分子中には，ステアリン酸（C＝C 結合なし）：オレイン酸（C＝C 結合 1 個）＝1：2 で含むから，C＝C 結合が 2 個含まれる。

よって，**この油脂 1 mol に対してヨウ素は最大 2 mol 付加するから，**
付加する I_2 の最大質量を y〔g〕とすると，I_2 のモル質量は 254 g/mol より，

$$\frac{100}{886}\times2=\frac{y}{254} \qquad \therefore \quad y=57.33\fallingdotseq57.3\,g$$

答 (1) 886　(2) 14 g　(3) 57.3 g

類題56 ある 1 種類の高級脂肪酸からなる油脂がある。この油脂 10.0 g を完全にけん化するのに，1.00 mol/L 水酸化ナトリウム水溶液 34.1 mL を要した。また，この油脂 100 g に付加するヨウ素は最大 173 g であった。原子量；$I=127$

（解答➡別冊 p.17）

(1) この油脂の分子量を求めよ。

(2) この油脂 1 分子中に含まれる C＝C 結合の数を答えよ。

アミノ酸の電離平衡（等電点）

難易度 **B**

電離定数 $K = K_1 K_2 = \dfrac{[G^{\pm}][H^+]}{[G^+]} \cdot \dfrac{[G^-][H^+]}{[G^{\pm}]} = \dfrac{[H^+]^2[G^-]}{[G^+]}$ に，$[G^+] = [G^-]$ の関係を代入し，$[H^+]$ を求めよ。

Q 着眼　純水(中性)中では，グリシンはおもに下の(b)のような**双性イオン**として存在するが，**酸性溶液中では(a)のような陽イオンに，塩基性溶液中では(c)のような陰イオン**に変化する。

(a)　　　　　　　　　　(b)　　　　　　　　　　(c)

$$H_3N^+-CH_2-COOH \underset{H^+}{\overset{OH^-}{\rightleftharpoons}} H_3N^+-CH_2-COO^- \underset{H^+}{\overset{OH^-}{\rightleftharpoons}} H_2N-CH_2-COO^-$$

（酸性溶液）　　　　　　　（中性溶液）　　　　　　　（塩基性溶液）
陽イオン　　　　　　　　　双性イオン　　　　　　　　陰イオン

ここで，0.10 mol/L グリシン塩酸塩の水溶液 10 mL を，0.10 mol/L NaOH 水溶液で滴定したようすを示す（右図）。

グリシンの陽イオン(a)は，①式のように中和され，双性イオン(b)となる。

$$G^+ + OH^- \longrightarrow G^{\pm} + H_2O \cdots ①$$

このとき，(a)の半分だけが中和された点がB点，(a)の全部が中和された点がC点である。

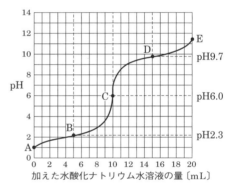

加えた水酸化ナトリウム水溶液の量〔mL〕

続いて，双性イオン(b)は，②式のように中和され，陰イオン(c)となる。

$$G^{\pm} + OH^- \longrightarrow G^- + H_2O \quad \cdots\cdots ②$$

このとき，(b)の半分だけが中和された点がD点であり，E点で(b)の全部が中和される。

ところで，アミノ酸水溶液のpHを変化させると，あるpHのもとでアミノ酸全体の電荷が0となるときがある。このときのpHを，アミノ酸の**等電点**という。グリシンの等電点は，液中の双性イオン$[G^{\pm}]$が最大で，**グリシン陽イオン$[G^+]$と陰イオン$[G^-]$の濃度も等しい**という条件式$[G^+] = [G^-]$を，グリシンの電離定数K_1，K_2をまとめた式に代入すれば求められる。

例 題 グリシンの水溶液における pH

グリシンの水溶液では，次の電離平衡が成立する。

$$H_3N^+CH_2COOH \rightleftharpoons H_3N^+CH_2COO^- + H^+ \quad \cdots\cdots\cdots ①$$
$$H_3N^+CH_2COO^- \rightleftharpoons H_2NCH_2COO^- + H^+ \quad \cdots\cdots\cdots ②$$

①，②の電離定数をそれぞれ $K_1 = 4.0 \times 10^{-3}$ mol/L, $K_2 = 2.5 \times 10^{-10}$ mol/L として，次の値を求めよ。 $\log_{10} 2 = 0.30$, $\log_{10} 3 = 0.48$

(1) 0.10 mol/L のグリシン塩酸塩 $CH_2(COOH)NH_3Cl$ 水溶液の pH

(2) グリシンの等電点の pH

解き方 (1) グリシン塩酸塩は，次のように水中で完全に電離する。

$$CH_2(COOH)NH_3Cl \longrightarrow CH_2(COOH)NH_3^+ + Cl^-$$

グリシン塩酸塩の濃度を c〔mol/L〕，そのときの電離度を α とすると，

$$H_3N^+CH_2COOH \rightleftharpoons H_3N^+CH_2COO^- + H^+$$

平衡時 $c(1-\alpha)$ $c\alpha$ $c\alpha$ 〔mol/L〕

$$K_1 = \frac{[H_3N^+CH_2COO^-][H^+]}{[H_3N^+CH_2COOH]} = \frac{c\alpha \times c\alpha}{c(1-\alpha)} = \frac{c\alpha^2}{1-\alpha} \quad \cdots\cdots\cdots ①$$

グリシンの第2電離は無視できる $(K_1 \gg K_2)$ が，グリシンの K_1 はかなり大きく，$1-\alpha \fallingdotseq 1$ で近似できない。そこで①式から得られる $c\alpha^2 + K_1\alpha - K_1 = 0$ の二次方程式を解いて電離度 α を求める必要がある。

$c = 1.0 \times 10^{-1}$ mol/L, $K_1 = 4.0 \times 10^{-3}$ mol/L を上式に代入して，

$$10^{-1}\alpha^2 + 4 \times 10^{-3}\alpha - 4 \times 10^{-3} = 0 \quad 25\alpha^2 + \alpha - 1 = 0$$

$$\alpha = \frac{-1 \pm \sqrt{101}}{50} \fallingdotseq \frac{-1 \pm 10}{50} \quad \alpha = 0.18, \ -0.22(\text{不適})$$

$$\therefore \ [H^+] = 0.10\alpha = 0.10 \times 0.18 = 1.8 \times 10^{-2} \text{ mol/L}$$

$$\therefore \ pH = -\log_{10}(18 \times 10^{-3}) = 3 - \log_{10} 2 - 2\log_{10} 3 = 1.74 \fallingdotseq 1.7$$

(2) グリシン塩酸塩の水溶液に NaOH 水溶液を加えていくと，①式の第1電離が進行し，前ページ図のC点において水溶液中の双性イオンの濃度は最大となる。

$$H_3N^+CH_2COOH + OH^- \longrightarrow H_3N^+CH_2COO^- + H_2O$$

しかし，液中には微量のグリシン陽イオンと陰イオンが存在し，両者の濃度が等しくなるとき，完全に水溶液全体の電荷が 0（等電点）になる。K_1, K_2 をまとめると，

$$K = K_1 \cdot K_2 = \frac{[H^+]^2[H_2NCH_2COO^-]}{[H_3N^+CH_2COOH]}$$

$K = K_1 \cdot K_2$ の上式に，$[H_3N^+CH_2COOH] = [H_2NCH_2COO^-]$ の関係式を代入すると，

$$[H^+]^2 = K_1 \cdot K_2 = 1.0 \times 10^{-12} (\text{mol/L})^2$$

$$[H^+] = 1.0 \times 10^{-6} \text{ mol/L} \quad \therefore \ pH = 6.0$$

答 (1) 1.7 (2) 6.0

240

TYPE 116　糖類の反応と計算

難易度　**A**

**単糖類 1 mol がフェーリング液と反応すると，
酸化銅(Ⅰ)Cu₂O 1 mol が生成することに着目せよ。**

Q 着眼 グルコースやフルクトースなどの単糖類水溶液中には，ホルミル基
(アルデヒド基)やヒドロキシケトン基などの還元性を示す構造が存
在し，これが酸化剤と塩基性条件で反応すると，**すべてカルボキシ基に変化**
して，還元性を示す(①式)。

$$R-CHO + 3OH^- \longrightarrow R-COO^- + 2e^- + 2H_2O \quad \cdots\cdots\cdots ①$$

一方，フェーリング液中の Cu^{2+} はグルコースから電子を受け取り，**酸化
銅(Ⅰ)Cu₂O の赤色沈殿**を生じる(②式)。

$$2Cu^{2+} + 2OH^- + 2e^- \longrightarrow Cu_2O\downarrow + H_2O \quad \cdots\cdots\cdots\cdots ②$$

①，②式より，**グルコース 1 mol から Cu₂O 1 mol が生じる**ことがわ
かる。よって，生成した Cu₂O の質量から還元糖の定量が行える。

> **例 題**　フェーリング液の還元における反応量
>
> 濃度不明のマルトース水溶液に酸を加えて十分に加熱した。冷却後，炭酸ナ
> トリウム Na₂CO₃ の粉末を加えて中和した溶液に，十分量のフェーリング液を
> 加えて加熱したところ，14.3 g の赤色沈殿が得られた。もとのマルトース水溶
> 液中に含まれていたマルトースの質量を求めよ。原子量；H = 1.0，C = 12，O
> = 16，Cu = 63.5

解き方
$$C_{12}H_{22}O_{11} + H_2O \longrightarrow 2C_6H_{12}O_6 \quad \cdots\cdots\cdots\cdots\cdots\cdots ①$$
$$C_6H_{12}O_6 \xrightarrow{\text{(フェーリング液)}} Cu_2O\downarrow \quad \cdots\cdots\cdots\cdots\cdots\cdots ②$$

①，②より，マルトース 1 mol からグルコース 2 mol を生じ，グルコース 1 mol か
ら Cu₂O 1 mol を生じるので，**マルトース 1 mol から Cu₂O 2 mol を生じる**。
マルトースの質量を x〔g〕とすると，分子量；$C_{12}H_{22}O_{11} = 342$，$Cu_2O = 143$ より，

$$\frac{x〔g〕}{342 \text{ g/mol}} \times 2 \times 143 \text{ g/mol} = 14.3 \text{ g} \quad \therefore \quad x = 17.1 \text{ g}$$

答 17.1 g

⊕補足 フェーリング液とは，硫酸銅(Ⅱ)水溶液(A 液)と，酒石酸ナトリウムカリウムと
水酸化ナトリウムの混合水溶液(B 液)を，使用直前に等体積ずつ混合したものである。

類題57 デンプン 48.6 g に希塩酸を加えて完全に加水分解したとき，得られるグ
ルコースは何 g か。原子量；H = 1.0，C = 12，O = 16

(解答➡別冊 p.18)

CHAP.
8

2 天然高分子化合物

TYPE
114
115
116
117
118
119
120

比旋光度の求め方

$$比旋光度[\alpha] = \frac{実測旋光度\,\alpha\,[°]}{測定管の長さ[dm] \times 試料溶液の濃度[g/mL]}$$

着眼 ある物質に一方向のみで振動する光(偏光)を通過させたとき,その振動面を左右に回転させる性質を旋光性といい,右旋性(+)と左旋性(-)があり,その角度を旋光度という。

旋光度は化合物の種類,温度,試料溶液の濃度,および測定管の長さによって変化する。試料溶液の濃度が2倍になれば旋光度も2倍となり,測定管の長さを2倍にすれば旋光度も2倍になる。そこで,実測された旋光度を試料溶液の濃度を1g/mL,測定管の長さを1dm(10cm)として測定された値に換算したものを比旋光度という。

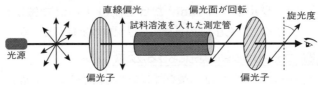

▲旋光度の測定法

例 題 混合物の比旋光度

(1) 25℃の水溶液中で,α-グルコースの比旋光度は+112°,β-グルコースの比旋光度は+19°である。グルコース水溶液の比旋光度を+52°としたとき,平衡状態におけるα-グルコースの割合(%)を求めよ。

(2) 0.50gの光学活性物質を2.5mLの溶液に溶かし,長さ5cmの測定管で旋光度を測定したら-6.0°であった。この物質の比旋光度を求めよ。

解き方 (1) α-グルコースをx[%],β-グルコースを$(100-x)$[%]とすると,

$$(+112°) \times \frac{x}{100} + (+19°) \times \frac{100-x}{100} = +52°$$

$$112x + 1900 - 19x = 5200 \qquad \therefore \quad x = 35.4 \fallingdotseq 35\%$$

(2) 試料溶液の濃度は,$\dfrac{0.50\,g}{2.5\,mL} = 0.20\,g/mL$ 5cm=0.5dm より,

$$比旋光度[\alpha] = \frac{-6.0°}{0.5\,dm \times 0.20\,g/mL} = -60°$$

答 (1) 35% (2) -60°

デンプンの枝分かれ数 の決定

> デンプンの−OH をメチル化して−OCH₃ に変換した後, 酸で加水分解すると, グリコシド結合の部分だけが−OH になる。

着眼 デンプン分子の枝分かれの程度は, 次のような方法(**メチル化法**)で調べられる。デンプンの−OH に過剰のヨウ化メチル CH_3I を作用させると, グリコシド結合に関与していない遊離の−OH がすべてメチル化され, メトキシ基−OCH_3 に変換される。これを酸で加水分解すると, グリコシド結合していた部分のみが−OH になる。ただし, 1 位の−OCH_3 は反応性が大きいため, 加水分解の際に−OH になる。

───── **例題** **アミロペクチンの枝分かれ数の決定** ─────

あるアミロペクチン 2.43 g に対して, 分子中の−OH をすべて−OCH_3 にメチル化した後, 希硫酸で加水分解すると, 次の **A, B, C** の化合物が得られた。このアミロペクチン分子は, グルコース何分子あたり 1 個の枝分かれが存在するか。

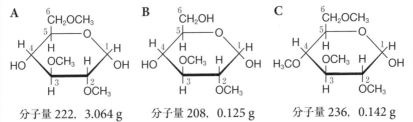

A 分子量 222, 3.064 g   **B** 分子量 208, 0.125 g   **C** 分子量 236, 0.142 g

解き方 **A** は, 1, 4 位に−OH があるので, 連鎖部分または還元末端である。

B は 1, 4, 6 位に−OH があるので, 枝分かれ部分である。

C は 1 位にのみ−OH があるので, 非還元末端である。

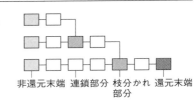

▲アミロペクチンの構造(模式図)

$$A : B : C = \frac{3.064}{222} : \frac{0.125}{208} : \frac{0.142}{236} \fallingdotseq 23 : 1 : 1$$

このアミロペクチン分子は, グルコース 25 分子あたり 1 個の枝分かれがある。

答 25 分子

TYPE
114
115
116
117
118
119
120

酵素反応の反応速度

難易度 **C**

① 基質濃度[S]が小さいとき，酵素反応の速さ v は[S]に ほぼ比例する。
② 基質濃度[S]が大きいとき，酵素反応の速さ v は一定 値(最大速度)を示す。

着眼 酵素反応は，酵素 E と基質 S が合体して**酵素基質複合体** ES をつく り，これが分解して生成物 P を生成し，酵素 E が再生する。酵素反 応の過程は，次の 2 つの段階を経て進行すると考えられる。

$$E + S \xrightleftharpoons{K} ES \xrightarrow{k} P + E$$

酵素反応では，第一段階の反応速度は速く，やがて**平衡状態**となるが，第二 段階の反応速度は遅く，酵素反応の反応速度は第二段階が**律速段階**となる。

第一段階の可逆反応の平衡定数を K とおくと，

$$K = \frac{[ES]}{[E][S]} \quad \cdots\cdots ①$$

酵素反応の反応速度を v，第二段階の反応の反応速度定数を k とおくと，

$$v = k[ES] \quad \cdots\cdots ②$$

反応に用いた酵素の全濃度を C 〔mol/L〕とおくと，物質収支の条件より，

$$C = [E] + [ES] \quad \cdots\cdots ③$$

③より，$[E] = C - [ES]$ を①へ代入する。求めた[ES]を②へ代入すると，

$$K = \frac{[ES]}{(C - [ES])[S]} \quad より，\quad [ES] = \frac{KC[S]}{1 + K[S]}$$

$$v = \frac{kKC[S]}{1 + K[S]} \quad \cdots\cdots ④$$

④式の分母・分子を K で割り，$\dfrac{1}{K}$ を新たに K_m(ミカエリス定数)とおくと，

$$v = \frac{kC[S]}{\dfrac{1}{K} + [S]} = \frac{kC[S]}{K_m + [S]} \quad (ミカエリス・メンテンの式) \quad \cdots\cdots ⑤$$

(i) $[S] \ll K_m$ のとき，⑤式は $K_m + [S] \fallingdotseq K_m$ より，

$$v = \frac{kC}{K_m}[S] \quad \therefore \quad v は[S]に比例する。$$

(ii) $[S] \gg K_m$ のとき，⑤式は $K_m + [S] \fallingdotseq [S]$ より，

$v = kC$

∴ v は一定となり，最大速度 v_{max} となる。

(iii) $[S] = K_m$ のとき，⑤式は $K_m + [S] = 2[S]$ より，

$v = \dfrac{1}{2}kC = \dfrac{v_{max}}{2}$ となる。

(ⅰ)，(ii)，(iii)をグラフに表すと，右図のようになる。

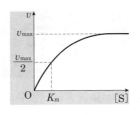

CHAP.
8

2
天然高分子化合物

例題 酵素反応の反応速度

酵素は，その活性部位に基質を取り込み，酵素基質複合体 ES を形成し，ここから反応が進行し，生成物 P と酵素 E が生成する。したがって，酵素反応は次の2段階に分けて考えることができる。

$$\text{E} + \text{S} \underset{k_2}{\overset{k_1}{\rightleftharpoons}} \text{ES} \overset{k_3}{\longrightarrow} \text{E} + \text{P} \quad \cdots\cdots①$$

ここで，k_1，k_2，k_3 は①式の矢印で示す各反応の速度定数であり，酵素反応の反応速度 v は，酵素の全濃度（初濃度）c を用いて，②式のように表される。

$$v = \frac{k_3 c[S]}{\dfrac{k_2}{k_1} + [S]} \quad \cdots\cdots②$$

ある基質を酵素トリプシンと反応させた場合の速度定数は，
$k_1 = 5.0 \times 10^8$ L/(mol·s)，$k_2 = 1.0 \times 10^3$/s，$k_3 = 10$/s，酵素の全濃度 $c = 1.0 \times 10^{-4}$ mol/L であった。次の問いに答えよ。

(1) 基質濃度 $[S] = 1.0 \times 10^{-5}$ mol/L のとき，酵素反応の反応速度 v を求めよ。

(2) この酵素反応の最大速度 v_{max} を求めよ。

解き方 第一段階の k_1，k_2 は大きいので，その反応速度は速く，やがて平衡状態となる。第二段階の k_3 は小さいので，その反応速度は遅い。したがって，酵素反応全体の反応速度は第二段階の反応速度が律速段階となる。$v = k_3[ES]$

(1) 酵素反応の反応速度は，ミカエリス・メンテンの式（②式）で表されるから，各値を代入すると，

$$v = \frac{k_3 c[S]}{\dfrac{k_2}{k_1} + [S]} = \frac{10 \times 1.0 \times 10^{-4} \times 1.0 \times 10^{-5}}{\dfrac{1.0 \times 10^3}{5.0 \times 10^8} + 1.0 \times 10^{-5}} = \frac{1.0 \times 10^{-8}}{2.0 \times 10^{-6} + 1.0 \times 10^{-5}}$$

$$= \frac{1.0 \times 10^{-8}}{1.2 \times 10^{-5}} = 8.33 \times 10^{-4} \fallingdotseq 8.3 \times 10^{-4} \text{ mol/(L·s)}$$

(2) $[S]$ を十分に大きくする $\left([S] \gg \dfrac{k_2}{k_1}\right)$ と，$\dfrac{k_2}{k_1} + [S] \fallingdotseq [S]$ と近似できる。

∴ $v_{max} = k_3 c = 10 \times 1.0 \times 10^{-4} = 1.0 \times 10^{-3} \text{ mol/(L·s)}$

答 (1) 8.3×10^{-4} mol/(L·s)　(2) 1.0×10^{-3} mol/(L·s)

TYPE
114
115
116
117
118
119
120

TYPE 120 タンパク質中の窒素の定量（ケルダール法）

難易度 **B**

> （タンパク質中の N の物質量）＝（発生した NH_3 の物質量）を利用する。NH_3 の物質量は，逆滴定で求める。

着眼 窒素 N を含む有機物に濃硫酸と触媒（硫酸銅（Ⅱ）など）を加えて煮沸すると，窒素成分はすべて硫酸アンモニウム $(NH_4)_2SO_4$ に変化する。これに強塩基の水溶液を加えて加熱すると，弱塩基の NH_3 が発生する。発生した NH_3 を硫酸の標準溶液に完全に吸収後，残った硫酸を別の NaOH 水溶液で**逆滴定**すると，NH_3 の物質量が求められる。

また，発生した NH_3 に含まれる N 原子の質量から，タンパク質中の N の質量が求められる（ケルダール法）。

例題 タンパク質中の窒素の定量

ある食品 2.0 g に濃硫酸と触媒を加えて加熱した。この溶液に水酸化ナトリウム水溶液を加え加熱すると，アンモニアが発生した。発生したアンモニアを，0.50 mol/L の硫酸 10.0 mL に完全に吸収した後，0.20 mol/L 水酸化ナトリウム水溶液で滴定すると，15.0 mL で終点に達した。この食品中のタンパク質には窒素が 16 %（質量%）含まれるとして，この食品中に含まれるタンパク質の割合〔%〕を求めよ。原子量；N＝14

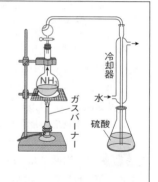

解き方 タンパク質から発生した NH_3 の物質量を x〔mol〕とおくと，中和滴定の終点では，（酸の出した H^+ の物質量）＝（塩基の出した OH^- の物質量）が成り立つ。

H_2SO_4 は 2 価の酸，NH_3，NaOH は 1 価の塩基なので，

$$0.50 \text{ mol/L} \times \frac{10.0}{1000} \times 2 = x \times 1 + 0.20 \text{ mol/L} \times \frac{15.0}{1000} \text{ L} \times 1$$

$$\therefore \quad x = 7.0 \times 10^{-3} \text{ mol}$$

この食品中にタンパク質が y〔%〕含まれるとすると，N のモル質量は 14 g/mol，また，（発生した NH_3 の質量）＝（タンパク質中の N 原子の質量）より，

$$7.0 \times 10^{-3} \times 14 = 2.0 \times \frac{y}{100} \times \frac{16}{100} \quad \therefore \quad y = 30.6 \fallingdotseq 31 \%$$

答 31 %

76 セルロースに濃硝酸と濃硫酸の混合物を作用させると，ヒドロキシ基の一部がエステル化されたニトロセルロースを生じる。いま，セルロース 9.0 g からニトロセルロース 14.0 g が得られた。このとき，セルロース分子中のヒドロキシ基でエステル化されなかったものは，ヒドロキシ基全体の何％にあたるかを計算せよ。ただし，小数点以下を切り捨てよ。原子量；H = 1.0，C = 12，N = 14，O = 16

TYPE
➔ **111**

77 ポリビニルアルコール 1.0 kg の分子中のヒドロキシ基の 30 ％をホルムアルデヒドで処理（アセタール化）して，繊維ビニロンをつくりたい。これに必要なホルムアルデヒドの質量〔g〕を求めよ。原子量；H = 1.0，C = 12，O = 16

➔ **112**

78 ある濃度の硫酸ナトリウム水溶液 10.0 mL を陰イオン交換樹脂に通し，陰イオンを完全に交換した後，さらに樹脂を純水で洗浄した。両方の流出液を合わせて，0.100 mol/L の塩酸で滴定したところ，34.6 mL を要した。この硫酸ナトリウムの濃度は何 mol/L か。

➔ **110**

79 グルコースとデンプンを含む水溶液 A がある。いま，100 mL の A にフェーリング液を加えて加熱したら，10.4 g の酸化銅（Ⅰ）が生成した。一方，100 mL の A に希硫酸を加えて完全に加水分解した後，炭酸ナトリウムで中和し，フェーリング液を加えて加熱したら，17.1 g の酸化銅（Ⅰ）が生成した。還元糖 1 mol から酸化銅（Ⅰ）1 mol が生成するとして，100 mL の A の中には，グルコースとデンプンは何 g ずつ含まれていたか。原子量；H = 1.0，C = 12，O = 16，Cu = 64

➔ **116**

80 2 種類の脂肪酸からなる油脂 A 10 g に，触媒を用いて完全に水素を付加させたら，標準状態で 252.2 mL を要し，油脂 B に変化した。油脂 B 1.0 g を完全にけん化するのに，0.10 mol/L の水酸化カリウム水溶液 33.7 mL を要し，この混合溶液を酸性にすると，1 種類の飽和脂肪酸だけが得られた。

⑴ 油脂 B の示性式を書け。

⑵ 油脂 A に考えられる構造異性体を構造式で書け。

➔ **114**

TYPE
114
115
116
117
118
119
120

ヒント **78** 交換された OH⁻ の物質量は，中和に要した HCl の物質量に等しい。

《著者紹介》

卜部　吉庸（うらべ　よしのぶ）

　1956 年（昭和 31）年，奈良県生まれ。京都教育大学特修理学科卒業後，奈良県立二階堂高等学校，奈良高等学校，五條高等学校，畝傍高等学校，大淀高等学校，橿原高等学校を経て，上宮太子高等学校講師。

　おもな著書に，『これでわかる化学基礎』『これでわかる化学』『必修整理ノート化学基礎』『必修整理ノート化学』『やさしくわかりやすい化学基礎』（以上，文英堂），『化学の新研究』『化学の新演習』『化学の新標準演習』（以上，三省堂）などがある。

□ 編集協力　㈱ファイン・プランニング　菊地陽子　向井勇揮
□ 本文デザイン　村上総（Kamigraph Design）
□ 図版作成　㈱ファイン・プランニング

シグマベスト
**大学入試 絶対におさえたい
化学計算問題の必修解法 120**

著　者　卜部吉庸
発行者　益井英郎
印刷所　中村印刷株式会社
発行所　**株式会社文英堂**
　〒601-8121　京都市南区上鳥羽大物町28
　〒162-0832　東京都新宿区岩戸町17
　（代表）03-3269-4231

大学入試

絶対におさえたい
化学計算問題の
必修解法
120

正解答集

文英堂

類題の解答

1 | 物質の構成・物質量

〈本冊 p.40〉

1 答 (1) 56

(2) MO

解き方 (1) 元素 M の原子量を x とおく。酸化物 A について，M と O の原子数の比は物質量の比とも等しいから，

$$M : O = \frac{70.0}{x} : \frac{100-70.0}{16} = 2 : 3$$

∴ $x = 56$

(2) 酸化物 B について，(1)と同様に，M : O の物質量に関する式を立てると，

$$M : O = \frac{77.8}{56} : \frac{100-77.8}{16} \fallingdotseq 1 : 1$$

よって，B の組成式は MO。

〈本冊 p.43〉

2 答 30

解き方 この気体 1 mol，すなわち標準状態における 22.4 L あたりの質量は次式で求められる。

$$0.25 \times \frac{22400}{186} = 30.1 \fallingdotseq 30 \text{ g}$$

よって，分子量はグラム単位をとった 30。

〈本冊 p.48〉

3 答 ① 26.5 %

② 5.43 mol/L

解き方 ① 水溶液 (100 + 36.0) g 中に，溶質 36.0 g が溶けているから，

$$\frac{36.0}{136} \times 100 = 26.47 \fallingdotseq 26.5 \%$$

② 水溶液 1 L 中に含まれる NaCl の質量は，

$$1000 \text{ cm}^3/\text{L} \times 1.20 \text{ g/cm}^3 \times \frac{26.47}{100}$$

$$= 317.6 \text{ g/L}$$

モル質量が NaCl = 58.5 g/mol より，モル濃度を求めると，

$$\frac{317.6 \text{ g/L}}{58.5 \text{ g/mol}} = 5.429 \fallingdotseq 5.43 \text{ mol/L}$$

〈本冊 p.49〉

4 答 6.25 mol/kg

解き方 水溶液 1 L (1000 cm³) の質量は，

$$1000 \text{ cm}^3 \times 1.20 \text{ g/cm}^3 = 1200 \text{ g}$$

NaOH のモル質量が 40 g/mol より，溶けている溶質 (NaOH) の質量は，

$$6.00 \text{ mol} \times 40 \text{ g/mol} = 240 \text{ g}$$

(溶媒の質量) =

(溶液の質量) − (溶質の質量) より，

溶媒の質量 = 1200 − 240 = 960 g

溶媒 960 g 中に溶質の NaOH が 6.00 mol 溶けているから，

溶媒 1 kg あたりに溶けている溶質の物質量に換算すると，

$$6.00 \text{ mol} \div \frac{960}{1000} \text{ kg} = 6.25 \text{ mol/kg}$$

〈本冊 p.56〉

5 答 (1) 73 g
(2) 27 g

解き方 (1) 亜鉛と塩酸との化学反応式は,

$$Zn + 2HCl \longrightarrow ZnCl_2 + H_2$$

Zn の物質量は, $\dfrac{13}{65} = 0.20$ mol なので,

係数の比より, 必要な HCl は 0.40 mol。
必要な 20% 塩酸を x〔g〕とおく。
HCl のモル質量は 36.5 g/mol だから,

$$\dfrac{x〔g〕\times 0.20}{36.5 \text{ g/mol}} = 0.40 \text{ mol}$$

$$\therefore \quad x = 73 \text{ g}$$

(2) 係数の比より, 生じる $ZnCl_2$ も 0.20 mol。
$ZnCl_2$ のモル質量は 136 g/mol だから,

$$0.20 \text{ mol} \times 136 \text{ g/mol} = 27.2 \fallingdotseq 27 \text{ g}$$

〈本冊 p.56〉

6 答 (1) 25.2 g
(2) CO_2 ; 6.60 g
H_2O ; 2.70 g

解き方 (1) 化学反応式は,

$$2NaHCO_3 \longrightarrow Na_2CO_3 + CO_2 + H_2O$$

Na_2CO_3 のモル質量は 106 g/mol より,
Na_2CO_3 15.9 g の物質量は,

$$\dfrac{15.9 \text{ g}}{106 \text{ g/mol}} = 0.150 \text{ mol} \text{ だから,}$$

必要な $NaHCO_3$ は $0.150 \times 2 = 0.300$ mol。
$NaHCO_3$ のモル質量は 84 g/mol だから,
必要な $NaHCO_3$ の質量は,

$$0.300 \text{ mol} \times 84 \text{ g/mol} = 25.2 \text{ g}$$

(2) 生じる CO_2, H_2O の物質量は, Na_2CO_3 の物質量と同じ 0.150 mol である。
CO_2 のモル質量は 44 g/mol より,
生成する CO_2 の質量は,

$$0.150 \text{ mol} \times 44 \text{ g/mol} = 6.60 \text{ g}$$

H_2O のモル質量は 18 g/mol より,

生成する H_2O の質量は,

$$0.150 \text{ mol} \times 18 \text{ g/mol} = 2.70 \text{ g}$$

〈本冊 p.65〉

7 答 12.5

解き方 水酸化ナトリウムは **1 価の強塩基** だから, 電離度は 1 である。

$$[OH^-] = 0.030 = 3.0 \times 10^{-2} \text{ mol/L}$$

水のイオン積 $K_w = [H^+][OH^-]$
$$= 1.0 \times 10^{-14} \text{ (mol/L)}^2 \text{ より}$$

$$[H^+] = \dfrac{1.0 \times 10^{-14} (\text{mol/L})^2}{3.0 \times 10^{-2} \text{ mol/L}}$$

$$= \dfrac{1}{3} \times 10^{-12} \text{ mol/L}$$

$$pH = -\log_{10}[H^+] = -\log_{10}(3^{-1} \times 10^{-12})$$
$$= 12 + \log_{10} 3$$
$$= 12.48 \fallingdotseq 12.5$$

〈本冊 p.70〉

8 答 9.0 mL

解き方 必要な NaOH 水溶液を x〔mL〕として, 各数値を中和の公式に代入する。

$$cva = c'v'b \text{（中和の公式）}$$

HCl は 1 価の酸, H_2SO_4 は 2 価の酸, NaOH は 1 価の塩基なので,

$$0.050 \text{ mol/L} \times \dfrac{10}{1000} \text{ L} \times 1$$

$$+ 0.020 \text{ mol/L} \times \dfrac{10}{1000} \text{ L} \times 2$$

$$= 0.10 \text{ mol/L} \times \dfrac{x}{1000} 〔L〕 \times 1$$

$$\therefore \quad x = 9.0 \text{ mL}$$

〈本冊 p.71〉

9 答 13.3

解き方 酸の放出する H^+ の物質量；

$$1.0 \text{ mol/L} \times \dfrac{100}{1000} \text{ L} \times 1 = \dfrac{100}{1000} \text{ mol} \cdots\cdots ⓐ$$

$Ba(OH)_2$ は 2 価の強塩基なので,
塩基の放出する OH^- の物質量；

$$0.50 \text{ mol/L} \times \dfrac{150}{1000} \text{ L} \times 2 = \dfrac{150}{1000} \text{ mol} \cdots ⓑ$$

ⓑ>ⓐなので，混合溶液は塩基性を示す。

残った $\left(\dfrac{150}{1000}-\dfrac{100}{1000}\right)$ mol の OH^- が，混合

溶液 $100+150=250$ mL 中に含まれるから，

$$[OH^-]=\dfrac{50}{1000}\,\text{mol}\div\dfrac{250}{1000}\,\text{L}$$

$$=2.0\times10^{-1}\,\text{mol/L}$$

$$\therefore\quad pOH=-\log_{10}(2\times10^{-1})$$

$$=1-\log_{10}2$$

$$=0.7$$

$pH+pOH=14$ より，

$$\therefore\quad pH=14-pOH=14-0.7=13.3$$

〈本冊 p.73〉

⟨10⟩ 答 90%

解き方 弱塩基のイオンの NH_4^+ を含んだ塩の硫酸アンモニウムは酸としての性質をもつので，濃 NaOH 水溶液とは次のように反応する。

$$(NH_4)_2SO_4 + 2NaOH$$

$$\longrightarrow Na_2SO_4 + 2NH_3\uparrow + 2H_2O\cdots①$$

濃 NaOH 水溶液は，NH_3 を発生させるために用いたのであって，中和滴定の量的関係には無関係である。

H_2SO_4 は 2 価の酸，NH_3 と NaOH は 1 価の塩基である。発生した NH_3 を x〔mol〕とすると，

中和の公式 $cva=c'v'b$ より，

$$0.50\,\text{mol/L}\times\dfrac{50}{1000}\,\text{L}\times2$$

$$=x\text{〔mol〕}\times1+0.50\,\text{mol/L}\times\dfrac{32}{1000}\,\text{L}\times1$$

$$\therefore\quad x=3.4\times10^{-2}\,\text{mol}$$

①の係数の比より，$(NH_4)_2SO_4$ と NH_3 の物質量の比は $1:2$ である。式量は $(NH_4)_2SO_4$ $=132$ より，モル質量は 132 g/mol。

試料中に含まれていた純粋な $(NH_4)_2SO_4$ の質量は，

$$132\,\text{g/mol}\times3.4\times10^{-2}\,\text{mol}\times\dfrac{1}{2}≒2.24\,\text{g}$$

したがって，$(NH_4)_2SO_4$ の純度は，

$$\dfrac{2.24}{2.5}\times100=89.6≒90\%$$

〈本冊 p.75〉

⟨11⟩ 答　Na_2CO_3；0.12 mol/L
$NaHCO_3$；0.080 mol/L

解き方 フェノールフタレインが変色する第 1 中和点までは，Na_2CO_3 のみが中和される。

$$Na_2CO_3 + HCl \longrightarrow NaHCO_3 + NaCl$$

$NaHCO_3$ は，この段階では中和されずに水溶液中に残ったままである。

水溶液 10.0 mL 中の Na_2CO_3，$NaHCO_3$ の物質量をそれぞれ x〔mol〕，y〔mol〕とすると，

$$x=0.20\,\text{mol/L}\times\dfrac{6.0}{1000}\,\text{L}\ \cdots\cdots①$$

次に，第 1 中和点からメチルオレンジが変色する第 2 中和点までは，Na_2CO_3 x〔mol〕から生じた $NaHCO_3$ x〔mol〕と，はじめに混合されていた $NaHCO_3$ y〔mol〕とが，中和される。

$$NaHCO_3 + HCl$$

$$\longrightarrow NaCl + CO_2 + H_2O$$

$$x+y=0.20\,\text{mol/L}\times\dfrac{10.0}{1000}\,\text{L}\ \cdots\cdots②$$

①，②より，

$$\begin{cases}x=1.2\times10^{-3}\,\text{mol}\\y=8.0\times10^{-4}\,\text{mol}\end{cases}$$

それぞれが 10.0 mL 中に含まれていたので，これを溶液 1.0 L あたりに換算すると，

$$Na_2CO_3；\dfrac{1.2\times10^{-3}\,\text{mol}}{0.010\,\text{L}}$$

$$=0.12\,\text{mol/L}$$

$$NaHCO_3；\dfrac{8.0\times10^{-4}\,\text{mol}}{0.010\,\text{L}}$$

$$=0.080\,\text{mol/L}$$

〈本冊 p.80〉

⟨12⟩ 答　1.50×10^{-2} mol/L

解き方 過マンガン酸カリウム $KMnO_4$（酸化剤）とシュウ酸 $(COOH)_2$（還元剤）のはたらきを示すイオン反応式（半反応式）は次の通りである。

$$MnO_4^- + 5e^- + 8H^+$$

$$\longrightarrow Mn^{2+} + 4H_2O\cdots①$$

$$(COOH)_2 \longrightarrow 2CO_2 + 2H^+ + 2e^-\ \cdots②$$

①，②より，$KMnO_4$ は 5 価の酸化剤であり，$(COOH)_2$ は 2 価の還元剤とわかる。また，希硫酸は，水溶液を酸性条件にするために過剰に加えてある。酸化剤と還元剤が過不足なく反応する条件は，

（酸化剤の受け取った電子の物質量）
＝（還元剤の放出した電子の物質量）

$KMnO_4$ 水溶液の濃度を x〔mol/L〕とすると，

$$x〔mol/L〕\times \frac{16.0}{1000} L\times 5$$
$$= 0.0300 \text{ mol/L}\times \frac{20.0}{1000} L\times 2$$
$$\therefore \quad x = 1.50\times 10^{-2} \text{ mol/L}$$

〈本冊 p.82〉

(13) **答** 4.9×10^{-4} mol

解き方 硫化水素（還元剤）とヨウ素（酸化剤）との反応を，それぞれイオン反応式で表すと次の通りである。

$$H_2S \longrightarrow S + 2H^+ + 2e^- \qquad \cdots\cdots ①$$
$$I_2 + 2e^- \longrightarrow 2I^- \qquad \cdots\cdots ②$$

①＋②より，

$$H_2S + I_2 \longrightarrow S + 2HI \qquad \cdots\cdots ③$$

与式より，

$$I_2 + 2Na_2S_2O_3$$
$$\longrightarrow 2NaI + Na_2S_4O_6 \cdots\cdots ④$$

③式より，$H_2S : I_2 = 1 : 1$（物質量の比）で過不足なく反応する。
④式より，$I_2 : Na_2S_2O_3 = 1 : 2$（物質量の比）で過不足なく反応する。
したがって，次の関係が成り立つ。

（最初のヨウ素溶液中の I_2 の物質量）
＝（H_2S と反応した I_2 の物質量）
＋（$Na_2S_2O_3$ と反応した I_2 の物質量）

吸収させた H_2S の物質量を x〔mol〕とすると，

$$0.050 \text{ mol/L}\times \frac{10.0}{1000} L$$
$$= x〔mol〕+ 0.010 \text{ mol/L}\times \frac{3.0}{1000} L\times \frac{1}{2}$$
$$\therefore \quad x = 4.85\times 10^{-4} \fallingdotseq 4.9\times 10^{-4} \text{ mol}$$

〈本冊 p.93〉

(14) **答** $\dfrac{a^3 dN_A}{4}$

解き方 単位格子の体積は a^3〔cm³〕であるので，これに密度 d〔g/cm³〕をかけると，単位格子の質量〔g〕が求まる。
面心立方格子内には 4 個の原子が含まれるので，原子 1 個の質量は，$\dfrac{a^3 d}{4}$〔g〕となる。
これにアボガドロ定数をかけたものが**モル質量（1 mol あたりの質量）**である。したがって，$\dfrac{a^3 dN_A}{4}$〔g/mol〕となる。
上記の値から，単位〔g/mol〕を除いた数値がこの金属の原子量に等しい。

CHAPTER 4 物質の状態

〈本冊 p.101〉

(15) 答 6.4×10^5 Pa

解き方 ボイル・シャルルの法則の公式

$\dfrac{P_1 V_1}{T_1} = \dfrac{P_2 V_2}{T_2}$ に数値を代入する。

$\dfrac{1.0 \times 10^5 \, \text{Pa} \times 24 \, \text{L}}{(273 + 27) \, \text{K}} = \dfrac{P \, [\text{Pa}] \times 5.0 \, \text{L}}{(273 + 127) \, \text{K}}$

$\therefore \quad P = 6.4 \times 10^5$ Pa

〈本冊 p.102〉

(16) 答 2.5×10^5 Pa

解き方 分子量は $SO_2 = 64$ だから，各単位を気体定数に合わせて，気体の状態方程式

$PV = \dfrac{w}{M} RT$ に数値を代入すると，

$P \, [\text{Pa}] \times \dfrac{500}{1000} \, \text{L}$

$= \dfrac{3.2 \, \text{g}}{64 \, \text{g/mol}} \times 8.3 \times 10^3 \, \text{Pa·L/(K·mol)}$

$\qquad \times (273 + 300) \, \text{K}$

$\therefore \quad P = 2.49 \times 10^5 \fallingdotseq 2.5 \times 10^5$ Pa

〈本冊 p.103〉

(17) 答 64

解き方 気体状態方程式 $PV = \dfrac{w}{M} RT$ に数値を代入する。

容器の体積を $V \, [\text{L}]$ とすると，

$1.2 \times 10^5 \, \text{Pa} \times V \, [\text{L}]$

$= \dfrac{16 \, \text{g}}{32 \, \text{g/mol}} \times R \, [\text{Pa·L/(K·mol)}]$

$\qquad \times (273 + 27) \, \text{K} \quad \cdots\cdots\cdots ①$

液体物質のモル質量を $M \, [\text{g/mol}]$ とおくと，

$2.4 \times 10^5 \, \text{Pa} \times V \, [\text{L}]$

$= \dfrac{48 \, \text{g}}{M \, [\text{g/mol}]} \times R \, [\text{Pa·L/(K·mol)}]$

$\qquad \times (273 + 127) \, \text{K} \quad \cdots\cdots\cdots ②$

①÷②より，V，R はともに消去されるから，

$\dfrac{1.2 \times 10^5}{2.4 \times 10^5} = \dfrac{16 \times M \times 300}{32 \times 48 \times 400}$

$\therefore \quad M = 64$ g/mol

〈本冊 p.110〉

(18) 答 (1) 1.4×10^5 Pa
(2) 5.0×10^4 Pa

解き方 (1) 温度が一定なので，ボイルの法則 $P_1 V_1 = P_2 V_2$ を適用する。

H_2，O_2 の分圧を p_{H_2}，p_{O_2} とすると，

$3.0 \times 10^5 \times 1.0 = p_{H_2} \times 5.0$

$1.0 \times 10^5 \times 4.0 = p_{O_2} \times 5.0$

$\therefore \quad p_{H_2} = 6.0 \times 10^4$ Pa，

$\qquad p_{O_2} = 8.0 \times 10^4$ Pa

全圧 $= (6.0 + 8.0) \times 10^4 = 1.4 \times 10^5$ Pa

(2) 体積，温度が一定なので，**分圧の比＝物質量の比**より，分圧を用いて気体反応の量的関係を調べる(以下，単位は〔Pa〕)。

$$\begin{array}{lccc} & 2H_2 & + \quad O_2 & \longrightarrow \quad 2H_2O \\ \text{反応前} & 6.0 \times 10^4 & 8.0 \times 10^4 & 0 \\ \text{変化量} & -6.0 \times 10^4 & -3.0 \times 10^4 & \text{——} \\ \text{反応後} & 0 & 5.0 \times 10^4 & \text{——} \end{array}$$

O_2 は27℃で常に気体だから，O_2 の分圧は，

$p_{O_2} = 5.0 \times 10^4$ Pa

題意より，生じた水 H_2O はすべて液体として存在し，水蒸気の分圧は 0 Pa とみなせる。

よって，容器内の全圧は 5.0×10^4 Pa である。

〈本冊 p.112〉

(19) 答 (1) ウ
(2) 46
(3) 3.0 L

解き方 (1) **A〜B** では液体が残っているので，**気体の体積が変化しても，蒸気の圧力は60℃の飽和蒸気圧を保ち，一定である**。**C** で液体がすべて気体になり，それ以上，気体の体積 V を大きくすると，ボイルの法則にしたがって圧力 P は変化する。**P と V は反比例する**から，双曲線のグラフとなる。よって，ウになる。

(2) C において，容器内の液体がすべて気体となったので，その蒸気に対して気体の状態方程式を適用して，

$$PV = \frac{w}{M}RT$$

$$4.6 \times 10^4 \times 2.60 = \frac{2.00}{M} \times 8.3 \times 10^3 \times 333$$

$$\therefore \quad M = 46.2 \fallingdotseq 46$$

(3) C から D への変化は，温度一定なので，ボイルの法則 $P_1V_1 = P_2V_2$ を適用して，

$$4.6 \times 10^4 \times 2.60 = 4.0 \times 10^4 \times V$$

$$\therefore \quad V = 2.99 \fallingdotseq 3.0 \text{ L}$$

〈本冊 p.113〉

⟨20⟩ 答　2.1 g

解き方　酸素の圧力は，大気圧から 37℃ の飽和水蒸気圧を引いて求める。

$$9.9 \times 10^4 - 6.0 \times 10^3 = 9.3 \times 10^4 \text{ Pa}$$

得られた酸素の質量を w〔g〕とし，気体の状態方程式 $PV = \frac{w}{M}RT$ へ代入して，

$$9.3 \times 10^4 \text{ Pa} \times 1.8 \text{ L}$$

$$= \frac{w}{32} \times 8.3 \times 10^3 \text{ Pa·L/(K·mol)} \times 310 \text{ K}$$

$$\therefore \quad w = 2.08 \fallingdotseq 2.1 \text{ g}$$

〈本冊 p.118〉

⟨21⟩ 答　(1) 60 g
　　　　(2) 50 g

解き方　(1) 20℃ の飽和水溶液 260g 中に含まれる KCl を x〔g〕とする。溶解度より，20℃ の水 100 g に KCl が 30 g 溶けるから，飽和水溶液 130 g 中に KCl 30 g が溶けていることになる。

$$\frac{溶質}{溶液} = \frac{x}{260} = \frac{30}{130}$$

$$\therefore \quad x = 60 \text{ g}$$

(2) 80℃ での溶解度が 55 である。(1)より，260 g の飽和水溶液では，水 200 g に 60 g の KCl が溶けているから，さらに溶ける KCl の質量を y〔g〕とすると，

$$\frac{溶質}{溶媒} = \frac{60 + y}{200} = \frac{55}{100}$$

$$\therefore \quad y = 50 \text{ g}$$

〈本冊 p.119〉

⟨22⟩ 答　28

解き方　60℃ の飽和水溶液 200 g 中に溶けている KCl を x〔g〕とすると，

$$\frac{溶質}{溶液} = \frac{x}{200} = \frac{46}{100 + 46}$$

$$\therefore \quad x = 63.0 \text{ g}$$

KCl 63.0 g が水 137 g に溶けており，0℃ まで冷却すると，24.6 g の結晶が析出し，0℃ の飽和水溶液となる。0℃ での KCl の溶解度を S とすると，

$$\frac{溶質}{溶媒} = \frac{63.0 - 24.6}{137} = \frac{S}{100}$$

$$\therefore \quad S = 28.0 \fallingdotseq 28$$

〈本冊 p.122〉

⟨23⟩ 答　10 g

解き方　25 % 硫酸銅(Ⅱ)水溶液 100 g 中の $CuSO_4$ は 25 g，水は 75 g である。さらに溶ける $CuSO_4 \cdot 5H_2O$ の結晶を x〔g〕とすると，結晶中の $CuSO_4$ は，$x \times \frac{160}{250}$〔g〕で，これが溶質の質量に加わる。

また，結晶中の水和水は，$x \times \frac{90}{250}$〔g〕で，これが溶媒の水の質量に加わる。

$$\frac{溶質}{溶媒} = \frac{25 + \left(x \times \frac{160}{250}\right)}{75 + \left(x \times \frac{90}{250}\right)} = \frac{40}{100}$$

$$\therefore \quad x = 10.0 \fallingdotseq 10 \text{ g}$$

〔別解〕結晶 x〔g〕が水溶液 100 g に溶けるから，溶液の質量は $(100 + x)$〔g〕となる。その中に含まれる溶質 $CuSO_4$ の質量は，

$$\left(25 + x \times \frac{160}{250}\right) \text{〔g〕だから，}$$

$$\frac{溶質}{溶液} = \frac{25 + \left(x \times \frac{160}{250}\right)}{100 + x} = \frac{40}{100 + 40}$$

$$\therefore \quad x ≒ 10 \text{ g}$$

〈本冊 p.122〉

㉔ **答** 40 g

解き方 60℃ の飽和水溶液 210 g 中の溶質（無水物）の質量 x〔g〕は，

$$\frac{溶質}{溶液} = \frac{x}{210} = \frac{40}{100 + 40} \quad \therefore \quad x = 60 \text{ g}$$

硫酸銅（Ⅱ）五水和物が y〔g〕析出するとすると，残った溶液は，同じ温度の飽和水溶液となっているから，次の関係が成り立つ。

$$\frac{溶質}{溶液} = \frac{60 - \frac{160}{250}y}{210 - (50 + y)} = \frac{40}{140}$$

$$\therefore \quad y = 40.3 ≒ 40 \text{ g}$$

〈本冊 p.125〉

㉕ **答** 窒素；8.0×10^{-3} g
酸素；2.7×10^{-2} g

解き方 窒素と酸素の分圧は，

$$p_{\text{N}_2} = 1.0 \times 10^5 \times \frac{2}{5} = 4.0 \times 10^4 \text{ Pa}$$

$$p_{\text{O}_2} = 1.0 \times 10^5 \times \frac{3}{5} = 6.0 \times 10^4 \text{ Pa}$$

ヘンリーの法則より，混合気体中の各成分気体の溶解度（質量）はその気体の分圧に比例するから，20℃，4.0×10^4 Pa の N_2 が 1 L の水に溶解したときの質量は，モル質量が N_2 = 28 g/mol より，

$$\frac{16 \text{ mL}}{22400 \text{ mL/mol}} \times 28 \text{ g/mol} \times \frac{4.0 \times 10^4}{1.0 \times 10^5}$$
$$= 8.0 \times 10^{-3} \text{ g}$$

一方，20℃，6.0×10^4 Pa の O_2 が 1 L の水に溶解したときの質量は，モル質量が O_2 = 32 g/mol より，

$$\frac{32 \text{ mL}}{22400 \text{ mL/mol}} \times 32 \text{ g/mol} \times \frac{6.0 \times 10^4}{1.0 \times 10^5}$$
$$= 2.74 \times 10^{-2} ≒ 2.7 \times 10^{-2} \text{ g}$$

〈本冊 p.127〉

㉖ **答** 1.6×10^5 Pa

解き方 CO_2 の圧力が 1.0×10^5 Pa のとき，0℃ の水 1 L に何 mol の CO_2 が溶解したのかは，溶解度が不明なので，次の関係式で求める。

（溶解した CO_2 の物質量）
= （封入した CO_2 の物質量）
  − （気相に残っている CO_2 の物質量）

気相に残った CO_2 の物質量を n〔mol〕とすると，

$$n = \frac{PV}{RT} \text{ より，}$$

$$\frac{1.0 \times 10^5 \text{ Pa} \times 3.42 \text{ L}}{8.3 \times 10^3 \text{ Pa·L/(K·mol)} \times 273 \text{ K}}$$
$$= 0.150 \text{ mol}$$

したがって，水に溶解した CO_2 の物質量は，
0.25 − 0.150 = 0.10 mol

この値が，1.0×10^5 Pa における CO_2 の 0℃ の水 1 L に対する溶解度にあたる。

次に，ピストンに圧力を加え，溶解平衡に到達したときの圧力を P〔Pa〕とすると，

$$n = \frac{PV}{RT} = \frac{P \times 1.20}{8.3 \times 10^3 \times 273}$$
$$= 5.29 \times 10^{-7}P \text{〔mol〕}$$

水に溶解した CO_2 の物質量は，ヘンリーの法則より，

$$0.10 \times \frac{P}{1.0 \times 10^5} = 1.0 \times 10^{-6}P \text{〔mol〕}$$

したがって，CO_2 の物質量に関する物質収支の条件式より，次の関係が成り立つ。

$$5.29 \times 10^{-7}P + 1.0 \times 10^{-6}P = 0.25$$
$$1.529 \times 10^{-6}P = 0.25$$
$$\therefore \quad P = 1.63 \times 10^5 ≒ 1.6 \times 10^5 \text{ Pa}$$

〈本冊 p.134〉

㉗ **答** 152

解き方 ショウノウの分子量を M として，まず，この溶液の質量モル濃度を求め，$\Delta t = km$ の式へ代入する。

$$(79.0 - 78.4)\text{K} = 1.20 \text{ K·kg/mol}$$
$$\times \left(\frac{19.0}{M} \times \frac{1000}{250}\right) \text{[mol/kg]}$$
$$\therefore \quad M = 152$$

28 **答** 100.52℃

解き方 塩化ナトリウム NaCl は水中で完全に電離し，溶質粒子の数が 2 倍になる。
$$\text{NaCl} \longrightarrow \text{Na}^+ + \text{Cl}^-$$
$\Delta t = km$ より，
$$\Delta t = 0.52 \text{ K·kg/mol}$$
$$\times \left(\frac{5.85}{58.5} \times \frac{1000}{200}\right) \text{mol/kg} \times 2$$
$$= 0.52 \text{ K}$$
水の沸点は 100℃ だから，
この水溶液の沸点は，$100 + 0.52 = 100.52℃$

⟨本冊 p.138⟩

29 **答** 電離度；0.85
　　　グルコースの質量；24 g

解き方 この水溶液中での K_2SO_4 の電離度を α とし，電解質の溶質粒子の総物質量を求める。以下の電離前，電離後の物質量の単位は〔mol〕である。溶けた K_2SO_4 の物質量を n〔mol〕とおくと，

$$\text{K}_2\text{SO}_4 \longrightarrow 2\text{K}^+ + \text{SO}_4^{2-}$$

電離前	n	0	0
電離後	$n(1-\alpha)$	$2n\alpha$	$n\alpha$

（合計）……$n(1+2\alpha)$〔mol〕

溶質粒子の物質量は，電離によりもとの$(1+2\alpha)$倍になる。
$K_2SO_4 = 174$ g/mol だから，$\Delta t = km$ の式に代入して，
$$0.50 \text{ K} = 1.85 \text{ K·kg/mol}$$
$$\times \left(\frac{0.87}{174} \times \frac{1000}{50}\right) \text{mol/kg} \times (1+2\alpha)$$
$$\therefore \quad \alpha = 0.85$$
必要なグルコース（非電解質）を x〔g〕とすると，K_2SO_4 水溶液の全溶質粒子の質量モル濃度と，グルコース水溶液の質量モル濃度が同じであればよい。

$C_6H_{12}O_6 = 180$ g/mol より，
$$\left(\frac{0.87}{174} \times \frac{1000}{50}\right) \text{mol/kg} \times (1 + 2 \times 0.85)$$
$$= \left(\frac{x}{180} \times \frac{1000}{500}\right) \text{[mol/kg]}$$
$$\therefore \quad x = 24.3 \fallingdotseq 24 \text{ g}$$

⟨本冊 p.140⟩

30 **答** 2.0 g

解き方 混合物中のグルコースを x〔g〕とすると，$\Pi V = \dfrac{w}{M} RT$ の公式より，
$$5.0 \times 10^4 \text{ Pa} \times 1.0 \text{ L}$$
$$= \left(\frac{x}{180} + \frac{5.0 - x}{342}\right) \text{[mol]}$$
$$\times 8.3 \times 10^3 \text{ Pa·L/(K·mol)} \times 300 \text{ K}$$
$$\frac{x}{180} + \frac{5.0 - x}{342} = 0.020$$
$$\therefore \quad x = 2.04 \fallingdotseq 2.0 \text{ g}$$

〈本冊 p.150〉

㉛ **答** 5.1K

解き方 NaOH（固）4.0 g の溶解による発熱量は，NaOH＝40 g/mol より，

$$44 \text{ kJ/mol} \times \frac{4.0 \text{ g}}{40 \text{ g/mol}} = 4.4 \text{ kJ}$$

水溶液の液温が T〔K〕上昇したとすると，**発熱量＝比熱×質量×温度変化**より，

$$4400 \text{ J} = 4.2 \text{ J/(g·K)}$$
$$\times (200 + 4.0) \text{g} \times T \text{〔K〕}$$
$$\therefore \quad T = 5.13 \doteqdot 5.1 \text{ K}$$

〈本冊 p.152〉

㉜ **答** -46 kJ/mol

解き方 NH_3 の生成エンタルピーを x〔kJ/mol〕とし，その熱化学反応式は，

$$\frac{1}{2} N_2（気）+ \frac{3}{2} H_2（気）$$
$$\longrightarrow NH_3（気） \quad \Delta H = x〔kJ〕$$

上式の $\frac{1}{2} N_2$（気）は①式の右辺にある。移項するときに符号が変わることを考慮して

$$\Rightarrow ①式 \times \left(-\frac{1}{4}\right)$$

上式の $\frac{3}{2} H_2$（気）は②式の左辺にある。

$$\Rightarrow ②式 \times \left(\frac{3}{2}\right)$$

よって，上式は $② \times \frac{3}{2} - ① \times \frac{1}{4}$ で求める。ΔH の部分にも同様の計算を行うと，

$$x = \left(-286 \times \frac{3}{2}\right) - \left(-1532 \times \frac{1}{4}\right)$$
$$= -46 \text{ kJ}$$

〔別解〕①式に対して，次の公式を適用する。

$$\begin{pmatrix} 反応エンタル \\ ピー \Delta H \end{pmatrix} = \begin{pmatrix} 生成物の生成 \\ エンタルピーの和 \end{pmatrix}$$
$$- \begin{pmatrix} 反応物の生成 \\ エンタルピーの和 \end{pmatrix}$$

ただし，単体の生成エンタルピーは 0 とする。

$$-1532 = \{0 + (-286 \times 6)\} - (4x + 0)$$
$$\therefore \quad x = -46 \text{ kJ}$$

〈本冊 p.152〉

㉝ **答** 227 kJ/mol

解き方 炭素（黒鉛），水素，アセチレンの燃焼エンタルピーを表す熱化学反応式は次の通りである。

$$C（黒鉛）+ O_2（気）\longrightarrow CO_2（気）$$
$$\Delta H = -394 \text{ kJ} \quad \cdots①$$

$$H_2（気）+ \frac{1}{2} O_2（気）\longrightarrow H_2O（液）$$
$$\Delta H = -286 \text{ kJ} \quad \cdots②$$

$$C_2H_2（気）+ \frac{5}{2} O_2（気）\longrightarrow 2CO_2（気）$$
$$+ H_2O（液）\quad \Delta H = -1301 \text{ kJ} \quad \cdots③$$

求めるアセチレンの生成エンタルピーを x〔kJ/mol〕とし，その熱化学反応式は次の通りである。

$$2C（黒鉛）+ H_2（気）\longrightarrow C_2H_2（気）$$
$$\Delta H = x〔kJ〕 \quad \cdots④$$

④式の 2C（黒鉛）⇨ ①式×2
④式の H_2（気）⇨ ②式はそのまま
④式の C_2H_2（気）（移項必要）⇨ ③式×（-1）
④式は，①式×2＋②式－③式で求まる。
ΔH の部分にも同様の計算を行うと，

$$x = (-394 \times 2) + (-286) - (-1301)$$
$$= 227 \text{ kJ}$$

〔別解〕③式に対して次の公式を適用する。

$$\begin{pmatrix} 反応エンタル \\ ピー \Delta H \end{pmatrix} = \begin{pmatrix} 生成物の生成 \\ エンタルピーの和 \end{pmatrix}$$
$$- \begin{pmatrix} 反応物の生成 \\ エンタルピーの和 \end{pmatrix}$$

$$-1301 = \{(-394 \times 2) + (-286)\} - (x + 0)$$
$$\therefore \quad x = 227 \text{ kJ}$$

〈本冊 p.153〉

㉞ **答** 1.1 kJ

解き方 NaOH が放出する OH^- の物質量は，

$$0.20 \text{ mol/L} \times \frac{100}{1000} \text{ L} = 0.020 \text{ mol}$$

H_2SO_4 が放出する H^+ の物質量は，
$H_2SO_4 \longrightarrow 2H^+ + SO_4{}^{2-}$ より，

$$0.20 \ \text{mol/L} \times \frac{100}{1000} \ \text{L} \times 2 = 0.040 \ \text{mol}$$

OH^- の物質量のほうが少ないので，生じる H_2O も **0.020 mol** である。すなわち，中和反応による発熱量は次のようになる。

$$56.5 \ \text{kJ/mol} \times 0.020 \ \text{mol}$$
$$= 1.13 \fallingdotseq 1.1 \ \text{kJ}$$

〈本冊 p.155〉

35 **答** $-185 \ \text{kJ/mol}$

解き方 $H_2(気) + Cl_2(気) \longrightarrow 2HCl(気)$
の反応に伴うエネルギー変化をエンタルピー図で表すと次のようになる。

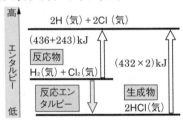

反応エンタルピー ΔH の大きさは，
$$(432 \times 2) - (436 + 243) = 185 \ \text{kJ}$$
　反応物から生成物に向かう反応エンタルピー ΔH の矢印が下向きなので，発熱反応である。
$$\therefore \quad \Delta H = -185 \ \text{kJ/mol}$$
〔**別解**〕次の公式を用いると，各結合エンタルピーから反応エンタルピーを求めることができる。

$$\begin{pmatrix} 反応エンタル \\ ピー \Delta H \end{pmatrix} = \begin{pmatrix} 反応物の結合 \\ エンタルピーの和 \end{pmatrix} - \begin{pmatrix} 生成物の結合 \\ エンタルピーの和 \end{pmatrix}$$

$$\Delta H = (436 + 243) - (432 \times 2)$$
$$= -185 \ \text{kJ}$$

〈本冊 p.165〉

36 **答** $0.75 \ \text{mol}$

解き方 鉛蓄電池の放電時の化学反応式は，
$$Pb + PbO_2 + 2H_2SO_4 \xrightarrow{2e^-} 2PbSO_4 + 2H_2O$$
化学反応式より，電子 2 mol が移動すれば，H_2SO_4 が 2 mol 減少し，H_2O が 2 mol 生成する。つまり，電子 1 mol の移動では，H_2SO_4 が 1 mol（$=98$ g）消費され，H_2O が 1 mol（$=18$ g）生成するから，電子 1 mol あたりの電解液（希硫酸）の質量減少は，
$$98 - 18 = 80 \ \text{g/mol}$$
また，電解前の希硫酸の質量は，
$$500 \times 1.24 = 620 \ \text{g}$$
電解後の希硫酸の質量は，
$$500 \times 1.12 = 560 \ \text{g}$$
これより，x〔mol〕の電子が移動したとして，電解液の質量変化について式を立てると，
$$(620 - 560) \ \text{g} = 80 \ \text{g/mol} \times x \ \text{〔mol〕}$$
$$\therefore \quad x = 0.75 \ \text{mol}$$

〈本冊 p.170〉

37 **答** $896 \ \text{mL}$

解き方 析出した Cu の物質量は，
$$\frac{2.56 \ \text{g}}{64.0 \ \text{g/mol}} = 0.0400 \ \text{mol}$$
$Cu^{2+} + 2e^- \longrightarrow Cu$ より，0.0400 mol の Cu が析出するのに必要な電子の物質量は，
$$0.0400 \times 2 = 0.0800 \ \text{mol}$$
　一方，陽極の反応 $2Cl^- \longrightarrow Cl_2 + 2e^-$ より，**2 mol の電子から Cl_2 1 mol が生成する**ので，
$$0.0800 \ \text{mol} \times \frac{1}{2} \times 22400 \ \text{mL/mol}$$
$$= 896 \ \text{mL}$$

〈本冊 p.173〉

38 **答** (1) $1800 \ \text{C}$
　　　　(2) $0.107 \ \text{A}$
　　　　(3) $164 \ \text{mL}$
　　　　(4) $0.160 \ \text{mol/L}$

解き方 (1) 電源から流れ出た全電気量は，

$0.500\ \text{A} \times (60 \times 60)\ \text{s} = 1800\ \text{C}$

(2) (Ⅰ)槽の陰極では，$Ag^+ + e^- \longrightarrow Ag$ の反応が起こるので，電子 1 mol から Ag 1 mol が析出する。反応した電子の物質量は，

$$\dfrac{0.432\ \text{g}}{108\ \text{g/mol}} = 0.00400\ \text{mol}$$

(Ⅰ)槽を流れた平均電流を x(A)とすると，

$0.00400\ \text{mol} \times 9.65 \times 10^4\ \text{C/mol}$

$= x(\text{A}) \times (60 \times 60)\ \text{s}$

$\therefore\quad x = 0.1072 \fallingdotseq 0.107\ \text{A}$

(3) (電解槽(Ⅱ)を流れた電気量)

$\quad$= (全電気量)

$\qquad$−(電解槽(Ⅰ)を流れた電気量)より，

$1800\ \text{C} - 0.00400\ \text{mol} \times 9.65 \times 10^4\ \text{C/mol}$

$= 1414\ \text{C}$

(Ⅱ)槽の陰極では，イオン化傾向の大きな Na^+ は還元されず，かわりに，溶液中に存在する H_2O が次のように還元される。

$2H_2O + 2e^- \longrightarrow H_2 + 2OH^-$

2 mol の電子から，1 mol の H_2 が発生する。よって，発生する H_2 の体積(標準状態)は，

$$\dfrac{1414\ \text{C}}{9.65 \times 10^4\ \text{C/mol}} \times \dfrac{1}{2}$$

$$\times 22400\ \text{mL/mol} = 164.1 \fallingdotseq 164\ \text{mL}$$

(4) 電解槽(Ⅰ)の陰極では，(2)より Ag が 0.00400 mol 析出するから，液中の Ag^+ はこの分だけ減少する。電解後に残った Ag^+ は，

$0.200\ \text{mol/L} \times \dfrac{100}{1000}\ \text{L} - 0.00400\ \text{mol}$

$= 0.0160\ \text{mol}$

これが溶液 100 mL 中に含まれるから，溶液 1 L あたりに換算すると，

$0.0160\ \text{mol} \div \dfrac{100}{1000}\ \text{L} = 0.160\ \text{mol/L}$

---

6 | 反応速度と化学平衡

〈本冊 p.183〉

㊴ 答 0.125 倍

解き方 混合溶液 1 L あたりで考えると，反応した A は，

$1.20 - 0.60 = 0.60\ \text{mol}$

A と B の係数は等しいので，B も 0.60 mol 反応する。よって，残った B は，

$0.80 - 0.60 = 0.20\ \text{mol}$

$v = k[\text{A}][\text{B}]$ より，一定時間経過後の反応の速さを v'，最初の反応の速さを v とすると，

$$\dfrac{v'}{v} = \dfrac{k \times 0.60 \times 0.20}{k \times 1.20 \times 0.80} = 0.125$$

〈本冊 p.183〉

㊵ 答 0.030 mol/(L·s)

解き方 生成した CO_2 を x(mol)とする。

	$2CO$	$+$	O_2	$\longrightarrow$	$2CO_2$
反応前	2.0		1.0		0
変化量	$-x$		$-\dfrac{x}{2}$		$+x$
反応後	$2.0-x$		$1.0-\dfrac{x}{2}$		x

よって，物質量の合計は，$\left(3.0 - \dfrac{x}{2}\right)$(mol)

温度・体積一定では，分圧の比＝物質量の比が成り立つから，

$3.0\ \text{mol} : \left(3.0 - \dfrac{x}{2}\right)$(mol)

$= 1.0\ \text{Pa} : 0.80\ \text{Pa}$

$\therefore\quad x = 1.2\ \text{mol}$

したがって，CO_2 の生成速度(mol/(L·s))は，

$$v = \dfrac{1.2\ \text{mol}}{2.0\ \text{L} \times 20\ \text{s}} = 0.030\ \text{mol/(L·s)}$$

〈本冊 p.187〉

㊶ 答 (1) 30 kJ/mol

$\quad$(2) −60 kJ/mol

$\quad$(3) 90 kJ/mol

$\quad$(4) 60 kJ/mol

解き方 (1) 反応物(A＋B)と遷移状態とのエネルギー差である。

$120 - 90 = 30$ kJ/mol

(2) 反応物(A＋B)と生成物(C)とのエネルギー差は，$90 - 30 = 60$ kJ である。ただし，**生成物のほうが反応物よりもエネルギーが低いので，発熱反応（$\Delta H < 0$）である。**

∴ 反応エンタルピーは -60 kJ/mol。

(3) 生成物(C)と遷移状態とのエネルギー差である。

$120 - 30 = 90$ kJ/mol

(4) 反応物(A＋B)と生成物(C)とのエネルギー差は，$90 - 30 = 60$ kJ である。ただし，**反応物より生成物のほうがエネルギーが高いので，吸熱反応（$\Delta H > 0$）である。**

∴ 反応エンタルピーは 60 kJ/mol。

〈本冊 p.192〉

㊷ 答 0.67 mol

解き方 与えたのは，酢酸，エタノール，水で，**酢酸エチルだけは与えていないので，反応は必ず右向きへ進行する。**

酢酸エチルが x 〔mol〕生じて平衡に達したとすると，平衡時の各物質の物質量は，次の通りである。

$$\text{CH}_3\text{COOH} \ + \ \text{C}_2\text{H}_5\text{OH}$$
$$2.0 - x \qquad\qquad 1.0 - x$$
$$\rightleftharpoons \ \text{CH}_3\text{COOC}_2\text{H}_5 \ + \ \text{H}_2\text{O}$$
$$\qquad\qquad x \qquad\qquad 2.0 + x \ 〔\text{mol}〕$$

溶液の体積を V〔L〕とすると，

$$K = \frac{\left(\dfrac{x}{V}\right)\left(\dfrac{2.0 + x}{V}\right)}{\left(\dfrac{2.0 - x}{V}\right)\left(\dfrac{1.0 - x}{V}\right)}$$

$$= \frac{x(2.0 + x)}{(2.0 - x)(1.0 - x)} = 4.0$$

二次方程式 $3x^2 - 14x + 8 = 0$ を解いて，

$$(x - 4)(3x - 2) = 0$$

$$x = 4（0 < x < 1.0 \text{ より不適}），\frac{2}{3}$$

〈本冊 p.192〉

㊸ 答 1.3 mol

解き方 H_2，I_2 が x〔mol〕ずつ反応して平衡状態になったとすると，

$$\text{H}_2 \quad + \quad \text{I}_2 \quad \rightleftharpoons \quad 2\text{HI}$$
平衡時　$1.0 - x$ 　　$1.0 - x$ 　　　　$2x$

反応容器の体積が 10 L だから，

$$K = \frac{[\text{HI}]^2}{[\text{H}_2][\text{I}_2]} = \frac{\left(\dfrac{2x}{10}\right)^2}{\left(\dfrac{1.0 - x}{10}\right)^2} = 16$$

完全平方式なので，両辺の平方根をとると，

$$\frac{2x}{1.0 - x} = \pm 4$$

$$x = \frac{2}{3},\ x = 2（0 < x < 1 \text{ より不適}）$$

$$\text{HI}；2x = 2 \times \frac{2}{3} = \frac{4}{3} \fallingdotseq 1.3 \text{ mol}$$

〈本冊 p.200〉

㊹ 答 10.8

解き方 アンモニア水の電離平衡では，$[\text{H}_2\text{O}]$ は，他の $[\text{NH}_4^+]$，$[\text{OH}^-]$ に比べて非常に大きく，常に一定とみなせるので，

$$K_b = \frac{[\text{NH}_4^+][\text{OH}^-]}{[\text{NH}_3]}$$

$$\text{NH}_3 + \text{H}_2\text{O} \rightleftharpoons \text{NH}_4^+ + \text{OH}^-$$
平衡時　$c(1 - \alpha)$ 　一定　　$c\alpha$ 　　$c\alpha$
　　　　　　　　　　　　　　　（単位；mol/L）

$$[\text{OH}^-] = c\alpha = \sqrt{cK_b}$$
$$= \sqrt{2.0 \times 10^{-2} \times 1.8 \times 10^{-5}}$$
$$= \sqrt{36 \times 10^{-8}}$$
$$= 6.0 \times 10^{-4} \text{ mol/L}$$

$$\text{pOH} = -\log_{10}[\text{OH}^-]$$
$$= -\log_{10}(2 \times 3 \times 10^{-4})$$
$$= 4 - \log_{10}2 - \log_{10}3$$
$$= 4 - 0.30 - 0.48 = 3.22$$

pH ＋ pOH ＝ 14 より，

$$\text{pH} = 14 - 3.22 = 10.78 \fallingdotseq 10.8$$

〈本冊 p.203〉

45 答 9.7

解き方 混合水溶液の体積が 200 mL になったので, 各濃度はもとの $\dfrac{1}{2}$ になる。

$$[NH_3] = 0.20 \text{ mol/L} \times \dfrac{1}{2} = 0.10 \text{ mol/L}$$

$$[NH_4^+] = 0.10 \text{ mol/L} \times \dfrac{1}{2} = 0.050 \text{ mol/L}$$

アンモニアの電離定数を K_b とすると,

$$K_b = \dfrac{[NH_4^+][OH^-]}{[NH_3]}$$

$$[OH^-] = K_b \dfrac{[NH_3]}{[NH_4^+]}$$

$$[OH^-] = 2.3 \times 10^{-5} \times \dfrac{0.10}{0.050}$$

$$= 2.3 \times 2 \times 10^{-5} \text{ mol/L}$$

$$pOH = -\log_{10}(2.3 \times 2 \times 10^{-5})$$

$$= 5 - \log_{10} 2.3 - \log_{10} 2 = 4.34$$

$pH + pOH = 14\,(25℃)$ より,

$$pH = 14 - pOH = 14 - 4.34 = 9.66 ≒ 9.7$$

〈本冊 p.217〉

46 答 1.0×10^{-2} mol

解き方 化学反応式は,

$$KBr + AgNO_3 \longrightarrow AgBr\downarrow + KNO_3$$
$$KCl + AgNO_3 \longrightarrow AgCl\downarrow + KNO_3$$

混合物中の KBr の物質量を x〔mol〕, KCl の物質量を y〔mol〕とすると, KBr のモル質量は 119 g/mol, KCl のモル質量は 74.5 g/mol だから,

$$119 \text{ g/mol} \times x\text{〔mol〕}$$
$$+ 74.5 \text{ g/mol} \times y\text{〔mol〕} = 2.68\cdots①$$

AgBr のモル質量は 188 g/mol, AgCl のモル質量は 143.5 g/mol だから,

$$188 \text{ g/mol} \times x\text{〔mol〕}$$
$$+ 143.5 \text{ g/mol} \times y\text{〔mol〕} = 4.75\cdots②$$

①, ②を解いて,

$$x = 0.010 \text{ mol}, \quad y = 0.020 \text{ mol}$$

〈本冊 p.218〉

47 答 1.3×10^2 kg

解き方 与えられた反応式から, 中間生成物の NO と NO_2 を消去する。

$\{① + ② \times 3 + ③ \times 2\} \div 4$ より

$$NH_3 + 2O_2 \longrightarrow HNO_3 + H_2O$$

NH_3 **1 mol** から HNO_3 **1 mol** が生成するので, モル質量は $NH_3 = 17$ g/mol, $HNO_3 = 63$ g/mol, $1.0 \text{ t} = 1.0 \times 10^6$ g より, 必要な NH_3 の質量を x〔g〕とすると,

$$\dfrac{x\text{〔g〕}}{17 \text{ g/mol}} = \dfrac{1.0 \times 10^6 \times 0.50 \text{ g}}{63 \text{ g/mol}}$$

$$\therefore \quad x = 1.34 \times 10^5 ≒ 1.3 \times 10^5 \text{ g}$$

〈本冊 p.219〉

48 答 0.81 t

解き方 硫黄がすべてチオ硫酸ナトリウムに移行しているので, 特定の元素 S に着目して, 反応物と目的物(生成物)の量的関係だけを考えていく。

$$2S \longrightarrow Na_2S_2O_3$$
$$2\,mol \qquad 1\,mol$$

モル質量は，$S = 32\,g/mol$,
$Na_2S_2O_3 = 158\,g/mol$ より，
必要な S を $x\,\text{〔g〕}$ とおくと，
$$\frac{x\,\text{〔g〕}}{32\,g/mol} \times \frac{1}{2} = \frac{2.0 \times 10^6\,g}{158\,g/mol}$$
$$\therefore\ x = 8.10 \times 10^5 \doteqdot 8.1 \times 10^5\,g$$

〈本冊 p.224〉

49 答 分子量；180
分子式：$C_6H_{12}O_6$

解き方 この物質の分子量を M とすると，
モル濃度が $0.90\,mol/L$ より，
$$\frac{32.4\,g}{M\,\text{〔g/mol〕}} \div \frac{200}{1000}\,L = 0.90\,mol/L$$
これを解いて，
$$M = 180\,g/mol \cdots\cdots 分子量\ 180$$
よって，$(CH_2O)_n = 180$ より，$n = 6$
したがって，分子式は $C_6H_{12}O_6$ となる。

〈本冊 p.225〉

50 答 C_4H_6

解き方 炭化水素の燃焼後は CO_2 と H_2O（乾燥後は体積 0）が生じ，一部の O_2 が未反応で残る。さらに KOH 水溶液に通すと CO_2 が中和して吸収される。

したがって，**生成した CO_2 の体積は，体積減少分の $85 - 45 = 40\,mL$** であり，一番最後に残った気体 $45\,mL$ は，燃焼に使われなかった O_2 の体積である。ゆえに，**燃焼に要した O_2 は $100 - 45 = 55\,mL$** である。
この炭化水素の分子式を C_xH_y として，燃焼の化学反応式をつくると，
$$C_xH_y + \left(x + \frac{y}{4}\right)O_2$$
$$\longrightarrow x\,CO_2 + \frac{y}{2}\,H_2O$$
化学反応式の係数の比は，**気体の体積の比に等しい**ので，
$$C_xH_y : O_2 : CO_2 = 1 : \left(x + \frac{y}{4}\right) : x$$
$$= 10 : 55 : 40$$

$$\left.\begin{array}{l} x + \dfrac{y}{4} = 5.5 \\[1mm] x = 4 \end{array}\right\} これらを解いて，\left\{\begin{array}{l} x = 4 \\ y = 6 \end{array}\right.$$

よって，この炭化水素の分子式は C_4H_6。

〈本冊 p.226〉

51 答 (1) $2 : 3$
(2) $240\,g$

解き方 (1) エタン C_2H_6 は飽和化合物で，水素は付加しないが，プロペン C_3H_6 は不飽和化合物で，分子内に二重結合を 1 つもつ。
混合気体中の C_3H_6 の体積について考えると，$C_3H_6 + H_2 \longrightarrow C_3H_8$ で，**係数の比 ＝ 物質量の比 ＝ 体積の比**より，付加した H_2 の体積と等しく，$33.6\,L$ とわかる。
よって，C_2H_6 の体積は，
$$56.0 - 33.6 = 22.4\,L$$
体積の比は，$22.4 : 33.6 = 2 : 3$ となる。

(2) 付加する Br_2 を $x\,\text{〔g〕}$ とすると，（付加する H_2 の物質量）＝（付加する Br_2 の物質量）より，
$$\frac{33.6\,L}{22.4\,L/mol} = \frac{x\,\text{〔g〕}}{160\,g/mol}$$
$$\therefore\ x = 240\,g$$

〈本冊 p.227〉

52 答 $36\,g$

解き方 反応経路は次の通りである。〔（　）内の数字は分子量〕

理論的に，ベンゼン $1\,mol$ からアニリン $1\,mol$ を生成する。得られるアニリンを $x\,\text{〔g〕}$ とすると，各反応の収率がそれぞれ 70% であるから，
$$\frac{62.4\,g}{78\,g/mol} \times \left(\frac{70}{100}\right)^2 = \frac{x\,\text{〔g〕}}{93\,g/mol}$$
$$\therefore\ x = 36.4 \doteqdot 36\,g$$

$$x = 105 \div 1.1 \times 10^2 \text{ g}$$

〔別解〕本冊 p.234 の例題の **解き方** より，PVA100 g の $-OH$ を 100％アセタール化して生じるビニロンの質量は 113.6 g で，その質量の増加量は 13.6 g である。アセタール化された $-OH$ の割合は，この質量の増加量に比例するから，$-OH$ の 40％をアセタール化されたビニロンの質量の増加量は，

$$13.6 \times 0.40 = 5.44 \text{ g}$$

よって，得られるビニロンの質量は，

$$100 + 5.44 = 105.44 \div 1.1 \times 10^2 \text{ g}$$

---

8 高分子化合物

〈本冊 p.231〉

53 答 1.0×10^3 個

解き方 テレフタル酸とエチレングリコールの脱水縮合で得られるポリエチレンテレフタラート(略号：PET)の構造は次の通りである。

$$\left[CO-\text{⬡}-COO-(CH_2)_2-O \right]_n$$

繰り返し単位の式量 192

高分子の末端の $-H$ や $-OH$ は考慮しなくてよいので，PET の分子量は $192n$ である。
$192n = 9.6 \times 10^4$ より，

$$n = 500$$

PET の繰り返し単位中には 2 個分のエステル結合を含むから，この PET 1 分子中のエステル結合の数は，

$$2n = 2 \times 500 = 1.0 \times 10^3 \text{ 個}$$

〈本冊 p.234〉

54 答 1.1×10^2 g

解き方 ポリビニルアルコール(PVA)の $-OH$ の 40％をホルムアルデヒドと反応(アセタール化)して得られるビニロンの構造は次の通りである。

$$\left[\begin{array}{c} CH_2-CH-CH_2-CH \\ \quad | \qquad\qquad | \\ \quad OH \qquad\quad OH \end{array} \right]_{0.6n}$$

式量 88

$$\left[\begin{array}{c} CH_2-CH-CH_2-CH \\ \quad | \qquad\qquad\quad | \\ \quad O-CH_2-O \end{array} \right]_{0.4n}$$

式量 100

よって，このビニロンの分子量は，

$$88 \times 0.6n + 100 \times 0.4n = 92.8n$$

PVA からビニロンへのアセタール化では，PVA とビニロンの物質量には変化はないので，得られるビニロンを x〔g〕とすると，

$$\frac{100}{88n} = \frac{x}{92.8n}$$

〈本冊 p.235〉

55 答 4.0

解き方 得られた SBR の単位構造は次の通りである。〔( )内の数字は式量〕

$$\left[CH-CH_2 \right]_1 \left[CH_2-CH=CH-CH_2 \right]_x$$
(104)　　　　(54x)

$+Br_2 \downarrow$ 付加

$$\left[CH-CH_2 \right]_1 \left[\begin{array}{c} CH_2-CH-CH-CH_2 \\ \quad | \quad | \\ \quad Br \quad Br \end{array} \right]_x$$

Br_2 が付加するのは，ブタジエン部分だけであり，SBR と Br_2 の物質量の比は，$1:x$ である。分子量は SBR $= 104 + 54x$，$Br_2 = 160$ より，

$$\frac{10}{104+54x} : \frac{20}{160} = 1 : x$$

$$\therefore \quad x = 4.0$$

〈本冊 p.238〉

56 答 (1) 880
(2) 6 個

解き方 (1) 油脂 1 mol をけん化するのに，NaOH 3 mol 必要である。この油脂の分子量を M とすると，

$$\frac{10.0}{M} \times 3 = 1.00 \times \frac{34.1}{1000}$$

$$\therefore \quad M = 879.7 \div 880$$

(2) 油脂中の $C=C$ 結合 1 mol に対して，

ヨウ素 I_2 が最大 **1 mol** 付加する。

この油脂 1 分子に含まれる C=C 結合の
数を n とすると,

I_2 のモル質量は 254 g/mol より,

$$\frac{100}{879.7} \times n = \frac{173}{254}$$

$$\therefore \quad n = 5.99 \fallingdotseq 6$$

〈本冊 p.241〉

(57) **答** 54.0 g

解き方 デンプンの加水分解の反応式は,

$$(C_6H_{10}O_5)_n + n\,H_2O \longrightarrow n\,C_6H_{12}O_6$$

1 mol $\qquad\qquad\qquad$ n〔mol〕

デンプン 1 mol からグルコース n〔mol〕が生
成する。

得られるグルコースを x〔g〕とすると,

$$\frac{48.6}{162n} : \frac{x}{180} = 1 : n$$

$$\therefore \quad x = 54.0 \text{ g}$$

練習問題の解答

CHAPTER

1 | 物質の構成・物質量

〈本冊 p.44〉

1 **答** (1) Li；6.9

Cl；35.5

(2) 式量 42；69.8 %

式量 43；1.8 %

(3) 42.4

解き方 (1) 元素の原子量は，(各同位体の相対質量×存在比)の和で求められる。

$$Li；6 \times \frac{7}{100} + 7 \times \frac{93}{100}$$

$$= 6.93$$

$$Cl；35 \times \frac{75}{100} + 37 \times \frac{25}{100}$$

$$= 35.5$$

(2) 質量の異なる LiCl は，$^6Li^{35}Cl$，$^6Li^{37}Cl$，$^7Li^{35}Cl$，$^7Li^{37}Cl$ の 4 種類。それぞれの LiCl の全体に占める割合は，同位体の存在比の積で求められる。

$$^6Li^{37}Cl(式量43)；\frac{7}{100} \times \frac{25}{100} = \frac{1.75}{100}$$

$$^7Li^{35}Cl(式量42)；\frac{93}{100} \times \frac{75}{100} = \frac{69.75}{100}$$

他の 2 種類の存在比は以下の通り。

$$^6Li^{35}Cl(式量41)；\frac{7}{100} \times \frac{75}{100} = \frac{5.25}{100}$$

$$^7Li^{37}Cl(式量44)；\frac{93}{100} \times \frac{25}{100} = \frac{23.25}{100}$$

(3) 天然の LiCl の式量は，(1)で求めた Li の原子量と Cl の原子量の和に等しい。

$$6.93 + 35.5 = 42.43$$

〔**別解**〕天然の LiCl の式量は，4 種類の(LiCl の式量×存在比)の総和で求められる。

$$41 \times \frac{5.25}{100} + 43 \times \frac{1.75}{100}$$

$$+ 42 \times \frac{69.75}{100} + 44 \times \frac{23.25}{100} = 42.43$$

2 **答** (1) 0.025 mol

(2) 分子の数；1.5×10^{22} 個

原子の総数；4.5×10^{22} 個

(3) 0.56 L

(4) 7.3×10^{-23} g

解き方 (1) CO_2 の分子量は 44 であるから，CO_2 のモル質量は 44 g/mol である。

CO_2 1.1 g の物質量は，

$$\frac{1.1 \, g}{44 \, g/mol} = 0.025 \, mol$$

参考 ドライアイスは，CO_2 の固体を押し固めたもので，冷却剤に使われる。

(2) アボガドロ定数 $N_A = 6.0 \times 10^{23}$/mol より，CO_2 分子の個数は，

$$0.025 \, mol \times 6.0 \times 10^{23}/mol$$

$$= 0.15 \times 10^{23} = 1.5 \times 10^{22} \, 個$$

CO_2 1 分子には，C 原子 1 個，O 原子 2 個，合計 3 個の原子を含む。原子の総数は，

$$1.5 \times 10^{22} \times 3 = 4.5 \times 10^{22} \, 個$$

(3) 水にいくらか溶ける CO_2 を直接，水上置換で捕集するよりも，水に溶けにくい空気におきかえて捕集するほうが体積の測定値の精度はよくなる。

標準状態で，気体 1 mol あたりの体積(モル体積)は 22.4 L/mol だから，

$$0.025 \, mol \times 22.4 \, L/mol = 0.56 \, L$$

(4) CO_2 1 mol あたりの質量(モル質量)は 44 g/mol で，この中に 6.0×10^{23} 個(アボガドロ数)の分子が含まれているから，

$$\frac{44 \, g/mol}{6.0 \times 10^{23}/mol} ≒ 7.3 \times 10^{-23} \, g$$

3 **答** ① 52

② M_2O_3

解き方 ① 金属 M の原子量を x とすると，M と O の原子数の比は物質量の比に等しいから，

$$M：O = \frac{52}{x}：\frac{48}{16} = 1：3 \quad ∴ \quad x = 52$$

② $M：O = \frac{68.4}{52}：\frac{31.6}{16} ≒ 1.32：1.98$

$$= 2：3$$

よって，組成式は M_2O_3。

4 **答** (1) 18 種類

(2) 7 種類

解き方 (1) 自然界の水素原子には，^1H，^2H，^3H の 3 種類の同位体があり，この中から重複を許して 2 個選ぶ組合せは，$(^1H, {}^1H)$，$(^2H, {}^2H)$，$(^3H, {}^3H)$，$(^1H, {}^2H)$，$(^1H, {}^3H)$，$(^2H, {}^3H)$ の 6 種類がある。これらに酸素の同位体 ^{16}O，^{17}O，^{18}O それぞれを組み合わせて水 H_2O 分子をつくるとすると，$6 \times 3 = 18$〔種類〕の水分子が考えられる。

(2) 最も軽い水分子は $^1H - {}^{16}O - {}^1H$ で質量数の総和は 18。最も重い水分子は $^3H - {}^{18}O - {}^3H$ で質量数の総和は 24。よって，質量数の総和が異なる水分子は，18，19，20，21，22，23，24 の 7 種類が考えられる。

〈本冊 p.52〉

5 **答** ウ

解き方 ア；%は質量百分率のことで，体積関係を表したものではない。正しくは，水 85 g に硫酸 15 g を加えてつくる。

イ；0.10 mol/L とは，水溶液 1 L 中に溶質 0.10 mol を含む水溶液であって，水 1 L に溶質 0.10 mol を加えてつくるのではない。

ウ；1.0 mol/L の硫酸水溶液 100 mL 中に含まれる H_2SO_4 の質量は，$H_2SO_4 = 98$ g/mol より，

$$1.0 \text{ mol/L} \times \frac{100}{1000} \text{ L} \times 98 \text{ g/mol}$$

$$= 9.8 \text{ g}$$

よって，正しい。

エ；水の密度を 1.0 g/cm³ とすると，水 1 L（= 1000 g）に H_2SO_4 を 100 g 溶かした水溶液の質量百分率は，

$$\frac{100}{1000 + 100} \times 100 \fallingdotseq 9.1\%$$

6 **答** (1) 18.0 mol/L

(2) 83.2 mL

(3) ① メスシリンダーで 83.2 mL の濃硫酸を量りとる。

② ビーカーに約 250 mL の純水をとり，①で量った濃硫酸を少しずつかき混ぜながら加える。

③ 溶液の温度が室温と等しくなったら，②の溶液を 500 mL のメスフラスコに移す。このとき，ビーカーやガラス棒などを洗浄した水も一緒に加え，さらに純水を洗びんで標線まで加え，栓をしてよく振り混ぜる。

解き方 (1) モル濃度を求めるときは，溶液 1 L（= 1000 cm³）あたりで考える。

$H_2SO_4 = 98.0$ g/mol より，
濃硫酸 1 L 中の H_2SO_4 の物質量は，

$$\frac{1000 \text{ cm}^3 \times 1.84 \text{ g/cm}^3 \times 0.960}{98.0 \text{ g/mol}}$$

$$= 18.02 \fallingdotseq 18.0 \text{ mol}$$

$$\Rightarrow 18.0 \text{ mol/L}$$

(2) 溶液をいくら水で希釈しても，溶質の物質量には変化はない。濃硫酸が x〔mL〕必要とすると，

$$18.02 \text{ mol/L} \times \frac{x}{1000} \text{ L}$$

$$= 3.00 \text{ mol/L} \times \frac{500}{1000} \text{ L}$$

$$\therefore \quad x = 83.24 \fallingdotseq 83.2 \text{ mL}$$

(3) ②において，濃硫酸に水を加えると，激しく発熱して水が沸騰し，その勢いで濃硫酸が周囲に飛散するので危険である。必ず水に濃硫酸を加えるようにする。

7 **答** (1) 99 mL

(2) 2.6 mol/L

解き方 (1) 一般に，液体どうしの間に相互作用がある場合には，混合すると体積が少し減少する傾向を示す。しかし，溶液の質量和は必ず等しくなる。よって，エタノー

ル溶液の体積を x〔mL〕とすると，次のような式が成り立つ。

$$15 \text{ mL} \times 0.80 \text{ g/mL}$$
$$+ 85 \text{ mL} \times 1.00 \text{ g/mL}$$
$$= x \text{〔mL〕} \times 0.98 \text{ g/mL}$$
$$\therefore \quad x = 98.9 \fallingdotseq 99 \text{ mL}$$

(2) 分子量が $C_2H_5OH = 46$ より，

$$\frac{15 \text{ mL} \times 0.80 \text{ g/mL}}{46 \text{ g/mol}} = 0.260 \text{ mol}$$

この溶質が溶液 98.9 mL 中に含まれているから，これを溶液 1 L あたりに換算すると，モル濃度が求まる。

$$0.260 \text{ mol} \div \frac{98.9}{1000} \text{ L} \fallingdotseq 2.6 \text{ mol/L}$$

質量モル濃度 $= \dfrac{0.100 \text{ mol}}{\dfrac{118}{1000} \text{ kg}}$

$$= 0.8474 \fallingdotseq 0.847 \text{ mol/kg}$$

---

8 **答** (1) 8.24 %

     (2) 0.824 mol/L

     (3) 0.847 mol/kg

解き方 (1) まず，無水物と水和水の質量をそれぞれ求める。

式量は，$Na_2CO_3 = 106$，$Na_2CO_3 \cdot 10 H_2O$ $= 286$ だから，

$$Na_2CO_3 : 28.6 \times \frac{106}{286} = 10.6 \text{ g}$$

水和水：$28.6 - 10.6 = 18.0 \text{ g}$

水に溶解したとき，溶質であり続けるのは，無水物の Na_2CO_3 だけだから，求める質量パーセント濃度は，

$$\frac{溶質}{溶液} = \frac{10.6}{100 + 28.6} \times 100$$
$$= 8.242 \fallingdotseq 8.24 \%$$

(2) **溶液 1 L（＝1000 mL）あたりで考える。**

溶液 1 L 中の Na_2CO_3 の物質量は，

$$\frac{1000 \text{ cm}^3 \times 1.06 \text{ g/cm}^3 \times 0.08242}{106 \text{ g/mol}}$$
$$= 0.8242 \fallingdotseq 0.824 \text{ mol}$$

よって，モル濃度は 0.824 mol/L。

(3) **最初に調製した溶液で考えると，**

溶質の物質量 $= \dfrac{10.6 \text{ g}}{106 \text{ g/mol}} = 0.100 \text{ mol}$

溶媒の質量 $= 100 + 18.0 = 118 \text{ g}$

CHAPTER 2 物質の変化

〈本冊 p.61〉

9 答 1.27 g

解き方 化学反応式は，

$$NaCl + AgNO_3 \longrightarrow AgCl + NaNO_3$$

モル質量は，$NaCl = 58.5$ g/mol，$AgNO_3 = 170$ g/mol だから，$NaCl$ と $AgNO_3$ の物質量を比較すると，

$$\dfrac{40.0 \times \dfrac{2.00}{100}}{58.5} \text{ mol} > \dfrac{50.0 \times \dfrac{3.00}{100}}{170} \text{ mol}$$

したがって，$NaCl$ の過剰分は反応せずに残り，$AgNO_3$ は全部反応するから，物質量が小さく不足するほうの $AgNO_3$ を基準にして，生成物 $AgCl$ の物質量を求め，さらにこれを質量に直す。式量は $AgCl = 143.5$ だから，モル質量は 143.5 g/mol。

$$\dfrac{50.0 \times \dfrac{3.00}{100}}{170} \text{ mol} \times 143.5 \text{ g/mol} \fallingdotseq 1.27 \text{ g}$$

10 答 0.45 L

解き方 反応物の MnO_2 と HCl の量がともに与えられているから，過不足のある問題である。化学反応式は，

$$\underset{\textbf{1 mol}}{MnO_2} + \underset{\textbf{4 mol}}{4HCl}$$

$$\longrightarrow \underset{\textbf{1 mol}}{MnCl_2} + \underset{\textbf{2 mol}}{2H_2O} + \underset{\textbf{1 mol}}{Cl_2}$$

反応式の係数の比より，$MnO_2 : HCl = 1 : 4$（物質量の比）で過不足なく反応する。

MnO_2 と HCl の物質量をそれぞれ計算すると，式量が $MnO_2 = 87$ より，モル質量は 87 g/mol である。

$$MnO_2 ; \dfrac{1.74}{87} = 2.0 \times 10^{-2} \text{ mol}$$

$$HCl ; 12 \text{ mol/L} \times \dfrac{10}{1000} \text{ L} = 1.2 \times 10^{-1} \text{ mol}$$

MnO_2 と HCl の物質量の比は $1 : 6$ であり，

HCl が過剰にある。したがって，MnO_2 の物質量のほうが少なくすべて反応する。

係数の比が $MnO_2 : Cl_2 = 1 : 1$ なので，生成する Cl_2 の物質量は，MnO_2 の物質量と同じ 2.0×10^{-2} mol である。

よって，発生する Cl_2 の体積（標準状態）は，

$$2.0 \times 10^{-2} \text{ mol} \times 22.4 \text{ L/mol}$$
$$= 0.448 \fallingdotseq 0.45 \text{ L}$$

11 答 (1) 0.56 L
　　　 (2) 80 %

解き方 (1) アセチレンの分子量は $C_2H_2 = 26$ より，モル質量は 26 g/mol である。

発生したアセチレンの物質量は，

$$\dfrac{0.65 \text{ g}}{26 \text{ g/mol}} = 0.025 \text{ mol}$$

その体積（標準状態）は，

$$0.025 \text{ mol} \times 22.4 \text{ L/mol} = 0.56 \text{ L}$$

(2) 反応式の係数比より，

CaC_2 1 mol から C_2H_2 1 mol を生じるから，反応した炭化カルシウムの物質量も 0.025 mol である。

式量が $CaC_2 = 64$ より，そのモル質量は 64 g/mol だから，反応した炭化カルシウムの質量は，

$$0.025 \text{ mol} \times 64 \text{ g/mol} = 1.6 \text{ g}$$

不純物を含んだカーバイドの質量が 2.0 g なので，炭化カルシウムの純度は，

$$\dfrac{1.6}{2.0} \times 100 = 80 \%$$

12 答 (1) 0.100 mol
　　　 (2) 2.24 L

解き方 $Zn + H_2SO_4 \longrightarrow ZnSO_4 + H_2$ より，Zn と H_2SO_4 は物質量の比 $1 : 1$ で過不足なく反応する。

両反応物の物質量は，

$$Zn ; \dfrac{6.54}{65.4} = 0.100 \text{ mol}$$

$$H_2SO_4 ; 1.00 \times \dfrac{300}{1000} = 0.300 \text{ mol}$$

これらの値より，H_2SO_4 が過剰であり，反

応は物質量の少ないほう(Zn)の物質量にしたがって進む。

(1) 発生する H_2 の物質量は，Zn の物質量に等しく，0.100 mol である。

(2) 標準状態における気体 1 mol あたりの体積は 22.4 L だから，

$$0.100 \text{ mol} \times 22.4 \text{ L/mol} = 2.24 \text{ L}$$

[13] 答　2：1

解き方　生成した CO_2 と H_2O の物質量は，それぞれのモル質量が $CO_2 = 44$ g/mol，$H_2O = 18$ g/mol だから，

$$CO_2 ; \frac{3.96 \text{ g}}{44 \text{ g/mol}} = 0.090 \text{ mol}$$

$$H_2O ; \frac{1.98 \text{ g}}{18 \text{ g/mol}} = 0.11 \text{ mol}$$

プロパンとプロペンそれぞれの燃焼反応式は次のようになる。

$$C_3H_8 + 5O_2 \longrightarrow 3CO_2 + 4H_2O$$
$$2C_3H_6 + 9O_2 \longrightarrow 6CO_2 + 6H_2O$$
$$\left(C_3H_6 + \frac{9}{2} O_2 \longrightarrow 3CO_2 + 3H_2O \right)$$

最初の混合気体中の C_3H_8 を x〔mol〕，C_3H_6 を y〔mol〕とすると，

燃焼後の混合気体中の CO_2 と H_2O の物質量は，燃焼反応式の係数の比に着目すると，次のようになる。

$$\begin{cases} 3x + 3y = 0.090 \\ 4x + 3y = 0.11 \end{cases}$$

$$\therefore \quad x = 0.020 \text{ mol}, \quad y = 0.010 \text{ mol}$$

したがって，$x : y = 2 : 1$

〈本冊 p.76〉

[14] 答　ア＞エ＞ウ＞イ

解き方　ア；0.010 mol/L の塩酸を水で 1000 倍に希釈したときの塩酸のモル濃度は，

$$\frac{1.0 \times 10^{-2} \text{ mol/L}}{10^3} = 1.0 \times 10^{-5} \text{ mol/L}$$

塩酸は 1 価の酸で，強酸だから，

$$[H^+] = 1.0 \times 10^{-5} \text{ mol/L}$$

$$\therefore \quad pH = 5$$

イ；2 価の強酸である H_2SO_4 が出す H^+ の物質量は，

$$0.0050 \text{ mol/L} \times \frac{50}{1000} \text{ L} \times 2$$
$$= 5.0 \times 10^{-4} \text{ mol} \quad \cdots\cdots\text{ⓐ}$$

NaOH の出す OH^- の物質量は，

$$0.0050 \text{ mol/L} \times \frac{50}{1000} \text{ L}$$
$$= 2.5 \times 10^{-4} \text{ mol} \quad \cdots\cdots\text{ⓑ}$$

ⓐ＞ⓑだから，混合溶液は酸性を示す。また，水溶液の体積は 50 + 50 = 100 mL となるので，

$$[H^+] = (5.0 - 2.5) \times 10^{-4} \text{ mol} \div \frac{100}{1000} \text{ L}$$
$$= 2.5 \times 10^{-3} \text{ mol/L}$$
$$pH = -\log_{10}(2.5 \times 10^{-3})$$
$$= 3 - \log_{10} 2.5$$
$$= 3 - (1 - 2\log_{10} 2)$$
$$= 2.6$$

ウ；H_2SO_4 は 2 価の強酸だから，

$$[H^+] = 1.0 \times 10^{-4} \times 2$$
$$= 2.0 \times 10^{-4} \text{ mol/L}$$
$$\therefore \quad pH = -\log_{10}(2 \times 10^{-4})$$
$$= 4 - \log_{10} 2 = 3.7$$

エ；問題文どおり，pH = 4

[15] 答　0.89 mol/L

解き方　混合溶液の pH が 2.0 であるから，$[H^+] = 1.0 \times 10^{-2}$ mol/L となる。混合溶液は酸性なので，$(H^+$ の物質量)＞$(OH^-$ の物質量)の関係にある。

求める水酸化ナトリウム水溶液のモル濃度を x〔mol/L〕とすると，

$$[H^+] = \left(0.10 \times \frac{100}{1000} \times 1 - x \times \frac{10}{1000} \times 1 \right)〔\text{mol}〕$$
$$\div \frac{110}{1000} \text{ L} = 1.0 \times 10^{-2} \text{ mol/L}$$

$$\frac{1.0 - x}{11} = 1.0 \times 10^{-2}$$

$$\therefore \quad x = 0.89 \text{ mol/L}$$

[16] 答　11 %

解き方　NH_3 は 1 価の塩基，H_2SO_4 は 2 価の酸，NaOH は 1 価の塩基である。

含まれる NH_3 の物質量を x〔mol〕とすると，

$$1.0 \text{ mol/L} \times \frac{200}{1000} \text{ L} \times 2$$

$$= x \text{ (mol)} \times 1 + 1.0 \text{ mol/L} \times \frac{80.0}{1000} \text{ L} \times 1$$

$$\therefore \quad x = 0.32 \text{ mol}$$

NH_3 のモル質量は 17 g/mol より，アンモニア水の質量パーセントは，

$$\frac{0.32 \text{ mol} \times 17 \text{ g/mol}}{50.0 \text{ g}} \times 100 \fallingdotseq 11\%$$

17 **答** 75%

解き方 石灰石に加えた希塩酸は，①式のように CO_2 を発生させるためであり，中和滴定とは無関係である。

$$CaCO_3 + 2HCl$$
$$\longrightarrow CaCl_2 + H_2O + CO_2\uparrow \quad \cdots ①$$

次に，CO_2 を $Ba(OH)_2$ に通じると，②式のように，炭酸バリウム $BaCO_3$ の沈殿を生じて，CO_2 は吸収される。

$$Ba(OH)_2 + CO_2$$
$$\longrightarrow BaCO_3\downarrow + H_2O \quad \cdots ②$$

$Ba(OH)_2$ は 2 価の塩基，希硫酸と CO_2 はいずれも 2 価の酸としてはたらくから，吸収された CO_2 を x 〔mol〕とすると，

$$2x \text{ (mol)} + 0.050 \text{ mol/L} \times \frac{10}{1000} \text{ L} \times 2$$

$$= 0.10 \text{ mol/L} \times \frac{50}{1000} \text{ L} \times 2$$

$$\therefore \quad x = 4.5 \times 10^{-3} \text{ mol}$$

①式より，反応した $CaCO_3$（式量 = 100）と発生した CO_2 の物質量は等しいから，石灰石中の $CaCO_3$ の純度〔%〕は，

$$\frac{4.5 \times 10^{-3} \text{ mol} \times 100 \text{ g/mol}}{0.60 \text{ g}} \times 100$$

$$= 75\%$$

18 **答** NaOH：2.4 g
　　　　Na_2CO_3：1.6 g

解き方 混合塩基の水溶液 20 mL 中に含まれる NaOH，Na_2CO_3 を x 〔mol〕，y 〔mol〕とする。A の水溶液に $BaCl_2$ を過剰に加えると，次式のように反応して，$BaCO_3$ の沈殿が生成し，Na_2CO_3 は除去される。

$$Na_2CO_3 + BaCl_2$$
$$\longrightarrow BaCO_3\downarrow + 2NaCl$$

したがって，水溶液中に残った NaOH のみが HCl と中和する。

$$\therefore \quad x = 1.0 \text{ mol/L} \times \frac{12.0}{1000} \text{ L} \times 1$$

$$= 1.2 \times 10^{-2} \text{ mol}$$

一方，B の水溶液に加えたメチルオレンジは第 2 中和点で変色するから，NaOH とともに，Na_2CO_3 は，

$$Na_2CO_3 \longrightarrow NaHCO_3 \longrightarrow H_2CO_3$$

のように，2 価の塩基と同じはたらきをする。よって，

$$x + 2y = 1.0 \text{ mol/L} \times \frac{18.0}{1000} \text{ L}$$

$$\therefore \quad y = 3.0 \times 10^{-3} \text{ mol}$$

試料を水に溶かしてつくった水溶液は 100 mL だから，上式の x と y を 5 倍した量が，もとの混合物中に含まれていた NaOH と Na_2CO_3 の物質量である。モル質量は，NaOH = 40 g/mol，Na_2CO_3 = 106 g/mol より，

NaOH：1.2×10^{-2} mol $\times 5 \times 40$ g/mol
$$= 2.4 \text{ g}$$

Na_2CO_3：3.0×10^{-3} mol $\times 5 \times 106$ g/mol
$$\fallingdotseq 1.6 \text{ g}$$

〈本冊 p.85〉

19 **答** ア

解き方 酸化剤 1 mol が受け取る電子の物質量を，**酸化剤の価数**という。酸化剤の水溶液のモル濃度はすべて等しいので，酸化剤の価数を比べればよい。

ア：$Cr_2O_7{}^{2-} + 14H^+ + 6e^-$
$$\longrightarrow 2Cr^{3+} + 7H_2O \quad \cdots\cdots 6 \text{ 価}$$

イ：$MnO_4{}^- + 8H^+ + 5e^-$
$$\longrightarrow Mn^{2+} + 4H_2O \quad \cdots\cdots 5 \text{ 価}$$

ウ：$Br_2 + 2e^- \longrightarrow 2Br^- \quad \cdots\cdots 2 \text{ 価}$

以上より必要な酸化剤の水溶液の体積が最小なのは，酸化剤の価数が最大のア。

20 **答** (1) 溶液が無色から青紫色に変化したとき。

(2) 1.80×10^{-2} mol/L

解き方 (1) 終点に達するまでは，ヨウ素I_2がアスコルビン酸によって還元されてヨウ化物イオンI^-に変化するので，呈色しない。終点に達すると，I_2が反応せずに残るので，**ヨウ素デンプン反応**により，青紫色に呈色する。

(2) 問題に与えられたイオン反応式より，アスコルビン酸1 molは電子2 molを放出するので2価の還元剤，ヨウ素1 molは電子2 molを受け取るので2価の酸化剤である。

アスコルビン酸のモル濃度をx〔mol/L〕とすると，滴定の終点では，授受した電子の物質量は等しいから，次式が成り立つ。

$$x〔mol/L〕\times\frac{10.0}{1000}L\times 2$$
$$=0.0100\,mol/L\times\frac{18.0}{1000}L\times 2$$
$$\therefore\quad x=1.80\times 10^{-2}\,mol/L$$

〔別解〕問題に与えられたイオン反応式の電子の係数がともに2であるから，両式を足し合わせて化学反応式をつくると次式のようになる。

$$C_6H_8O_6 + I_2 \longrightarrow C_6H_6O_6 + 2HI$$

よって，アスコルビン酸とヨウ素は物質量の比1：1で反応することがわかる。

$$x〔mol/L〕\times\frac{10.0}{1000}L$$
$$=0.0100\,mol/L\times\frac{18.0}{1000}L$$

参考 ビタミンC(アスコルビン酸)は，比較的強い還元剤であり，他の食品と一緒にあるときは，自身が先にO_2により酸化されることになり，食品の酸化を防ぐ酸化防止剤の役割をもつ。

21 **答** (1) 0.67 g
(2) 塩酸酸性では過マンガン酸カリウムと塩化水素が反応するから。

解き方 (1) 混合物中の$Na_2SO_4\cdot 10H_2O$は，酸化還元反応には関係しない。

$$MnO_4^- + 8H^+ + 5e^-$$
$$\longrightarrow Mn^{2+} + 4H_2O\cdots①$$
$$Fe^{2+} \longrightarrow Fe^{3+} + e^- \qquad\cdots②$$

①，②より，$KMnO_4$は5価の酸化剤であり，$FeSO_4$は1価の還元剤である。

反応したFe^{2+}の物質量をx〔mol〕とすると，滴定の終点では授受したe^-の物質量は等しいから，次式が成り立つ。

$$x〔mol〕\times 1 = 0.020\,mol/L\times\frac{24}{1000}L\times 5$$
$$\therefore\quad x = 2.4\times 10^{-3}\,mol$$

反応したFe^{2+}の物質量と$FeSO_4\cdot 7H_2O$(式量$=278$)の物質量は同じである。よって，$FeSO_4\cdot 7H_2O$の質量は，

$$2.4\times 10^{-3}\,mol\times 278\,g/mol \fallingdotseq 0.67\,g$$

(2) $2KMnO_4 + 16HCl$
$$\longrightarrow 2KCl + 2MnCl_2 + 8H_2O + 5Cl_2$$
という副反応が起こり，目的としている$FeSO_4$と$KMnO_4$の反応の定量関係がくずされてしまうので，不都合が生じる。

22 **答** 4.80 mg/L

解き方 **COD**(化学的酸素要求量)とは，強力な酸化剤を用いて試料水を一定の方法で酸化処理したときに消費される酸化剤の量を，それに相当する酸素の質量に換算した値で示される。酸化される物質は，有機物，NO_2^-，Fe^{2+}，硫化物などであるが，多くの場合，有機物が主体なので，CODは水中の有機物の量を表す尺度に用いられる。

試料を加えない溶液に対して，同じ滴定操作を行うことを**空試験**(ブランクテスト)という。これは，溶媒の汚染などを原因とする滴定誤差の補正に役立つ。本実験での真の滴定値は，$4.85 - 0.05 = 4.80$ mL。また，酸性条件では$KMnO_4$は5価の酸化剤としてはたらく。

$$MnO_4^- + 5e^- + 8H^+ \longrightarrow Mn^{2+} + 4H_2O$$

一方，酸素O_2は次式のように，常に4価の酸化剤としてはたらく。

酸性条件；$O_2 + 4e^- + 4H^+ \longrightarrow 2H_2O$
中～塩基性条件；$O_2 + 4e^- + 2H_2O$
$$\longrightarrow 4OH^-$$

したがって，$KMnO_4$ 1 mol（電子 5 mol を受け取る）は $O_2 \frac{5}{4}$ mol（電子 5 mol を受け取る）に相当するので，試料水 200 mL での酸素消費量は，

$$5.0 \times 10^{-3} \text{ mol/L} \times \frac{4.80}{1000} \text{ L} \times \frac{5}{4}$$
$$\times 32.0 \text{ g/mol} \times 10^3 \text{ mg/g} = 0.960 \text{ mg}$$

試料水 1 L では，

$$0.960 \times \frac{1000}{200} = 4.80 \text{ mg}$$

〈本冊 p.98〉

23 答 (1) 63
(2) 1.3×10^{-8} cm

解き方 (1) 単位格子の質量は，質量＝体積×密度より，

$$(3.6 \times 10^{-8})^3 \text{ cm}^3 \times 9.0 \text{ g/cm}^3$$
$$= 4.19 \times 10^{-22} \text{ g}$$

この中に原子 4 個が含まれている。

　原子 1 個の質量にアボガドロ定数をかけると，原子 1 mol の質量（モル質量）が求まる。

$$\frac{4.19 \times 10^{-22} \text{ g}}{4} \times 6.0 \times 10^{23} \text{ /mol}$$
$$= 62.8 \fallingdotseq 63 \text{ g/mol}$$

これから単位をとると原子量となる。

(2) 単位格子中に原子が 4 個存在することから，この金属の単位格子は**面心立方格子**。単位格子の一辺の長さを l，原子半径を r とおくと，面の対角線上で原子が接触しているから，面の対角線の長さは $\sqrt{2}\,l$ で，この長さが **4r** にあたる（→ **TYPE 031**）。
よって，$4r = \sqrt{2}\,l$

$$r = \frac{1.4 \times 3.6 \times 10^{-8}}{4} = 1.26 \times 10^{-8}$$
$$\fallingdotseq 1.3 \times 10^{-8} \text{ cm}$$

24 答 (1) 6.4 g/cm³
(2) 1.3×10^{-8} cm

解き方 (1) 体心立方格子の単位格子中に含まれる原子の数は，次のように求まる。

$$\frac{1}{8}（頂点）\times 8 + 1（内部）= 2 \text{ 個}$$

この金属の原子量が 52 なので，モル質量は 52 g/mol である。
アボガドロ定数 6.0×10^{23} /mol を用いると，この金属原子 1 個の質量は

$$\frac{52}{6.0 \times 10^{23}} \text{ g}$$

である。

TYPE 033 より

$$密度 = \frac{単位格子中の原子の質量}{単位格子の体積}$$

$$= \frac{\left(\dfrac{52}{6.0 \times 10^{23}} \times 2\right) g}{(3.0 \times 10^{-8})^3 \, cm^3}$$

$$= 6.41 \fallingdotseq 6.4 \, g/cm^3$$

(2) 単位格子の一辺の長さを l, 原子半径を r とおくと, **体心立方格子では, 原子は立方体の対角線上で密着していて, その対角線の長さが $\sqrt{3}\,l$ で, これが $4r$ にあたる**（→ **TYPE 031**）。よって,

$$4r = \sqrt{3}\,l$$

$$r = \frac{1.7 \times 3.0 \times 10^{-8}}{4} = 1.27 \times 10^{-8}$$

$$\fallingdotseq 1.3 \times 10^{-8} \, cm$$

---

25 **答** (1) Zn^{2+}；4 個, S^{2-}；4 個

(2) $\dfrac{4M}{a^3 N_A}$

解き方 (1) 硫化亜鉛 ZnS のイオン結晶の構造は, 閃亜鉛鉱型構造と呼ばれる。
硫化物イオンは一辺の長さ a〔cm〕の立方体の各頂点と各面の中心を占めている。

$$S^{2-}：\frac{1}{8}(頂点) \times 8 + \frac{1}{2}(面) \times 6 = 4 \, 個$$

亜鉛イオンは, 立方体の各辺を 2 等分してできる 8 つの小立方体の中心を 1 つおきに占めている。

$$Zn^{2+}；1(内部) \times 4 = 4 \, 個$$

なお, Zn^{2+} は 4 個の S^{2-} に取り囲まれているから, 配位数は 4。同様に S^{2-} も 4 個の Zn^{2+} に取り囲まれているから, 配位数は 4 である。
また, Zn^{2+} と S^{2-} の両イオンを C 原子に置き換えるとダイヤモンドの結晶格子となる。

(2) 単位格子をもとにして ZnS 結晶の密度を考えると,
ZnS 1 mol(N_A 個)の質量が M〔g〕なので,

ZnS 1 粒子の質量は $\dfrac{M}{N_A}$〔g〕である。

$$密度 = \frac{単位格子の質量〔g〕}{単位格子の体積〔cm^3〕}$$

$$= \frac{ZnS \, 粒子 \, 4 \, 個分の質量〔g〕}{単位格子の体積〔cm^3〕}$$

$$= \frac{\dfrac{M}{N_A} \times 4}{a^3} = \frac{4M}{a^3 N_A} \, 〔g/cm^3〕$$

---

26 **答** (1) Na^+；4 個
Cl^-；4 個

(2) 2.2 g/cm³

解き方 (1) 面心立方格子の粒子の配列より,

$$Na^+：\frac{1}{8}(頂点) \times 8 + \frac{1}{2}(面心) \times 6$$

$$= 4 \, 個$$

$$Cl^-；\frac{1}{4}(辺の中心) \times 12 + 1(中心) = 4 \, 個$$

(2) NaCl 1 mol(6.0×10^{23} 個)の質量が 58.5 g なので, NaCl 1 粒子の質量は,

$$\frac{58.5}{6.0 \times 10^{23}} = 9.75 \times 10^{-23} \, g$$

$$密度 = \frac{単位格子の質量〔g〕}{単位格子の体積〔cm^3〕}$$

$$= \frac{NaCl \, 粒子 \, 4 \, 個分の質量〔g〕}{単位格子の体積〔cm^3〕}$$

$$= \frac{(9.75 \times 10^{-23} \times 4) \, g}{(5.6 \times 10^{-8})^3 \, cm^3}$$

$$= 2.22$$

$$\fallingdotseq 2.2 \, g/cm^3$$

4 物質の状態

〈本冊 p.115〉

27 答 (1) 30 L

(2) 44

解き方 (1) 容器の体積を V〔L〕とすると，

気体の状態方程式 $PV=\dfrac{w}{M}RT$ より，

6.0×10^4 Pa $\times V$〔L〕

$= \dfrac{24\ \text{g}}{32\ \text{g/mol}} \times 8.3 \times 10^3$ Pa・L/(K・mol)

$\times 290$ K

∴ $V = 30.0 \div 30$ L

(2) (1)の結果を利用して，

9.0×10^4 Pa $\times 30.0$ L

$= \dfrac{48\ \text{g}}{M\ \text{〔g/mol〕}} \times 8.3 \times 10^3$ Pa・L/(K・mol)

$\times 300$ K

∴ $M = 44.2 \div 44$ g/mol

28 答 59

解き方 97℃で蒸発したアセトンの質量は，

$240.1 - 237.6 = 2.5$ g

これが 97℃，1.0×10^5 Pa で 1.30 L の体積

を占めるから，

$PV = \dfrac{w}{M}RT$ を変形して，それぞれの値を代

入すると，

$M = \dfrac{wRT}{PV}$

$= \dfrac{2.5 \times 8.3 \times 10^3 \times 370}{1.0 \times 10^5 \times 1.30}$

$= 59.0 \div 59$ g/mol

29 答 (1) 酸素；6.0×10^4 Pa

窒素；9.0×10^4 Pa

二酸化炭素；2.0×10^4 Pa

(2) 1.7×10^5 Pa

(3) 31

解き方 (1) 各気体を 5.0 L の容器につめた

ときの圧力がそれぞれの分圧になる。

ボイルの法則 $PV = P'V'$ より，

O_2；$\dfrac{2.0 \times 10^5\ \text{Pa} \times 1.5\ \text{L}}{5.0\ \text{L}} = 6.0 \times 10^4$ Pa

N_2；$\dfrac{1.5 \times 10^5\ \text{Pa} \times 3.0\ \text{L}}{5.0\ \text{L}} = 9.0 \times 10^4$ Pa

CO_2；$\dfrac{5.0 \times 10^4\ \text{Pa} \times 2.0\ \text{L}}{5.0\ \text{L}} = 2.0 \times 10^4$ Pa

(2) 混合気体の全圧は，

$6.0 \times 10^4 + 9.0 \times 10^4 + 2.0 \times 10^4$

$= 1.7 \times 10^5$ Pa

(3) 平均分子量は，混合気体 1 mol の質量を

求め，その単位である〔g/mol〕をとった数

値となる。

混合気体では，分圧の比＝物質量の比とな

るから，物質量の比の代わりに分圧の比を

用いて計算してよい。

モル質量は，$O_2 = 32$ g/mol，$N_2 = 28$ g/mol，

$CO_2 = 44$ g/mol だから，

$32\ \text{g/mol} \times \dfrac{6}{17} + 28\ \text{g/mol} \times \dfrac{9}{17}$

$+ 44\ \text{g/mol} \times \dfrac{2}{17}$

$= 31.2 \div 31$ g/mol

〈本冊 p.116〉

30 答 (1) 7.0×10^2 mmHg

(2) 9.1×10^{-3} mol

(3) 6.2 %

解き方 (1) 水柱の高さ 40.8 cm を，水銀柱

の高さ x〔cm〕に換算すると，

x〔cm〕$\times 13.6$ g/cm³

$= 40.8$ cm $\times 1.0$ g/cm³

∴ $x = 3.0$ cm ⇨ 30 mm

これは，圧力 30 mmHg を意味する。

よって，捕集した酸素だけの示す圧力は，

$757 - 30 - 27 = 700$ mmHg

(2) 捕集管内の酸素の体積は，

41.0 cm² $\times 6.0$ cm $= 246$ cm³

760 mmHg $= 1.0 \times 10^5$ Pa より，

700 mmHg を Pa 単位に直すと，

$$\frac{700}{760} \times 1.0 \times 10^5 = \frac{70 \times 10^5}{76} \, \text{Pa}$$

これらを気体の状態方程式 $PV = nRT$ へ代入すると，

$$\frac{70 \times 10^5}{76} \, \text{Pa} \times \frac{246}{1000} \, \text{L}$$
$$= n \, (\text{mol}) \times 8.3 \times 10^3 \, \text{Pa·L/(K·mol)}$$
$$\times 300 \, \text{K}$$
$$\therefore \ n = 9.09 \times 10^{-3} \fallingdotseq 9.1 \times 10^{-3} \, \text{mol}$$

(3) $2H_2O_2 \longrightarrow 2H_2O + O_2$ より，反応した H_2O_2 の物質量は発生した O_2 の物質量の 2 倍で，モル質量は $H_2O_2 = 34 \, \text{g/mol}$ だから，

$$9.09 \times 10^{-3} \, \text{mol} \times 2 \times 34 \, \text{g/mol} = 0.618 \, \text{g}$$

よって，この過酸化水素水の質量パーセント濃度は，

$$\frac{0.618}{10.0} \times 100 = 6.18 \fallingdotseq 6.2\%$$

---

31 **答** (1) $6.5 \times 10^4 \, \text{Pa}$

(2) $5.3 \times 10^4 \, \text{Pa}$

解き方 温度が高い間は，ベンゼンは完全に蒸発して気体として存在しており，ベンゼンの分圧 $p_{ベンゼン}$ と温度 t はシャルルの法則にしたがって直線的に変化する。しかし，温度が下がって，ベンゼンの液体と蒸気が共存するようになると，$p_{ベンゼン}$ と t は直線的に変化せず，蒸気圧曲線に沿って圧力が急激に減少するようになる。したがって，A 点は，ベンゼンの凝縮がはじまる点を表している。

(1) 40℃では，ベンゼンはすべて気体として存在している。

混合気体の全圧を $p \, (\text{pa})$ とすると，状態方程式 $pV = nRT$ より，

$$p \, (\text{Pa}) \times 2.0 \, \text{L} = (0.010 + 0.040) \, \text{mol}$$
$$\times 8.3 \times 10^3 \, \text{Pa·L/(K·mol)} \times 313 \, \text{K}$$
$$\therefore \ p = 6.49 \times 10^4 \fallingdotseq 6.5 \times 10^4 \, \text{Pa}$$

(2) 10℃では，ベンゼンの一部が凝縮しているから，ベンゼンの分圧は，10℃の飽和蒸気圧 $6.0 \times 10^3 \, \text{Pa}$ と等しい。

窒素は，つねに気体として存在するから，

$$p_{N_2} \, (\text{Pa}) \times 2.0 \, \text{L} = 0.040 \, \text{mol}$$
$$\times 8.3 \times 10^3 \, \text{Pa·L/(K·mol)} \times 283 \, \text{K}$$
$$\therefore \ p_{N_2} = 4.69 \times 10^4 \, \text{Pa}$$
$$\therefore \ 全圧 = 4.69 \times 10^4 + 6.0 \times 10^3$$
$$= 5.29 \times 10^4 \fallingdotseq 5.3 \times 10^4 \, \text{Pa}$$

32 **答** (1) $1.29 \times 10^5 \, \text{Pa}$

(2) 3.21%

(3) $1.66 \times 10^5 \, \text{Pa}$

解き方 (1) 反応前の H_2，O_2 それぞれの物質量は，モル質量が $H_2 = 2.00 \, \text{g/mol}$，$O_2 = 32.0 \, \text{g/mol}$ より，

$$H_2 \ ; \ \frac{1.00 \, \text{g}}{2.00 \, \text{g/mol}} = 0.500 \, \text{mol}$$

$$O_2 \ ; \ \frac{24.0 \, \text{g}}{32.0 \, \text{g/mol}} = 0.750 \, \text{mol}$$

反応前後の物質量の変化をまとめると，以下のようになる。

	$2H_2$	$+$	O_2	$\longrightarrow$	$2H_2O$
反応前	0.500		0.750		0
変化量	-0.500		-0.250		$+0.500$
反応後	0		0.500		0.500

（単位；mol）

H_2 が完全に反応して H_2O が 0.500 mol 生成し，O_2 が 0.500 mol 残る。

27℃ で液体の水が存在するかどうかは，水がすべて気体であるとして求めた圧力 p と，27℃の飽和水蒸気圧とを比較する。

$$p \, (\text{Pa}) \times 10.0 \, \text{L} = 0.500 \, \text{mol}$$
$$\times 8.31 \times 10^3 \, \text{Pa·L/(K·mol)} \times 300 \, \text{K}$$
$$\therefore \ p = 1.246 \times 10^5 \, \text{Pa}$$

この圧力は，27℃ の飽和水蒸気圧 $4.00 \times 10^3 \, \text{Pa}$ よりも大きいので，水蒸気の一部は凝縮して，水滴を生じている。よって，真の水蒸気の分圧は $4.00 \times 10^3 \, \text{Pa}$ を示す。一方，O_2 はすべて気体として存在するから，$PV = nRT$ から求めた値である $1.246 \times 10^5 \, \text{Pa}$ を示す。

したがって，全圧は，

$$1.246 \times 10^5 + 4.00 \times 10^3 = 1.286 \times 10^5$$
$$\fallingdotseq 1.29 \times 10^5 \, \text{Pa}$$

(2) 水蒸気として存在する H_2O を n〔mol〕とすると，

$$4.00 \times 10^3 \, \text{Pa} \times 10.0 \, \text{L}$$
$$= n \,〔\text{mol}〕\times 8.31 \times 10^3 \, \text{Pa·L/(K·mol)}$$
$$\times 300 \, \text{K}$$
$$\therefore \quad n = 0.01604 \, \text{mol}$$

反応で生じた水の物質量は 0.500 mol なので，水蒸気として存在する水は，

$$\frac{0.01604}{0.500} \times 100 = 3.208 \fallingdotseq 3.21\%$$

(3) 0.500 mol の H_2O が $127℃$ ですべて気体であるとすると，その圧力 p'〔Pa〕は，

$$p' \,〔\text{Pa}〕\times 10.0 \, \text{L}$$
$$= 0.500 \, \text{mol} \times 8.31 \times 10^3 \, \text{Pa·L/(K·mol)}$$
$$\times 400 \, \text{K}$$
$$\therefore \quad p' = 1.662 \times 10^5 \fallingdotseq 1.66 \times 10^5 \, \text{Pa}$$

この圧力は，$127℃$ の飽和水蒸気圧である 2.5×10^5 Pa 以下だから，H_2O はすべて気体として存在する。よって，真の水蒸気の分圧は $PV = nRT$ より求めた値である 1.66×10^5 Pa を示す。

〈本冊 p.128〉

33 答 (1) 不飽和溶液
(2) $56℃$
(3) 100 g
(4) 82.4 g

解き方 (1) 水 200 g に KNO_3 を 200 g 溶かすことは，水 100 g に KNO_3 を 100 g 溶かすことと同じになる。溶解度曲線より，$80℃$ では水 100 g に KNO_3 が 170 g まで溶けることがわかるので，この水溶液は不飽和溶液である。

(2) 溶解度 100 を表す直線と溶解度曲線との交点を読みとると，横軸の値は約 $56℃$ になる。

(3) $30℃$ における KNO_3 の溶解度が約 50 だから，グラフ（水 100 g についての変化量）から，結晶の析出量が，

$$100 - 50 = 50 \, \text{g}$$

となる。この場合，水の量は 2 倍の 200 g

であるから，結晶の析出量も 2 倍の 100 g となる。

(4) 蒸発させる水の質量を x〔g〕とすると，

$$\frac{溶質}{溶媒} = \frac{200}{200 - x} = \frac{170}{100}$$
$$\therefore \quad x = 82.35 \fallingdotseq 82.4 \, \text{g}$$

34 答 (1) ① アンモニア
② 硝酸カリウム
③ 塩化ナトリウム
(2) 硝酸カリウム
(3) 43 g

解き方 (1) アンモニア（気体）は，温度が高くなるほど溶解度は小さくなるので①。また塩化ナトリウムは，温度による溶解度の変化が小さいので③。

(2) 温度による溶解度の差が大きいものほど，再結晶させやすい。

(3) 物質②が 55 g 溶けた $60℃$ の飽和水溶液に含まれる水の質量を x〔g〕とすると，

$$\frac{溶質}{溶媒} = \frac{55}{x} = \frac{110}{100}$$
$$\therefore \quad x = 50 \, \text{g}$$

析出する物質②の結晶の質量を y〔g〕とすると，

$$\frac{溶質}{溶媒} = \frac{55 - y}{50} = \frac{25}{100}$$
$$\therefore \quad y = 42.5 \fallingdotseq 43 \, \text{g}$$

35 答 (1) 124 g
(2) 43.6 g

解き方 (1) $CuSO_4·5H_2O$ の結晶 100 g 中の $CuSO_4$（無水物）の質量は，式量が $CuSO_4 = 160$，$CuSO_4·5H_2O = 250$ より，

$$100 \times \frac{160}{250} = 64 \, \text{g}$$

結晶を溶かす水の質量を x〔g〕とすると，

$$\frac{溶質}{溶液} = \frac{64}{100 + x} = \frac{40}{140}$$
$$\therefore \quad x = 124 \, \text{g}$$

(2) (1)の飽和水溶液の質量は，$124 + 100 = 224$ g だから，$30℃$（溶解度 25）に冷却し

たときの $CuSO_4 \cdot 5H_2O$ の析出量を x〔g〕
とすると，結晶析出後の残溶液は，30℃
の飽和溶液であるから，

$$\frac{溶質}{溶液} = \frac{64 - x \times \dfrac{160}{250}}{224 - x} = \frac{25}{125}$$

$$\therefore \quad x = 43.63 \fallingdotseq 43.6 \text{ g}$$

36 **答** 1.3 L

解き方 水 1 L に対して，1.0×10^5 Pa の
CO_2 は 0℃ では 3.3 g 溶けているが，37℃ で
は 1.1 g しか溶けない。この差 2.2 g が気体
として発生することになる。
発生する CO_2 の体積は，外部の条件(37℃，
1.0×10^5 Pa)で決まる。

$$1.0 \times 10^5 \text{ Pa} \times V\text{〔L〕}$$
$$= \frac{2.2}{44} \text{ mol} \times 8.3 \times 10^3 \text{ Pa·L/(K·mol)}$$
$$\times 310 \text{ K}$$
$$\therefore \quad V = 1.28 \fallingdotseq 1.3 \text{ L}$$

〈本冊 p.129〉

37 **答** (1) 39 g
(2) 5.7 g

解き方 (1) $Na_2SO_4 \cdot 10H_2O$ 100 g 中に含ま
れる溶質(無水物)の質量は，$Na_2SO_4 =$
142，$Na_2SO_4 \cdot 10H_2O = 322$ より，

$$100 \times \frac{142}{322} = 44.0 \text{ g}$$

20℃ の Na_2SO_4 の溶解度はグラフより 20
であり，かつ**析出する結晶は十水和物であ**
るので，その質量を x〔g〕とおくと，結晶
が析出した後の残溶液が 20℃ における飽
和水溶液だから，

$$\frac{溶質}{溶液} = \frac{44.0 - \dfrac{142}{322}x}{200 - x} = \frac{20}{120}$$

$$\therefore \quad x = 38.8 \fallingdotseq 39 \text{ g}$$

(2) 溶液 A 100 g 中には，

$$44.0 \times \frac{1}{2} = 22.0 \text{ g}$$

の溶質 Na_2SO_4 が含まれる。80℃ の溶解
度はグラフより 43 であり，かつ**析出する**
結晶は無水物であるので，その質量を
y〔g〕とすると，結晶が析出した後の残溶
液が 80℃ における飽和水溶液だから，

$$\frac{溶質}{溶液} = \frac{22.0 - y}{100 - 40 - y} = \frac{43}{143}$$

$$\therefore \quad y = 5.66 \fallingdotseq 5.7 \text{ g}$$

38 **答** (1) 4 : 7
(2) 1 : 2

解き方 (1) 混合気体中の成分気体の溶解度
(質量)は，その気体の分圧に比例する(ヘ
ンリーの法則)。
まず，O_2 と N_2 の分圧を求める。

O_2 の分圧；$1.5 \times 10^6 \times \dfrac{1}{5} = 3.0 \times 10^5$ Pa

N_2 の分圧；$1.5 \times 10^6 \times \dfrac{4}{5} = 1.2 \times 10^6$ Pa

$O_2 = 32$ g/mol，$N_2 = 28$ g/mol より，
O_2 の質量：N_2 の質量

$$= \frac{48}{22400} \times \frac{3.0 \times 10^5}{1.0 \times 10^5} \times 32$$

$$: \frac{24}{22400} \times \frac{1.2 \times 10^6}{1.0 \times 10^5} \times 28$$

$$= 4 : 7$$

(2) 一定量の溶媒に溶ける気体の体積は，そ
の分圧下で測れば，圧力に無関係に一定だ
から，

O_2：48 mL($p_{O_2} = 3.0 \times 10^5$ Pa で)
N_2：24 mL($p_{N_2} = 1.2 \times 10^6$ Pa で)

だから，同じ圧力のもとでの体積で比較し
なければならないから，1.0×10^5 Pa のも
とでの O_2，N_2 の体積をそれぞれ x〔mL〕，
y〔mL〕とすると，ボイルの法則 $PV = P'V'$
より，

$$3.0 \times 10^5 \times 48 = 1.0 \times 10^5 \times x$$
$$\therefore \quad x = 144 \text{ mL}$$
$$1.2 \times 10^6 \times 24 = 1.0 \times 10^5 \times y$$
$$\therefore \quad y = 288 \text{ mL}$$

O_2 の体積：N_2 の体積 $= 1 : 2$

39 答 (1) 2.5×10^5 Pa
(2) 体積；0.57 L
　　　圧力；1.7×10^5 Pa

解き方 (1) 最初に封入した CO_2 の物質量を n〔mol〕とすると，
状態方程式 $PV = nRT$ より
$$1.0 \times 10^5 \text{ Pa} \times 3.0 \text{ L}$$
$$= n \text{〔mol〕} \times 8.3 \times 10^3 \text{ Pa·L/(K·mol)}$$
$$\times 273 \text{ K}$$
$$\therefore \quad n = 0.132 \text{ mol}$$
ヘンリーの法則より，気体の溶解度（物質量）は，その気体の圧力に比例する。加える CO_2 の圧力を x〔Pa〕として，
$$\frac{1.20 \text{ L}}{22.4 \text{ L/mol}} \times \frac{x}{1.0 \times 10^5} = 0.132 \text{ mol}$$
$$\therefore \quad x = 2.46 \times 10^5 \fallingdotseq 2.5 \times 10^5 \text{ Pa}$$
(2) 17℃で CO_2 の圧力が 2.0×10^5 Pa のとき，水に溶けた CO_2 の物質量は，
$$\frac{0.952 \text{ L}}{22.4 \text{ L/mol}} \times \frac{2.0 \times 10^5}{1.0 \times 10^5} = 0.085 \text{ mol}$$
気相に残っている CO_2 は，
$$0.132 - 0.085 = 0.047 \text{ mol}$$
である。気体の体積を V〔L〕とおくと，
$$2.0 \times 10^5 \text{ Pa} \times V \text{〔L〕}$$
$$= 0.047 \text{ mol}$$
$$\times 8.3 \times 10^3 \text{ Pa·L/(K·mol)} \times 290 \text{ K}$$
$$\therefore \quad V = 0.565 \fallingdotseq 0.57 \text{ L}$$
次に，10℃で CO_2 の圧力が P〔Pa〕のときに，水に溶けた CO_2 の物質量は，
$$\frac{1.20 \text{ L}}{22.4 \text{ L/mol}} \times \frac{P}{1.0 \times 10^5}$$
$$= 5.35 \times 10^{-7} P \text{〔mol〕}$$
気相に残っている CO_2 の物質量を n'〔mol〕とおくと，
$$P \text{〔Pa〕} \times 0.565 \text{ L}$$
$$= n' \text{〔mol〕}$$
$$\times 8.3 \times 10^3 \text{ Pa·L/(K·mol)} \times 283 \text{ K}$$
$$\therefore \quad n' = 2.40 \times 10^{-7} P \text{〔mol〕}$$
物質収支の条件より，
$$5.35 \times 10^{-7} P + 2.40 \times 10^{-7} P$$
$$= 0.132 \text{ mol}$$
$$\therefore \quad P = 1.70 \times 10^5 \fallingdotseq 1.7 \times 10^5 \text{ Pa}$$

〈本冊 p.143〉

40 答 沸点；ア
　　　凝固点；オ

解き方 一定量の同一溶媒だから，沸点上昇度・凝固点降下度は，溶質の物質量の大小を比較すればよい。ただし，アとイの電解質はすべて完全に電離するとして，水溶液中のイオンを含む溶質粒子の総物質量で比較する。

$$NaCl \longrightarrow Na^+ + Cl^- \quad \cdots\cdots（2倍）$$
$$BaCl_2 \longrightarrow Ba^{2+} + 2Cl^- \quad \cdots\cdots（3倍）$$

ア：$\dfrac{1 \text{ g}}{58.5 \text{ g/mol}} \times 2 = \dfrac{1}{29.25}$ mol

イ：$\dfrac{1 \text{ g}}{208 \text{ g/mol}} \times 3 \fallingdotseq \dfrac{1}{69.3}$ mol

ウ：$\dfrac{1}{60}$ mol

エ：$\dfrac{1}{46}$ mol

オ：$\dfrac{1}{180}$ mol

沸点が最高になるのは，沸点上昇度が最大になるア。一方，凝固点が最高になるのは，凝固点降下度が最小になるオ。
〔注〕 エのエタノールは揮発性物質だから沸点上昇は起こらない。沸点上昇が起こるのは，溶質が不揮発性物質である場合に限られていることに留意する。なお，凝固点降下は，溶質が揮発性物質であっても起こる点が沸点上昇との違いである。

41 答 (1) X；純水
　　　Y；スクロース水溶液
　　　Z；グルコース水溶液
　　(2) 0.026 K

解き方 (1) グルコース水溶液の質量モル濃度は，
$$\frac{18.0 \text{ g}}{180 \text{ g/mol}} \div \frac{500}{1000} \text{ kg} = 0.20 \text{ mol/kg}$$
蒸気圧が最も大きいグラフ X が純水の蒸気圧曲線であり，温度 x〔℃〕が水の沸点である。グラフ Y，Z のうち，蒸気圧降下の大きい Z が質量モル濃度が大きいグルコー

ス水溶液である。

(2) 0.078 K が 0.15 mol/kg のスクロース水溶液の沸点上昇度を示し，$(z-x)$〔K〕が 0.20 mol/kg のグルコース水溶液の沸点上昇度を示す。沸点上昇度は質量モル濃度に比例するから，

$$0.078 : 0.15 = (z-x) : 0.20$$

$$\therefore \quad z-x = 0.104 \text{ K}$$

よって，y と z の温度差は，

$$z-y = 0.104 - 0.078$$
$$= 0.026 \text{ K}$$

---

42 **答** (1) 118

(2) 酢酸 2 分子が水素結合して，二量体として存在している。

解き方 (1) 求める分子量を M とすると，酢酸のベンゼン溶液の質量モル濃度 m は，

$$m = \left(\frac{0.600}{M} \times \frac{1000}{100} \right) \text{〔mol/kg〕}$$

これを $\Delta t = km$ の式に代入して，

$$0.26 = 5.12 \times \left(\frac{0.600}{M} \times \frac{1000}{100} \right)$$

$$\therefore \quad M = 118.1 \fallingdotseq 118$$

(2) (1)で求めた酢酸の分子量は，真の酢酸の分子量($=60$)の約 2 倍である。これは，ベンゼンのような無極性溶媒中では，酢酸 2 分子のカルボキシ基どうしで，下図のように水素結合して，**二量体として存在している**ことを示している。

$$\text{CH}_3-\text{C} \begin{matrix} \text{O} \cdots \text{H} - \text{O} \\ \\ \text{O} - \text{H} \cdots \text{O} \end{matrix} \text{C} - \text{CH}_3$$

〔注〕酢酸は気体状態においても，上図のように二量体として存在している。

---

43 **答** (1) 347

(2) 0.0692 K

解き方 (1) ファントホッフの公式には，**質量モル濃度ではなく，モル濃度が必要**だから，溶液の密度を用いて，水溶液の体積 v〔mL〕を求める。

$$v \text{〔mL〕} \times 1.0 \text{ g/mL} = (100 + 1.30) \text{ g}$$

$$\therefore \quad v = 101.3 \text{ mL}$$

この糖類の分子量を M とすると，

$$\Pi V = \frac{w}{M} RT \text{ より，}$$

$$9.2 \times 10^4 \text{ Pa} \times \frac{101.3}{1000} \text{L}$$

$$= \frac{1.30}{M} \text{〔mol〕}$$

$$\times 8.3 \times 10^3 \text{ Pa} \cdot \text{L/(K} \cdot \text{mol)} \times 300 \text{ K}$$

$$\therefore \quad M = 347.3 \fallingdotseq 347$$

(2) この水溶液の質量モル濃度 m は，

$$m = \frac{1.30 \text{ g}}{347.3 \text{ g/mol}} \div \frac{100}{1000} \text{ kg}$$

$$= 0.03743 \text{ mol/kg}$$

これを，$\Delta t = km$ の式に代入して，

$$\Delta t = 1.85 \text{ K} \cdot \text{kg/mol}$$
$$\times 0.03743 \text{ mol/kg}$$
$$= 0.06924 \fallingdotseq 0.0692 \text{ K}$$

〈本冊 p.144〉

44 **答** (1) -0.037℃

(2) 5.0×10^4 Pa

解き方 (1) この水溶液の質量モル濃度は，

$$m = \left(\frac{0.36}{180} \times \frac{1000}{100} \right) \text{mol/kg}$$

これを，$\Delta t = km$ に代入すると，

$$\Delta t = 1.85 \text{ K} \cdot \text{kg/mol}$$
$$\times \left(\frac{0.36}{180} \times \frac{1000}{100} \right) \text{mol/kg}$$
$$= 0.037 \text{ K}$$

水の凝固点は 0℃ だから，この水溶液の凝固点は，

$$0 - 0.037 = -0.037 \text{℃}$$

(2) 条件より，この水溶液の体積は 100 mL となる。$\Pi V = nRT$ より，

$$\Pi \text{〔Pa〕} \times \frac{100}{1000} \text{L}$$

$$= \frac{0.36}{180} \text{ mol} \times 8.3 \times 10^3 \text{ Pa} \cdot \text{L/(K} \cdot \text{mol)} \times 300 \text{ K}$$

$$\therefore \quad \Pi = 4.98 \times 10^4 \fallingdotseq 5.0 \times 10^4 \text{ Pa}$$

45 答 (1) b
(2) $5.0 \ \text{K·kg/mol}$
(3) 120

解き方 (1) 溶液の凝固点は，冷却曲線の後半の直線部分を左に延長して，前半の冷却曲線との交点 b となる。a と間違えないように。

(2) ナフタレンのベンゼン溶液の凝固点降下度より，ベンゼンのモル凝固点降下 k を求める。$\Delta t = km$ より，

$$(5.50 - 4.25) \ \text{K} = k \, [\text{K·kg/mol}]$$
$$\times \left(\frac{6.4}{128} \times \frac{1000}{200} \right) \text{mol/kg}$$

$$\therefore \quad k = 5.0 \ \text{K·kg/mol}$$

(3) 非電解質の物質 X の分子量を M であるとして $\Delta t = km$ に代入する。

$$(5.50 - 3.50) \ \text{K} = 5.0 \ \text{K·kg/mol}$$
$$\times \left\{ \left(\frac{6.4}{128} + \frac{3.6}{M} \right) \times \frac{1000}{200} \right\} [\text{mol/kg}]$$

$$\therefore \quad M = 120$$

46 答 $0.27 \ \text{g}$

解き方 $NaCl \longrightarrow Na^+ + Cl^-$ より，NaCl の溶質粒子は電離前の 2 倍となる。加えるグルコース（分子量 180）を $x \, [\text{g}]$ とすると，

$$7.6 \times 10^5 \ \text{Pa} \times \frac{100}{1000} \text{L}$$
$$= \left(\frac{x}{180} + \frac{0.82}{58.5} \times 2 \right) [\text{mol}]$$
$$\times 8.3 \times 10^3 \ \text{Pa·L/(K·mol)} \times 310 \ \text{K}$$

$$\therefore \quad x = 0.270 \doteqdot 0.27 \ \text{g}$$

47 答 8.2×10^4

解き方 液面差が 5.0 cm になったとき，水溶液側は最初より 2.5 cm だけ液面が高くなっている。よって，水溶液の体積は $(10 + 2.5) \ \text{cm}^3$ となり，水溶液の濃度は最初よりも

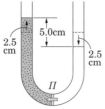

うすくなっていることになる。したがって，求める溶液の浸透圧は，このうすまった濃度の溶液に相当するものである。

5.0 cm の水溶液柱の高さを，水銀柱の高さ $x \, [\text{cm}]$ に換算すると，

$$5.0 \ \text{cm} \times 1.0 \ \text{g/cm}^3 = x \, [\text{cm}] \times 13.6 \ \text{g/cm}^3$$

$$\therefore \quad x = \frac{5.0}{13.6} \ \text{cm}$$

さらに，$1.0 \times 10^5 \ \text{Pa} = 76 \ \text{cmHg}$ により，浸透圧 Π を求めると，

$$\Pi : 1.0 \times 10^5 = \frac{5.0}{13.6} : 76$$

$$\therefore \quad \Pi = \frac{5.0 \times 10^5}{13.6 \times 76} \ \text{Pa}$$

物質 X の分子量を M とおき，

$\Pi V = \dfrac{w}{M} RT$ の公式に数値を代入すると，

$$\frac{5.0 \times 10^5}{13.6 \times 76} \ \text{Pa} \times \frac{12.5}{1000} \text{L}$$
$$= \frac{0.20 \ \text{g}}{M \, [\text{g/mol}]}$$
$$\times 8.3 \times 10^3 \ \text{Pa·L/(K·mol)} \times 300 \ \text{K}$$

$$\therefore \quad M = 8.23 \times 10^4 \doteqdot 8.2 \times 10^4$$

5 | 化学変化とエネルギー

〈本冊 p.157〉

48 **答** Zn(固) + 2HClaq ⟶ ZnCl₂aq

$\qquad$ + H₂(気) $\quad \Delta H = -154$ kJ

解き方 与えられた反応エンタルピーを熱化学反応式で表すと，次のようになる。

Zn(固) + Cl₂(気) ⟶ ZnCl₂(固)

$\qquad \Delta H = -415$ kJ $\cdots$ ①

ZnCl₂(固) + aq ⟶ ZnCl₂aq

$\qquad \Delta H = -73$ kJ $\cdots$ ②

$\dfrac{1}{2}$ H₂(気) + $\dfrac{1}{2}$ Cl₂(気) ⟶ HCl(気)

$\qquad \Delta H = -92$ kJ $\cdots$ ③

HCl(気) + aq ⟶ HClaq

$\qquad \Delta H = -75$ kJ $\cdots$ ④

①+②より，ZnCl₂(固)を消去すると，

Zn(固) + Cl₂(気) + aq ⟶ ZnCl₂aq

$\qquad \Delta H = -488$ kJ

③+④より，HCl(気)を消去すると，

$\dfrac{1}{2}$ H₂(気) + $\dfrac{1}{2}$ Cl₂(気) + aq

$\qquad$ ⟶ HClaq $\quad \Delta H = -167$ kJ

求める反応エンタルピーを x〔kJ/mol〕とおき，その熱化学反応式は次のようになる。

Zn(固) + 2HClaq ⟶ ZnCl₂aq + H₂(気)

$\qquad \Delta H = x$〔kJ〕 $\cdots$ ⑤

⑤式に，(反応エンタルピー)＝(生成物の生成エンタルピーの和)－(反応物の生成エンタルピーの和)を適用する。

ただし，単体 Zn(固)，H₂(気)の生成エンタルピーは 0 とする。

$x = (-488 + 0) - \{0 + (-167 \times 2)\}$

$\quad = -154$ kJ

49 **答** 燃焼エンタルピー；-2220 kJ/mol

$\qquad$ プロパンの体積；2.5×10^2 L

解き方 与えられた生成エンタルピーを熱化学反応式で表すと，次のようになる。

C(黒鉛) + O₂(気) ⟶ CO₂(気)

$\qquad \Delta H = -394$ kJ $\cdots$ ①

H₂(気) + $\dfrac{1}{2}$ O₂(気) ⟶ H₂O(液)

$\qquad \Delta H = -286$ kJ $\cdots$ ②

3C(黒鉛) + 4H₂(気) ⟶ C₃H₈(気)

$\qquad \Delta H = -106$ kJ $\cdots$ ③

プロパンの燃焼エンタルピーを x〔kJ/mol〕とおき，熱化学反応式で表すと次のようになる。

C₃H₈(気) + 5O₂(気) ⟶ 3CO₂(気)

$\qquad$ + 4H₂O(液) $\quad \Delta H = x$〔kJ〕 $\cdots$ ④

④式の 3CO₂(気)に着目$\cdots$①×3

④式の 4H₂O(液)に着目$\cdots$②×4

④式の C₃H₈(気)に着目(移項あり)$\cdots$③×(-1)

よって，①×3＋②×4－③で④式が求まる。

ΔH の部分にも同様の計算を行うと，

$x = (-394 \times 3) + (-286 \times 4) - (-106)$

$\quad = -2220$ kJ

〔別解〕反応に関係する全物質の生成エンタルピーが与えられているので，次の公式が利用できる。

$$\begin{pmatrix} 反応エンタル \\ ピー \end{pmatrix} = \begin{pmatrix} 生成物の生成エン \\ タルピーの和 \end{pmatrix}$$

$$ - \begin{pmatrix} 反応物の生成エン \\ タルピーの和 \end{pmatrix}$$

ただし，単体のエンタルピーは 0 とする。

$x = \{(-394 \times 3) + (-286 \times 4)\}$

$\qquad - \{(-106) + 0\}$

$\quad = -2220$ kJ

水 200 L の温度を(50-20)K 上昇させるのに必要な熱量は，$Q = c \cdot m \cdot t$ より，

4.2 J/(g·K) × (200 × 1.0 × 10³) g

$\qquad$ × 30 K × 10⁻³ = 25200 kJ

したがって，必要なプロパンは，

$\dfrac{25200 \text{ kJ}}{2220 \text{ kJ/mol}} \times 22.4$ L/mol ≒ 2.5×10^2 L

50 **答** 2.6 K

解き方 (発熱量)＝(KOH の水への溶解に伴う発熱量)＋(KOH 水溶液と H₂SO₄ 水溶液との中和に伴う発熱量)となる。

まず，KOH(固)5.6 g の水への溶解に伴う発熱量を求めると，KOH = 56 g/mol だから，

$$54.5 \text{ kJ/mol} \times \frac{5.6 \text{ g}}{56 \text{ g/mol}} = 5.45 \text{ kJ}$$

H_2SO_4 の出す H^+ の物質量は，

$$0.10 \text{ mol/L} \times 1.0 \text{ L} \times 2 = 0.20 \text{ mol}$$

KOHaq の出す OH^- の物質量は，

$$\frac{5.6 \text{ g}}{56 \text{ g/mol}} = 0.10 \text{ mol}$$

H^+ よりも OH^- のほうが少ないので，0.10 mol 分しか中和は起こらず，その発熱量は，

$$56.5 \text{ kJ/mol} \times 0.10 \text{ mol} = 5.65 \text{ kJ}$$

発熱量の合計は，

$$5.45 + 5.65 = 11.1 \text{ kJ}$$

上昇した温度を t〔K〕とすると，

$Q = c \cdot m \cdot t$ より，

$$11.1 \times 10^3 \text{ J} = 4.2 \text{ J/(g·K)}$$
$$\times (1000 \times 1.0 + 5.6) \text{ g} \times t \text{〔K〕}$$

$$\therefore \quad t = 2.62 \fallingdotseq 2.6 \text{ K}$$

---

51 **答** 391 kJ/mol

解き方 $N_2 + 3H_2 \longrightarrow 2NH_3$ $\Delta H = -92 \text{ kJ}$
をエンタルピー図で表すと次のようになる。
（反応の途中にばらばらの原子の状態を仮定する。）

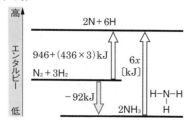

$\left(\begin{array}{l}NH_3 \ 2 \text{ mol 中には，N–H 結合} (x\text{〔kJ/mol〕}) \\ \text{とする)が 6 mol 含まれる。}\end{array}\right)$

エンタルピー図より，

$$6x = 946 + (436 \times 3) - (-92)$$
$$\therefore \quad x = 391 \text{ kJ}$$

〔別解〕 $N_2 + 3H_2 \longrightarrow 2NH_3$
の反応に次の公式を適用する。

$\left(\begin{array}{l}\text{反応エンタル} \\ \text{ピー}\end{array}\right) = \left(\begin{array}{l}\text{反応物の結合エン} \\ \text{タルピーの和}\end{array}\right)$
$\qquad\qquad - \left(\begin{array}{l}\text{生成物の結合エン} \\ \text{タルピーの和}\end{array}\right)$

$$-92 = \{946 + (436 \times 3)\} - (6x)$$
$$\therefore \quad x = 391 \text{ kJ}$$

---

52 **答** -77 kJ/mol

解き方 メタン CH_4 の生成エンタルピーを x〔kJ/mol〕として，熱化学反応式で表すと次のようになる。

$$C(黒鉛) + 2H_2(気)$$
$$\longrightarrow CH_4(気) \quad \Delta H = x\text{〔kJ〕}$$

この反応をエンタルピー図で表すと次の通りである。

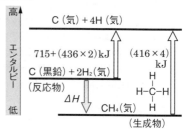

$\left(\begin{array}{l}CH_4 \ 1 \text{ mol 中には，C–H 結合が} \\ 4 \text{ mol 含まれる。}\end{array}\right)$

生成エンタルピー ΔH の大きさは，

$$(416 \times 4) - \{715 + (436 \times 2)\} = 77 \text{ kJ}$$

反応物から生成物へ向かう矢印（⇨）が下向きであるから，発熱反応（$\Delta H < 0$）である。

$$\therefore \quad CH_4 \text{ の生成エンタルピーは，}$$
$$-77 \text{ kJ/mol。}$$

〔別解〕 $C(黒鉛) + 2H_2(気)$
$$\longrightarrow CH_4(気) \quad \Delta H = x\text{〔kJ〕}$$
の反応に次の公式を適用する。

$\left(\begin{array}{l}\text{反応エンタル} \\ \text{ピー}\end{array}\right) = \left(\begin{array}{l}\text{反応物の結合エン} \\ \text{タルピーの和}\end{array}\right)$
$\qquad\qquad - \left(\begin{array}{l}\text{生成物の結合エン} \\ \text{タルピーの和}\end{array}\right)$

$$x = \{715 + (436 \times 2)\} - (416 \times 4)$$
$$= -77 \text{ kJ}$$

53 答 (1) 0.45 L

(2) 1.6 g

解き方 (1) 流れた電気量は，

$1.0\ A \times (64 \times 60 + 20)\ s = 3860\ C$

$F = 9.65 \times 10^4\ C/mol$ より，電子の物質量は，

$$\frac{3860\ C}{9.65 \times 10^4\ C/mol} = 0.040\ mol$$

陽極では，$2Cl^- \longrightarrow Cl_2 + 2e^-$ より，電子 0.040 mol から Cl_2 0.020 mol が発生する。

よって，求める塩素の体積は，

$$0.040\ mol \times \frac{1}{2} \times 22.4\ L/mol \fallingdotseq 0.45\ L$$

(2) 陰極での反応は，

$2H_2O + 2e^- \longrightarrow H_2 + 2OH^-$ より，

電子 0.040 mol から OH^- 0.040 mol が生成する。

また，陽極室の Na^+ が陽イオン交換膜を透過して陰極室へ移動してくる。

陰極室において，生成した NaOH の物質量も 0.040 mol であり，その質量は，

$NaOH = 40\ g/mol$ より，

$$0.040\ mol \times 40\ g/mol = 1.6\ g$$

54 答 (1) 4.32 g

(2) 3.50 A

(3) 0.73 L

(4) 3.25 g

解き方 (1) 電解槽 B では，水の電気分解が起こる。

$\begin{cases} 陰極；2H_2O + 2e^- \longrightarrow H_2 + 2OH^- \\ 陽極；4OH^- \longrightarrow 2H_2O + O_2 + 4e^- \end{cases}$

このとき，体積比は，$H_2 : O_2 = 2 : 1$ だから，H_2 の体積は，

$$672 \times \frac{2}{3} = 448\ mL$$

電子 2 mol が反応すると H_2 1 mol が発生する。B 槽を流れた電子の物質量は，

$$\frac{448\ mL}{22400\ mL/mol} \times 2 = 0.0400\ mol$$

電解槽 A，B は直列に接続されているので，流れた電気量は等しい。これと，A の陰

極で，$Ag^+ + e^- \longrightarrow Ag$ の反応が起こることから，析出する Ag の質量は，

$0.0400\ mol \times 108\ g/mol = 4.32\ g$

(2) 回路 I に流れた電気量から，電流の強さ x〔A〕が求められる。

$F = 9.65 \times 10^4\ C/mol$ より，

$0.0400\ mol \times 9.65 \times 10^4\ C/mol$

$\qquad = x$〔A〕$\times (60 \times 60)\ s$

∴ $x = 1.072\ A$

回路 I と回路 II は並列の関係にあるので，回路 II を流れた電流は，

$4.57 - 1.072 = 3.498\ A \fallingdotseq 3.50\ A$

(3) 電解槽 C の陽極での反応は次の通りである。

$2H_2O \longrightarrow O_2 + 4H^+ + 4e^-$

回路 II に流れた電子の物質量は，

$$\frac{3.498\ A \times (60 \times 60)\ s}{9.65 \times 10^4\ C/mol} = 0.130\ mol$$

反応式より，4 mol の電子から O_2 1 mol が発生するから，

$$0.130\ mol \times \frac{1}{4} \times 22.4\ L/mol \fallingdotseq 0.73\ L$$

(4) 電解槽 C の陰極では，Ni の析出が終了したあとに H_2 の発生が起こる。

$Ni^{2+} + 2e^- \longrightarrow Ni$

$2H^+ + 2e^- \longrightarrow H_2$

H_2 の発生に使われた電子の物質量は，

$$\frac{224\ mL}{22400\ mL/mol} \times 2 = 0.020\ mol$$

Ni の析出に使われた電子の物質量は，

$0.130 - 0.020 = 0.110\ mol$

よって，析出した Ni の質量は，

$$0.110\ mol \times \frac{1}{2} \times 59\ g/mol \fallingdotseq 3.25\ g$$

55 答 ニッケル；0.59 g

銀；0.13g

解き方 陰極に析出した金属は Cu だけである。

$Cu^{2+} + 2e^- \longrightarrow Cu$ より，

析出した Cu の物質量；

$$\frac{1.92\ g}{64\ g/mol} = 0.030\ mol$$

反応式の係数の比より，

反応した e^- の物質量は

$0.030 \times 2 = 0.060$ mol である。

陽極では，Cu と Ni の溶解に，この電子が使われることになる。

一方，水溶液中の Cu^{2+} が 0.010 mol 減少したことから，析出した Cu 0.030 mol に対して，溶解した Cu は 0.020 mol となる。

$Cu \longrightarrow Cu^{2+} + 2e^-$ より，この反応に使われた電子の物質量は 0.040 mol となる。

よって，$Ni \longrightarrow Ni^{2+} + 2e^-$ の反応に使われた電子の物質量は，

$0.060 - 0.040 = 0.020$ mol

溶解した Ni の質量は，

$0.020 \text{ mol} \times \dfrac{1}{2} \times 59 \text{ g/mol} = 0.59 \text{ g}$

溶解した Cu の質量は，

$0.040 \text{ mol} \times \dfrac{1}{2} \times 64 \text{ g/mol} = 1.28 \text{ g}$

陽極全体の質量減少が 2.00 g なので，

$2.00 - 1.28 - 0.59 = 0.13 \text{ g}$

これが，陽極泥として沈殿した Ag の質量である。

〈本冊 p.181〉

56 答 (1) 0.560 L

(2) Ⅰ；9.65×10^3 C
Ⅱ；9.65×10^3 C
Ⅲ；7.72×10^3 C

(3) 2.54 g 減少

(4) 10.0 mL

解き方 (1) 電解槽Ⅰでの反応は次のようになる。

$\begin{cases} \text{ア：} 2H^+ + 2e^- \longrightarrow H_2 \\ \text{イ：} 2H_2O \longrightarrow 4H^+ + O_2 + 4e^- \end{cases}$

よって，水の電気分解が起こっている。

発生する O_2 の体積は H_2 の体積の $\dfrac{1}{2}$ となるから，

$1.12 \times \dfrac{1}{2} = 0.560 \text{ L}$

(2) 電解槽ⅠとⅡは直列接続で，電解槽Ⅲだ

けがⅠ，Ⅱと並列接続になっている。電解槽Ⅰ，Ⅱに流れた電気量は等しく，電極アの反応式から，発生した H_2 の物質量の2倍が，流れた電子の物質量に等しい。

$\dfrac{1.12 \text{ L}}{22.4 \text{ L/mol}} \times 2 = 0.100 \text{ mol}$

これより，電解槽Ⅰ，Ⅱに流れた電気量を求めると，

$0.100 \text{ mol} \times 9.65 \times 10^4 \text{ C/mol} = 9650 \text{ C}$

全電気量は，電流計を流れた電気量だから，

$4.825 \text{ A} \times 3600 \text{ s} = 17370 \text{ C}$

よって，電解槽Ⅲを流れた電気量は，

$17370 - 9650 = 7720 \text{ C}$

(3) 電極力では，銅板を使っているので，次式のように銅が溶解する。

$Cu \longrightarrow Cu^{2+} + 2e^-$

反応式から，電子 2 mol が反応すると，1 mol の Cu が溶解するので，

$\dfrac{7720 \text{ C}}{96500 \text{ C/mol}} \times \dfrac{1}{2} \times 63.5 \text{ g/mol}$

$= 2.54 \text{ g（減少）}$

(4) 電解槽Ⅱの陰極では，Na^+ は放電せず，かわりに水が放電して H_2 を発生する。

$2H_2O + 2e^- \longrightarrow H_2 + 2OH^-$

(2)より，電解槽Ⅱには，電子 0.100 mol が流れており，同量の 0.100 mol の OH^- が生成して，陰極液は塩基性となる。

この電解液 500 mL のうち，50.0 mL だけを中和するのに 1.00 mol/L の塩酸 x〔mL〕を要したとすると，

$0.100 \times \dfrac{50.0}{500} \text{ mol} = 1.00 \times \dfrac{x}{1000} \text{〔mol〕}$

$\therefore \quad x = 10.0 \text{ mL}$

57 答 (1) 0.096 g

(2) Cu；0.32 g
H_2；2.0×10^{-3} g

解き方 (1) 流れた電子の物質量は，

$\dfrac{1.2 \text{ A} \times (16 \times 60 + 5) \text{ s}}{9.65 \times 10^4 \text{ C/mol}} = 0.012 \text{ mol}$

陽極では，次式のように O_2 が発生する。

$2H_2O \longrightarrow 4H^+ + O_2 + 4e^-$

反応式より，4 mol の電子が流れると，O_2 1 mol を生じることがわかる。

発生した O_2 の質量は，モル質量が $O_2 =$ 32 g/mol より，

$$0.012 \text{ mol} \times \frac{1}{4} \times 32 \text{ g/mol} = 0.096 \text{ g}$$

(2) 陰極では，まず，イオン化傾向の小さい Cu^{2+} が還元されて Cu が析出する。Cu^{2+} がすべて反応すると，H_2O が還元される反応が起こり H_2 が発生する。つまり，電極反応の途中変更が起こる。陰極では，最初に次式の反応が起こる。

$$Cu^{2+} + 2e^- \longrightarrow Cu$$

反応式より，2 mol の電子が流れると，1 mol の Cu が析出することがわかる。電流効率は 100 % なので，水溶液中に Cu^{2+} が十分にあれば，

$$0.012 \times \frac{1}{2} = 0.0060 \text{ mol}$$

の Cu が析出するはずである。しかし，水溶液中に存在する Cu^{2+} の物質量は，

$$0.010 \text{ mol/L} \times \frac{500}{1000} \text{ L} = 0.0050 \text{ mol}$$

だから，析出する Cu の質量は，

$$0.0050 \text{ mol} \times 64 \text{ g/mol} = 0.32 \text{ g}$$

Cu を析出させるのに使われた電子の物質量は，$0.0050 \text{ mol} \times 2 = 0.010 \text{ mol}$ で，残り $0.012 - 0.010 = 0.002 \text{ mol}$ の電子は次式の反応に使われ，H_2 が発生する。

$$2H^+ + 2e^- \longrightarrow H_2$$

したがって，発生する H_2 の質量は，

$$2.0 \times 10^{-3} \text{ mol} \times \frac{1}{2} \times 2.0 \text{ g/mol}$$
$$= 2.0 \times 10^{-3} \text{ g}$$

58 **答** (1) 3.45×10^7 C
(2) 3.21 kg

解き方 (1) 陽極では，次の反応が起こる。

$$C + O^{2-} \longrightarrow CO + 2e^- \quad \cdots\cdots\cdots\cdots ①$$
$$C + 2O^{2-} \longrightarrow CO_2 + 4e^- \quad \cdots\cdots\cdots\cdots ②$$

よって，反応した電子の物質量は，CO の物質量の 2 倍と，CO_2 の物質量の 4 倍の

和になる。

物質量の比＝体積の比より，混合気体 2500 L のうち，$\frac{2}{5}$ の 1000 L が CO，$\frac{3}{5}$ の 1500 L が CO_2 だから，反応した電子の物質量は，

$$\frac{1000 \text{ L}}{22.4 \text{ L/mol}} \times 2 + \frac{1500 \text{ L}}{22.4 \text{ L/mol}} \times 4$$
$$= 357.1 \text{ mol}$$

したがって，流れた電気量は，

$$357.1 \text{ mol} \times 9.65 \times 10^4 \text{ C/mol}$$
$$\fallingdotseq 3.45 \times 10^7 \text{ C}$$

(2) $Al^{3+} + 3e^- \longrightarrow Al$ より，3 mol の電子から，Al 1 mol が析出するので，

$$357.1 \text{ mol} \times \frac{1}{3} \times 27 \text{ g/mol}$$
$$= 3213 \text{ g} \fallingdotseq 3.21 \text{ kg}$$

〔補足〕本問では，電流効率が 100 % で行われるとしているが，実際の Al の溶融塩電解では，電解槽を高温に維持するために電気エネルギーが使われるため，電流効率は 85 ～ 90 % に低下する。通常の水溶液の電気分解では，電流効率は 95 % 以上であり，特に指示がなければ，電流効率 100 % として解答すればよい。

6 | 反応速度と化学平衡

〈本冊 p.195〉

59 答 (1) 3.0×10^{-2} mol/(L·min)
(2) 7.5×10^{-3} mol/min

解き方 (1) 5分後, 10分後の$[H_2O_2]$は,
0.35 mol/L, 0.20 mol/L だから, H_2O_2 の
平均の分解速度は,

$$\bar{v} = -\frac{(0.20-0.35)\ \text{mol/L}}{(10-5)\ \text{min}}$$
$$= 3.0 \times 10^{-2}\ \text{mol/(L·min)}$$

(2) 反応式 $2H_2O_2 \longrightarrow 2H_2O + O_2$ の係数比
より, O_2 の発生速度は, 常に H_2O_2 の分
解速度の $\frac{1}{2}$ である。

さらに, 溶液を 0.50 L 用いているから,

$$\left(3.0 \times 10^{-2} \times \frac{1}{2}\right)\ \text{mol/(L·min)} \times 0.50\ \text{L}$$
$$= 7.5 \times 10^{-3}\ \text{mol/min}$$

60 答 (1) 64
(2) 3.9×10^{-7} L/(mol·s)
(3) A ; 3.5×10^{-6} mol/(L·s)
C ; 7.0×10^{-6} mol/(L·s)

解き方 (1) 平衡状態では, A, B がそれぞ
れ $1.0-0.20 = 0.80$ mol/L ずつ反応したと
き, C はその2倍の 1.60 mol/L が生成し
て平衡状態になる。

よって, 反応式は次のようになる。

A + B $\rightleftarrows$ 2C

求める平衡定数は,

$$K = \frac{[C]^2}{[A][B]} = \frac{1.60^2}{0.20^2} = 64$$

(2) 表より, $[B]$ が一定のとき, $[A]$ が2倍
で, v は2倍となる。

よって, v は $[A]$ に比例することがわかる。

また, $[A]$ が2倍および, $[B]$ は $\frac{1}{2}$ 倍で,

v は一定となる。

よって, v は $[B]$ にも比例する。

したがって, 反応全体では, $v = k[A][B]$
と表せる。

$v = k[A][B]$ に表の値を代入すると,

$$7.80 \times 10^{-7} = k \times 1.0 \times 2.0$$
$$\therefore\ k = 3.9 \times 10^{-7}\ \text{L/(mol·s)}$$

(3) $v = k[A][B]$ より,

$$v = 3.9 \times 10^{-7} \times 3.0 \times 3.0$$
$$= 3.51 \times 10^{-6}$$
$$\fallingdotseq 3.5 \times 10^{-6}\ \text{mol/(L·s)}$$

反応式の係数比より, C の増加速度は, 常
に A の減少速度の2倍であるから,

7.0×10^{-6} mol/(L·s) となる。

61 答 平衡定数 ; 3.0
存在する SO_3 ; 6.6 mol

解き方 この反応の平衡定数は,

$$K = \frac{[SO_3][NO]}{[SO_2][NO_2]} = \frac{\left(\frac{6.0}{10}\right)\left(\frac{4.0}{10}\right)}{\left(\frac{8.0}{10}\right)\left(\frac{1.0}{10}\right)}$$
$$= 3.0$$

NO_2 をさらに 1.0 mol 加えたことにより,
平衡は右へ移動する。平衡移動により SO_2,
NO_2 がそれぞれ x 〔mol〕ずつ減少したとす
ると, SO_3, NO が x 〔mol〕ずつ増加するので,
平衡時では次の関係が成り立つ。

$$SO_2\ +\ NO_2\ \rightleftarrows\ SO_3\ +\ NO$$

新平衡 $8.0-x$ $2.0-x$ $6.0+x$ $4.0+x$

温度一定なので, 平衡定数の値は 3.0 のまま
である。

$$K = \frac{(6.0+x)(4.0+x)}{(8.0-x)(2.0-x)} = 3.0$$

これより, 次の二次方程式が得られる。

$$x^2 - 20x + 12 = 0$$
$$x = \frac{20 \pm \sqrt{400-48}}{2}$$
$$= \frac{20 \pm 4\sqrt{22}}{2}$$

$x = 0.60$ mol,
　　19.4 mol($0 < x < 2$ より不適)

よって, 平衡時に存在する SO_3 の物質量は,

$6.0 + 0.60 = 6.6$ mol

62 答 解離度；0.63
平均分子量；56.4

解き方 N_2O_4 0.50 mol のうち，x〔mol〕だけ解離し平衡状態に達したとすると，

$$N_2O_4 \rightleftarrows 2NO_2$$

平衡時　$0.50-x$　　　　$2x$　〔mol〕

∴　合計 $=(0.50+x)$〔mol〕

混合気体についても状態方程式　$PV=nRT$ は成立するので，

$$2.3\times10^5\,\text{Pa}\times10\,\text{L}$$
$$=(0.50+x)\,\text{mol}$$
$$\times8.3\times10^3\,\text{Pa·L/(K·mol)}\times340\,\text{K}$$

∴　$x=0.3150 ≒ 0.315$ mol

解離度；$\dfrac{0.315}{0.50}=0.63$

混合気体の**平均分子量**は，**各気体の分子量にモル分率**をかけると求められる。それぞれの分子量が，$N_2O_4=92$，$NO_2=46$ より，

$$\overline{M}=92\times\frac{0.50-0.315}{0.50+0.315}+46\times\frac{2\times0.315}{0.50+0.315}$$

$$=\frac{92\times0.50}{0.50+0.315}=56.44≒56.4$$

〈本冊 p.214〉

63 答 (1) 3.0
(2) 2.0×10^{-5} mol/L
(3) 0.20

解き方 (1) 酢酸の電離平衡の式より，

$$CH_3COOH \rightleftarrows CH_3COO^- + H^+$$

平衡時　$c(1-\alpha)$　　　$c\alpha$　　　$c\alpha$
　　　　　　　　　　　（単位；mol/L）

グラフより，$c=0.050$ mol/L のときの電離度は $\alpha=2.0\times10^{-2}$ だから，

$$[H^+]=c\alpha=0.050\times2.0\times10^{-2}$$
$$=1.0\times10^{-3}\,\text{mol/L}$$

∴　$pH=-\log(1.0\times10^{-3})$
$$=3.0$$

(2) $K_a=\dfrac{[CH_3COO^-][H^+]}{[CH_3COOH]}$

$$=\frac{c\alpha\times c\alpha}{c(1-\alpha)}=\frac{c\alpha^2}{1-\alpha}$$

$\alpha=0.020 \ll 1$ より，$1-\alpha≒1$ としてよい。

$$K_a≒c\alpha^2=0.050\times(0.020)^2$$
$$=2.0\times10^{-5}\,\text{mol/L}$$

(3) $K_a=\dfrac{c\alpha^2}{1-\alpha}$ より，

$c\alpha^2+K_a\alpha-K_a=0$

上式に，$c=4.0\times10^{-4}$ mol/L と $K_a=2.0\times10^{-5}$ mol/L を代入すると，

$20\alpha^2+\alpha-1=0$

$(5\alpha-1)(4\alpha+1)=0$

$\alpha=0.20$，-0.25（不適）

〔注〕弱酸の濃度がうすくなると，電離度 α が大きくなるので，$1-\alpha≒1$ として求めた近似式 $K_a=c\alpha^2$ は使えないことに注意しよう。

64 答 (1) $K_b=\dfrac{[NH_4^+][OH^-]}{[NH_3]}$
(2) $K_b=c\alpha^2$
(3) ① 11.2　　② 9.9

解き方 (1) アンモニアの電離平衡

$$NH_3 + H_2O \rightleftarrows NH_4^+ + OH^-$$

に対して，化学平衡の法則を適用する。

$$K=\frac{[NH_4^+][OH^-]}{[NH_3][H_2O]}$$

アンモニア水では，$[H_2O]$ は一定と考えてよいので，K に含めた $K[H_2O]$ を改めて，電離定数 K_b とおくと，解答の式となる。

(2) アンモニア水の濃度を c〔mol/L〕，その電離度を α とすると，

$$NH_3 + H_2O \rightleftarrows NH_4^+ + OH^-$$

平衡時　$c(1-\alpha)$　一定　　　$c\alpha$　　　$c\alpha$
　　　　　　　　　　　　　（単位；mol/L）

$$K_b=\frac{c\alpha\cdot c\alpha}{c(1-\alpha)}=\frac{c\alpha^2}{1-\alpha}\quad\cdots(i)$$

題意より，$1-\alpha≒1$ と近似してよい。

$$K_b=c\alpha^2\,\text{〔mol/L〕}$$

(3) ① $[OH^-]=\sqrt{cK_b}$
$$=\sqrt{1.0\times10^{-1}\times2.0\times10^{-5}}$$
$$=\sqrt{2}\times10^{-3}\,\text{mol/L}$$

$pOH=-\log_{10}[OH^-]$
$$=-\log_{10}(2^{\frac{1}{2}}\times10^{-3})$$
$$=3-\frac{1}{2}\log_{10}2=3-0.15=2.85$$

pH + pOH = 14 より，

pH = 14 − 2.85 = 11.15 ≒ 11.2

② 4.0×10^{-4} mol/L のアンモニア水の電離度をαとすると，

$$\alpha = \sqrt{\frac{2.0 \times 10^{-5}}{4.0 \times 10^{-4}}} = \sqrt{5 \times 10^{-2}} ≒ 0.22$$

$\alpha > 0.05$ なので，$1 - \alpha ≒ 1$ の近似は使えない。

(i)式から得られる二次方程式

$c\alpha^2 + K_b\alpha − K_b = 0$ に対して，

$c = 4.0 \times 10^{-4}$ mol/L, $K_b = 2.0 \times 10^{-5}$ mol/L を代入すると，

$4 \times 10^{-4}\alpha^2 + 2 \times 10^{-5}\alpha − 2 \times 10^{-5} = 0$

$20\alpha^2 + \alpha − 1 = 0$

$(5\alpha − 1)(4\alpha + 1) = 0$

∴ $\alpha = 0.20,\ −0.25$（不適）

$[OH^-] = c\alpha = 4.0 \times 10^{-4} \times 0.20$
$= 8.0 \times 10^{-5}$ mol/L

$pOH = −\log_{10}[OH^-]$
$= −\log_{10}(2^3 \times 10^{-5})$
$= 5 − 3\log_{10}2$
$= 5 − 0.90 = 4.1$

pH + pOH = 14 より，

pH = 14 − 4.1 = 9.9

---

65 **答** 4.4

解き方 弱酸と弱酸の塩の混合溶液なので緩衝液の pH を求める問題である。緩衝液中でも酢酸の電離平衡が成り立つから，

$$K_a = \frac{[CH_3COO^-][H^+]}{[CH_3COOH]}$$

同体積の水溶液を混合すると，液量が2倍になるので，濃度はそれぞれ $\frac{1}{2}$ 倍になる。

$[CH_3COOH]$
$= 0.10 \times \frac{1}{2} = 0.050$ mol/L

$[CH_3COO^-]$
$= 0.070 \times \frac{1}{2} = 0.035$ mol/L

$$[H^+] = K_a \times \frac{[CH_3COOH]}{[CH_3COO^-]}$$

$$= 2.8 \times 10^{-5} \times \frac{0.050}{0.035}$$

$$= 4.0 \times 10^{-5} \text{ mol/L}$$

∴ pH $= −\log_{10}(4.0 \times 10^{-5})$
$= 5 − 2\log_{10}2 = 4.4$

---

66 **答** 5.0

解き方 NH_4Cl の電離によって生じた NH_4^+ の一部は，水と次のように反応し，平衡状態となる。

$$NH_4^+ + H_2O \rightleftharpoons NH_3 + H_3O^+$$

加水分解定数 K_h は，

$$K_h = \frac{[NH_3][H^+]}{[NH_4^+]} \times \frac{[OH^-]}{[OH^-]}$$

$$= \frac{K_w}{K_b} = \frac{1.0 \times 10^{-14}}{1.8 \times 10^{-5}}$$

$$= \frac{1}{1.8} \times 10^{-9} \text{ mol/L}$$

$[NH_4Cl] = [NH_4^+] = 0.20$ mol/L のうち，x 〔mol/L〕だけ加水分解したとすると，

$[NH_4^+] = 0.20 − x$〔mol/L〕，

$[NH_3] = x$〔mol/L〕，$[H^+] = x$〔mol/L〕より，

$$K_h = \frac{[NH_3][H^+]}{[NH_4^+]}$$

$$= \frac{x^2}{0.20 − x} = \frac{1}{1.8} \times 10^{-9}$$

x はきわめて小さいので，$0.20 − x ≒ 0.20$ と近似できる。

$$\frac{x^2}{0.20} = \frac{10^{-9}}{1.8}$$

$$x^2 = \frac{1}{9} \times 10^{-9}$$

∴ $x = [H^+] = \frac{1}{3} \times 10^{-\frac{9}{2}}$ mol/L

$$pH = −\log_{10}(3^{-1} \times 10^{-\frac{9}{2}})$$

$$= \frac{9}{2} + \log_{10}3 = 4.98 ≒ 5.0$$

---

67 **答** 1.8×10^{-3} mL

解き方 $AgNO_3$ 水溶液と NaCl 水溶液を混

合した直後の$[Ag^+]$と$[Cl^-]$を求め，$[Ag^+]$と$[Cl^-]$の積が塩化銀の溶解度積を上回れば，AgCl の沈殿が生成する。

　加える NaCl 水溶液を x〔mL〕とする。題意より，NaCl 水溶液を加えたときの溶液の体積変化は無視できるということは，加えた NaCl 水溶液が少量ということである。

　$x \ll 10$ より，$10 + x \fallingdotseq 10$ mL と近似できる。

　よって，混合直後の

　$[Ag^+] \fallingdotseq 1.0 \times 10^{-3}$ mol/L。

　一方，混合直後の$[Cl^-]$は次のように求まる。

$$[Cl^-] = \frac{1.0 \times 10^{-3} \text{ mol/L} \times \dfrac{x}{1000} \text{〔L〕}}{\dfrac{10 + x}{1000} \text{〔L〕}}$$

$$= \frac{1.0 \times 10^{-3} x}{10 + x} \text{〔mol/L〕}$$

やはり，$10 + x \fallingdotseq 10$ mL と近似できるので，

　$[Cl^-] = 1.0 \times 10^{-4} x$〔mol/L〕

塩化銀の沈殿が生成しはじめるとき，

$[Ag^+][Cl^-] = K_{sp} = 1.8 \times 10^{-10}$ (mol/L)^2 だから，

　$[Ag^+][Cl^-] = 1.0 \times 10^{-3} \times 1.0 \times 10^{-4} x$

　$1.0 \times 10^{-7} x = 1.8 \times 10^{-10}$

　$\therefore \quad x = 1.8 \times 10^{-3}$ mL

7 　無機物質と有機化合物

〈本冊 p.220〉

68 **答** (1) AgNO$_3$ + NaCl

　　　　$\longrightarrow$ AgCl $\downarrow$ + NaNO$_3$

(2) 1.10 g

解き方 (1) KNO$_3$ と NaCl は反応しない。AgNO$_3$ と NaCl が反応し，AgCl の白色沈殿を生成する。

(2) 反応式より，AgNO$_3$ 1 mol から AgCl 1 mol が沈殿するから，反応に関係した AgNO$_3$ と AgCl の物質量は等しい。

混合粉末中の AgNO$_3$ の質量を x〔g〕とすると，AgNO$_3$ = 170 g/mol，AgCl = 143.5 g/mol より，

$$\frac{x}{170 \text{ g/mol}} = \frac{2.87 \text{ g}}{143.5 \text{ g/mol}}$$

$\therefore \quad x = 3.40$ g

したがって，KNO$_3$ の質量は，

$4.50 - 3.40 = 1.10$ g

---

69 **答** (1) CaCO$_3$ + 2HCl

　　　　$\longrightarrow$ CaCl$_2$ + H$_2$O + CO$_2$

(2) 92 %

解き方 (1) 弱酸の塩に強酸を加えると弱酸が遊離する反応の 1 つである。大理石（主成分 CaCO$_3$）と希塩酸は 1 : 2 の物質量の割合で反応して，二酸化炭素を発生し，水を生じる。この反応は容易に起こるので，実験室での二酸化炭素の製法として利用されている。

(2) (1)の反応式より，CaCO$_3$ 1 mol から CO$_2$ 1 mol を生じる。発生した CO$_2$ の物質量は，$\dfrac{0.41}{22.4}$ mol であり，これは反応した CaCO$_3$ の物質量とも等しく，その質量は，CaCO$_3$ のモル質量が 100 g/mol だから，

$$\frac{0.41}{22.4} \text{ mol} \times 100 \text{ g/mol} = 1.83 \text{ g}$$

不純物を含む大理石の質量は $2.0\,g$ なので大理石の純度は,

$$\frac{1.83}{2.0} \times 100 = 91.5 \fallingdotseq 92\%$$

70 **答** (1) $1.9\,mol$
(2) $1.3\,kg$

解き方 (1) ①＋②×4＋③×8 より, SO_2, SO_3 を消去すると,

$$4FeS_2 + 15O_2 + 8H_2O$$
$$\longrightarrow 2Fe_2O_3 + 8H_2SO_4$$

となり, H_2SO_4 $1\,mol$ あたり $\dfrac{15}{8}(=1.875)$ mol の O_2 が必要になる。

(2) 上の化学反応式の係数より, FeS_2 $1\,mol$ が完全に反応すると, H_2SO_4 $2\,mol$ が得られる。得られる98%硫酸を $x\,[kg]$ とすると, FeS_2 のモル質量は $120\,g/mol$, H_2SO_4 のモル質量は $98\,g/mol$, 黄鉄鉱中の FeS_2 の含有率が78%より,

$$\frac{1.0 \times 10^3 \times 0.78\,g}{120\,g/mol} \times 2 = \frac{x \times 10^3 \times 0.98\,[g]}{98\,g/mol}$$
$$\therefore\ x = 1.3\,kg$$

71 **答** $2.4\,kg$

解き方 酸化カルシウムから硫酸カルシウムまでの流れにおいて, カルシウムはすべて最終生成物へ移行しているので, 反応物と最終生成物の関係から求める。

CaO $1\,mol$ から $CaSO_4$ $1\,mol$ を生じるので, モル質量は, $CaO = 56\,g/mol$, $CaSO_4 = 136\,g/mol$ より,

$$\frac{1.0 \times 10^3\,g}{56\,g/mol} \times 136\,g/mol = 2.42 \times 10^3\,g$$
$$\fallingdotseq 2.4\,kg$$

〈本冊 p.228〉

72 **答** (1) CH_2O
(2) 示性式；CH_3COOH
名称；酢酸

解き方 (1) 化合物中の C と H の質量は,

C：$22.5 \times \dfrac{12}{44} \fallingdotseq 6.14\,mg$

H：$9.18 \times \dfrac{2.0}{18} \fallingdotseq 1.02\,mg$

また, 化合物中の O の質量は,

O：$15.30 - (6.14 + 1.02) = 8.14\,mg$

$$C：H：O = \frac{6.14}{12} : \frac{1.02}{1.0} : \frac{8.14}{16}$$
$$\fallingdotseq 0.51 : 1.02 : 0.51$$
$$= 1 : 2 : 1$$

したがって, 組成式は CH_2O となる。

(2) この1価の酸の分子量を M とおくと, 水酸化ナトリウムが1価の塩基なので,

（酸の出す H^+ の物質量）
＝（塩基の出す OH^- の物質量）より,

$$\frac{5.0\,g}{M\,[g/mol]} \times \frac{10}{100} \times 1$$
$$= 1.0\,mol/L \times \frac{8.33}{1000}\,L \times 1$$
$$\therefore\ M = 60.0 \fallingdotseq 60$$

組成式の式量を整数（n）倍したものが分子量に等しい。分子量は60なので,

$$(CH_2O)_n = 60 \quad \therefore\quad n = 2$$

したがって, 分子式は $C_2H_4O_2$ となる。この化合物は1価のカルボン酸だから, 分子中に－COOHを1つもつ。よって示性式は CH_3COOH となり, これは酢酸である。

73 **答** C_2H_4

解き方 炭化水素の分子式を C_xH_y とすると,

$$C_xH_y + \left(x + \frac{y}{4}\right)O_2$$
$$\longrightarrow x\,CO_2 + \frac{y}{2}\,H_2O$$

燃焼後の気体には, CO_2 と未反応の O_2 が含まれ, $NaOH$ の水溶液に通すと CO_2 だけが除かれる。よって, CO_2 の体積は,

$$6.72 - 4.48 = 2.24\,L$$

最後に残ったのは O_2 のみで $4.48\,L$ であり, 燃焼に使用された O_2 は,

$$1.12 \times 7 - 4.48 = 3.36\,L$$

化学反応式の係数比は, 反応・生成した気体

の体積比に等しいので，次の関係が成り立つ。

$$1 : \left(x + \frac{y}{4}\right) : x = 1.12 : 3.36 : 2.24$$

$$\therefore \quad x = 2$$

$x + \dfrac{y}{4} = 3$ より，$y = 4$

よって，分子式は C_2H_4 となる。

---

74 答 2：3

解き方 エタンとエチレンのうち，エチレンのみ H_2 と付加反応を起こす。

$$CH_2 = CH_2 + H_2 \longrightarrow CH_3 - CH_3$$
$\quad$ エチレン $\qquad\qquad$ エタン

付加した H_2 の物質量は，そのままエチレンの物質量になる。C_2H_6（分子量 = 30）が x〔mol〕，C_2H_4（分子量 = 28）が y〔mol〕あったとすると，

$$\begin{cases} 30x + 28y = 7.2 & \cdots\cdots① \\ \dfrac{3.36}{22.4} = y & \cdots\cdots② \end{cases}$$

これを解いて，

$$x = 0.10 \text{ mol} \quad y = 0.15 \text{ mol}$$

体積の比は物質量の比に等しいから，

$$x : y = 0.10 : 0.15 = 2 : 3$$

---

75 答 75％

解き方 この反応を化学反応式で表すと，
$$CH_3COOH + C_2H_5OH$$
$$\longrightarrow CH_3COOC_2H_5 + H_2O$$

氷酢酸 CH_3COOH（分子量 = 60）6.0 g は，

$$\frac{6.0}{60} = 0.10 \text{ mol}$$

エタノール C_2H_5OH（分子量 = 46）6.0 g は，

$$\frac{6.0}{46} \doteqdot 0.13 \text{ mol}$$

であるので，収率 100％のときには，酢酸エチル $CH_3COOC_2H_5$（分子量 = 88）は，0.10 mol 生成し，その質量は，

$$88 \text{ g/mol} \times 0.10 \text{ mol} = 8.8 \text{ g}$$

よって，この反応の収率は，

$$\frac{6.6}{8.8} \times 100 = 75\%$$

〈本冊 p.247〉

76 答 33％

解き方 セルロースと濃硝酸と濃硫酸の混合物（混酸）との反応は，反応しなかった OH 基の数を x〔個〕とすると，

$$[C_6H_7O_2(OH)_3]_n + (3-x)nHNO_3$$
$$\longrightarrow [C_6H_7O_2(OH)_x(ONO_2)_{3-x}]_n$$
$$+ (3-x)nH_2O$$

分子量は $[C_6H_7O_2(OH)_3]_n = 162n$，
$[C_6H_7O_2(OH)_x(ONO_2)_{3-x}]_n = (297-45x)n$
より，

$$\frac{9.0}{162n} \times (297 - 45x)n = 14.0$$

$$\therefore \quad x = 1$$

したがって，セルロースを構成するグルコース単位にある 3 個の OH 基のうち，2 個の OH 基が反応したことになり，反応しなかった OH 基の割合は，

$$\frac{3-2}{3} \times 100 \doteqdot 33\%$$

---

77 答 1.0×10^2 g

解き方 ポリビニルアルコール（PVA）分子中の $-OH$ 基をホルムアルデヒド HCHO と反応させて，水に不溶性の繊維ビニロンをつくる反応（アセタール化）の反応式は次の通りである。

分子量 88n

アセタール化 ↓ nHCHO

分子量 100n

PVA 分子中のヒドロキシ基 2 個に対して，ホルムアルデヒド 1 個が必要である。PVA 1.0 kg 中の −OH 基の 100％をアセタール化するのに必要なホルムアルデヒドを x〔kg〕とおく。反応式の係数比より，PVA 1 mol（くり返し単位を 2 つ分で考えること）に対して，HCHO n〔mol〕が必要であるから，HCHO のモル質量は 30 g/mol より，

$$\frac{1.0 \times 10^3 \text{ g}}{88n \text{〔g/mol〕}} \times n = \frac{x \times 10^3 \text{〔g〕}}{30 \text{ g/mol}}$$

$$\therefore \quad x \fallingdotseq 0.340 \text{ kg}$$

実際には，PVA の −OH 基の 30％しかアセタール化しないので，必要な HCHO の質量は，

$$0.340 \times 0.30 = 0.102 \text{ kg} \fallingdotseq 1.0 \times 10^2 \text{ g}$$

〔別解〕PVA の −OH 基の 30％だけアセタール化したビニロンをつくる反応式は次の通り。

PVA の −OH 基の 30％をアセタール化するのに必要な HCHO を y〔kg〕とおく。反応式の係数比より，PVA 1 mol（くり返し単位を 2 つ分で考えること）に対して HCHO $0.3n$〔mol〕が必要である。

$$\frac{1.0 \times 10^3 \text{ g}}{88n \text{〔g/mol〕}} \times 0.3n = \frac{y \times 10^3 \text{ g}}{30 \text{ g/mol}}$$

$$\therefore \quad y = 0.102 \text{ kg} \fallingdotseq 1.0 \times 10^2 \text{ g}$$

78 答　0.173 mol/L

解き方　陰イオン交換樹脂に含まれる OH^- と SO_4^{2-} は，$SO_4^{2-} : OH^- = 1 : 2$ の割合で交換される。また，交換された OH^- の物質量は，中和に要した H^+ の物質量に等しいから，SO_4^{2-} の物質量は，

$$0.100 \text{ mol/L} \times \frac{34.6}{1000} \text{ L} \times \frac{1}{2} = \frac{1.73}{1000} \text{ mol}$$

Na_2SO_4 1 mol 中に SO_4^{2-} が 1 mol 含まれるから，Na_2SO_4 水溶液の濃度は，

$$\frac{1.73}{1000} \text{ mol} \div \frac{10.0}{1000} \text{ L} = 0.173 \text{ mol/L}$$

79 答　グルコース；13.0 g
　　　デンプン；7.54 g

解き方　100 mL の水溶液 A に含まれるグルコースを x〔g〕，デンプンを y〔g〕とする。デンプンには還元性はなく，A にフェーリング液を反応させると，グルコースだけが反応する。

モル質量は，$C_6H_{12}O_6 = 180$ g/mol，$Cu_2O = 144$ g/mol である。

グルコース 1 mol がフェーリング液と反応すると，Cu_2O 1 mol が生成するので，

$$x = \frac{10.4}{144} \text{ mol} \times 180 \text{ g/mol} = 13.0 \text{ g}$$

デンプン（分子量 = $162n$）の加水分解の反応式は，

$$(C_6H_{10}O_5)_n + nH_2O \longrightarrow nC_6H_{12}O_6$$

反応式の係数の比より，デンプン 1 mol からグルコース n mol を生成するので，y〔g〕のデンプンから生じるグルコースの質量は，

$$\frac{y \text{〔g〕}}{162n \text{〔g/mol〕}} \times n \times 180 \text{ g/mol}$$

$$= \frac{180y}{162} \text{〔g〕}$$

グルコースの物質量は，

$$\frac{180y}{162} \text{〔g〕} \div 180 \text{ g/mol} = \frac{y}{162} \text{〔mol〕}$$

に相当する。加水分解後は，もとのグルコースと加水分解で生じたグルコースが，フェーリング液と反応することになるから，

$$\frac{13.0}{180} \text{ mol} + \frac{y}{162} \text{〔mol〕} = \frac{17.1}{144} \text{ mol}$$

$$\therefore \quad y = 7.537 \fallingdotseq 7.54 \text{ g}$$

80 答 (1) $(C_{17}H_{35}COO)_3C_3H_5$

(2) $CH_2-OCO-C_{17}H_{35}$
$CH-OCO-C_{17}H_{33}$
$CH_2-OCO-C_{17}H_{35}$

$CH_2-OCO-C_{17}H_{33}$
$CH-OCO-C_{17}H_{35}$
$CH_2-OCO-C_{17}H_{35}$

解き方 (1) 油脂Bの分子量をMとおくと，**油脂1 mol のけん化には KOH 3 mol が必要だから**，次の関係が成り立つ。

$$\left(\frac{1.0}{M}\times 3\right)(\text{mol}) = \left(0.10\times\frac{33.7}{1000}\right)\text{mol}$$

$\therefore\ M = 890.2 \fallingdotseq 890$

油脂Bを構成する飽和脂肪酸の示性式を$C_nH_{2n+1}COOH$とすると，油脂Bの分子量は，

$(C_nH_{2n+1}COO)_3C_3H_5 = 890$ より，

$(14n+45)\times 3 + 41 = 890$

$\therefore\ n = 17$

$\therefore\ $示性式…$(C_{17}H_{35}COO)_3C_3H_5$

(2) 油脂A 1分子中に含まれる炭素間の二重結合をn個とすると，**二重結合1個につき，水素原子数が2個ずつ減少するから**，Aの分子量は，Bの分子量から$2n$を引いたものになる。

また，油脂A 1分子中の二重結合n〔個〕に対して，H_2分子n〔個〕が付加するので，

$$\left(\frac{10}{890-2n}\times n\right)(\text{mol}) = \frac{252.2}{22400}\text{mol}$$

$\therefore\ n \fallingdotseq 1$

よって，油脂Aは，1分子の不飽和脂肪酸$C_{17}H_{33}COOH$と，2分子の飽和脂肪酸$C_{17}H_{35}COOH$とのグリセリンエステル。また，**油脂の構成脂肪酸が1種類でないときは，脂肪酸の結合順序のちがいにより，解答のような構造異性体を生じる**。

すなわち，グリセリン $\overset{1}{C}H_2-\overset{2}{C}H-\overset{3}{C}H_2$
$\quad\quad\quad\quad\quad\quad OH\quad OH\quad OH$

の2位の$-OH$に対して，① $C_{17}H_{33}COOH$（オレイン酸）がエステル結合したものと，② $C_{17}H_{35}COOH$（ステアリン酸）が結合したものの2通りがある。①には不斉炭素原子は存在しないので鏡像異性体は存在しないが，②には不斉炭素原子が存在するので，1対の鏡像異性体が存在することになる。